AF634260

THOMAS GRETLER

Tiere und Pflanzen — am Wasser

KOSMOS

Vorwort

UNTERWEGS AM WASSER

Wasserlebensräume üben auf viele Naturfreunde eine starke Anziehungskraft aus. Das ist kein Wunder, gibt es in und an unseren Gewässern doch enorm viel zu entdecken. Die Uferzonen laden zur Beobachtung von Wasservögeln und Libellen ein, die Meeresstrände zur Muschel- und Schneckensuche. Besonders geheimnisvoll ist die Welt unter Wasser, die nicht nur Angler, Taucher und Schnorchler in ihren Bann zieht. Gerade Kinder lieben es, Steine im Bachbett umzudrehen oder mit einem Kescher im nächstbesten Teich zu „tümpeln". Es fasziniert sie, die unbekannten Wasserwesen in einer wassergefüllten Becherlupe zu betrachten. So lassen sich erste Naturerfahrungen sammeln, die einen jungen Menschen ein ganzes Leben lang begleiten.

Die Vielfalt der Tier- und Pflanzenarten an unseren Gewässern ist schier grenzenlos. Die verschiedenen Arten profitieren von der großen Anzahl unterschiedlicher Wasserlebensräume, die sie in Mitteleuropa vorfinden. Dazu zählen Kleingewässer wie Quellen, Bäche, Wagenspuren, Tümpel oder Gartenteiche, aber auch Flüsse, Weiher, Fischteiche und Seen. Zu den größten Wasserlebensräumen in unseren Breiten zählen Ströme wie Rhein, Elbe und Donau, Binnenseen wie Bodensee, Genfer See und Neusiedler See sowie natürlich die Meeresküsten an Nord- und Ostsee. Viele unserer Wasserlebewesen sind Spezialisten, die sich auf ganz bestimmte Gewässertypen spezialisiert haben: In stehenden Gewässern herrschen andere Lebensbedingungen als in Fließgewässern, im Süßwasser andere Lebensvoraussetzungen als im Salzwasser der Meere.

Dieses Buch versteht sich als ein treuer Begleiter für alle, die gerne am Wasser unterwegs sind. Es soll dabei helfen, etwas Ordnung in die Vielfalt der Wasserlebensräume zu bringen, und es bietet eine Auswahl wichtiger, häufiger, auffälliger Tiere und Pflanzen, die sich in und am Wasser beobachten lassen – egal ob an stehenden Gewässern im Binnenland, an Fließgewässern oder an den Meeresküsten von Nord- und Ostsee.

Inhaltsverzeichnis

Hinweise:

Die bei den Tieren und Pflanzen in Klammern hinter den deutschen Namen der Art verwendeten Abkürzungen bedeuten F = Fließgewässer, M = Meeresküsten, S = Stehende Gewässer

Die Blumen im Pflanzenkapitel sind nach fünf Blütenfarben – grün-unscheinbar, weiß, gelb, rot, blau-violett – sortiert.

Wasser – ein besonderer Stoff

WASSER IST LEBEN

Wir leben auf einem „blauen Planeten". Über 70 % der Erdoberfläche wird von Wasser bedeckt. Dabei ist das Wasser auf der Erde nicht gleichmäßig verteilt. 96,5 % der **globalen Wasservorräte** sind in den Weltmeeren gebunden, knapp 1,8 % in Eis und Schnee, rund 1,7 % im Grundwasser. Unsere Oberflächengewässer – also Bäche, Flüsse, Ströme, Tümpel, Weiher, Teiche und Seen – enthalten gerade einmal 0,013 % der globalen Wasservorräte. Interessant ist auch, dass der Anteil des Süßwassers an den Wasservorräten der Erde nur rund 2,5 % beträgt. Global betrachtet ist Süßwasser also ein kostbares Gut.

IMMERWÄHRENDER KREISLAUF

Die drei großen Wasserspeicher der Erde (Meere, Kontinente, Atmosphäre) sind keine in sich abgeschlossenen Räume, sondern stehen in dauernder Wechselbeziehung zueinander. So ist alles Wasser – egal ob Grundwasser oder das Wasser aus Fließgewässern, stehenden Gewässern oder Meeren – in den **globalen Wasserkreislauf** eingebunden.

Die Gunzesrieder Ach ist ein typischer Gebirgsbach in den Allgäuer Alpen.

Durch die Sonneneinstrahlung verdunstet ständig Wasser und gelangt als Wasserdampf in die **Atmosphäre**. Dabei stammt der weitaus größte Teil des verdampften Wassers aus den Ozeanen. Es kommt aber auch aus Seen, Flüssen und aus dem Erdboden. Zusätzlich geben alle lebenden Organismen bei der Atmung Wasserdampf ab. Auch bei der Verbrennung organischen Materials (Holz, Kohle, Öl) entsteht Wasserdampf. Während Teile der verdunsteten Wassermassen ständig als Wasserdampf in der Atmosphäre bleiben, kondensieren andere durch die Abkühlung aufsteigender Luftmassen und bilden **Wolken, Nebel oder Tau**. Kühlt das Wasser noch stärker ab, bilden sich in den Wolken

Wolkenstimmung über dem Neusiedler See.

Schnee und Hagelkörner. Werden die Wolken zu schwer, kommt es zu **Niederschlägen**. Das Wasser kehrt als Regen, Schnee oder Hagel wieder zur Erdoberfläche zurück. Dabei können die Wolken am Himmel über weite Strecken ziehen, ehe sie sich abregnen. Häufig bleiben sie an Bergen „hängen", die als erste Barriere aus einer Ebene aufsteigen (Staulagen). Die Niederschlagmengen sind in solchen Hochlagen oftmals um ein Vielfaches höher als in niedriger gelegenen Regionen. Ein Teil des Niederschlags **fließt oberflächlich** gleich wieder **ab**. Es sammelt sich in den Bächen und kleinen Flüssen, fließt von dort in größere Flüsse, Ströme und Seen und gelangt so letztlich wieder ins Meer. Ein Teil der Niederschläge **versickert in der Erde** und gelangt so wieder ins **Grundwasser**. Ein weiterer Teil der Niederschläge bleibt als **Haftwasser** in den obersten Bodenschichten. Es kann von den **Pflanzen** mit ihren Wurzeln aufgenommen werden. Durch Atmung und Transpiration geben sie das Wasser als Wasserdampf wieder an die Atmosphäre ab.

Mensch und Tier nehmen Wasser durchs Trinken und über die Nahrung auf. Dabei spielt gerade für den Menschen das Grundwasser eine wichtige Rolle, da der größte Teil unseres Trinkwassers aus tiefer gelegenen Grundwasserschichten hochgepumpt wird oder aus vom Grundwasser gespeisten Quellen stammt. Auch Mensch und Tier geben durch Atmung das Wasser schließlich wieder an die Atmosphäre ab. Der **Wasserkreislauf ist damit geschlossen.** Alles kann von Neuem beginnen.

LEBEN IM WASSER

Egal ob Bach, Fluss, See oder Meer – alle Gewässerlebensräume enthalten Wasser. Aber Wasser ist nicht gleich Wasser. Das Wasser in einem Gebirgsbach ist wesentlich kälter, nährstoffärmer und sauerstoffreicher als das Wasser in einem Weiher. Und wer schon einmal in der Nord- oder Ostsee beim Schwimmen war, der weiß, dass sich die Zusammensetzung des Meerwassers deutlich von der des Wassers in einem Badesee im Binnenland unterscheidet.

Meeresbrandung an der Ostsee auf der Insel Fehmarn.

Wasserläufer machen sich die Oberflächenspannung des Wasser zunutze.

Damit Wasser ein geeigneter Lebensraum für eine Tier- oder Pflanzenart sein kann, muss es ganz bestimmte Bedingungen bezüglich wichtiger Parameter wie Wassertemperatur, Nährstoffkonzentration, Sauerstoff- und Salzgehalt erfüllen. Bedingungen, die von Art zu Art variieren. So kommt eine Bachforelle in einem warmen Weiher ebenso wenig zurecht wie ein Karpfen in einem kalten, schnell fließenden Gebirgsbach. Und eine Meeresbewohnerin wie die Wellhornschnecke überlebt in einem Süßwassersee ebenso wenig wie eine Libellenlarve in der salzhaltigen Nordsee.

BESONDERE EIGENSCHAFTEN

Wasser übt auf uns Menschen eine starke Faszination aus. Das ist kein Wunder, ist es doch der Stoff, auf den alle Lebewesen auf unserem Planeten angewiesen sind. Es gilt grundsätzlich: Ohne Wasser kein Leben. Organismen bestehen nicht nur zu einem großen Anteil aus Wasser und benötigen es für die Stoffwechselvorgänge in ihren Körpern – für viele ist Wasser zugleich auch ihr Lebensraum. Wasser hat dabei einige **außergewöhnliche Eigenschaften**, die das Leben der Wassertiere und -pflanzen beeinflusst oder gar erst möglich macht.

Ein **Wassermolekül** setzt sich aus zwei Atomen Wasserstoff und einem Atom Sauerstoff zusammen (H_2O). Als **Dipol** hat es ein positiv und ein negativ geladenes Ende. Wassermoleküle wirken wie kleine Magneten, die sich gegenseitig anziehen und so größere Aggregate bilden. Die Moleküle sind dabei durch ständig wechselnde Wasserstoffbrücken miteinander verbunden. Das macht Wasser zu einer sehr aktiven chemischen Verbindung, die im Stoffwechselgeschehen der Organismen eine zentrale Rolle spielt.

Die Anziehungskräfte zwischen den Wassermolekülen bewirken auch die **Oberflächenspannung** an der Wasseroberfläche eines Gewässers. Diese elastische, dünne „Haut" ist ein wichtiger Lebensraum für jene Organismen, die sich im Grenzbereich von Wasser und Luft aufhalten. Die Oberflächenspannung ist stark genug, um Wasserläufer und Wasserlinsen zu tragen oder als „Aufhängung" für Stech-

Wasser – ein besonderer Stoff

Winterliche Eisdecke auf einem Waldsee.

mückenlarven und andere Wasserinsekten zu dienen.

DICHTEANOMALIE

Wasser ist der einzige Naturstoff, dem wir draußen in allen drei Zustandsformen begegnen können – als Gas, Flüssigkeit oder Feststoff. In seiner gasförmigen Form kennen wir Wasser als Wasserdampf in der Luft, in seinem flüssigen Zustand als tröpfchenförmigen Regen, im festen Zustand als Schnee und Eis. Ungewöhnlich dabei ist, dass Wasser seine größte Dichte nicht als gefrorener Festkörper, sondern als Flüssigkeit bei einer Temperatur von 4 °C erreicht. Diese sogenannte **Dichteanomalie des Wassers** ermöglicht unseren wasserlebenden Süßwassertieren und -pflanzen in der kalten Jahreszeit das Überleben. Im Winter sammelt sich das 4 °C warme, schwere Wasser am Grund unserer Seen, Weiher und Flüsse. Das leichtere Eis schwimmt obenauf und isoliert so die Gewässer gegen weitere Abkühlung. Ist ein Gewässer tief genug, enthält es auch in den strengsten Wintern also immer genügend Wasser in seiner flüssigen Form als Lebensraum für die Tiere und Pflanzen. Darüber hinaus spielt die Dichteanomalie des Wassers auch bei der Temperaturschichtung in tiefen Seen eine wichtige Rolle (siehe S. 13).

SAUERSTOFFGEHALT

Wassertemperatur und Sauerstoffgehalt hängen eng zusammen. Kaltes Wasser kann wesentlich mehr Sauerstoff binden als warmes Wasser. So enthält Wasser mit einer Temperatur knapp über dem Gefrierpunkt fast doppelt so viel Sauerstoff wie Wasser mit 30 °C. Daraus lässt sich ableiten, dass kaltes Wasser in der Regel sauerstoffreicher ist als warmes Wasser. Erreicht Wasser bei einer bestimmten Temperatur seinen **maximalen Sauerstoffgehalt**, sprechen Wissenschaftler von einer 100-prozentigen Sauerstoffsättigung. Durch sauerstoffzehrende Abbauprozesse (Gewässerverunreinigungen, Atmung von Tieren und Pflanzen) liegt der tatsächliche Sauerstoffgehalt des Wassers bei einer bestimmten Temperatur meist unter diesem 100-prozentigenigen Sättigungswert. Dadurch wird Sauerstoff im Lebensraum der Wassertiere zu ei-

Bachforellen haben einen hohen Sauerstoffbedarf.

nem kostbaren Gut. Fische filtern das lebensnotwendige Gas mit Hilfe ihrer Atmungsorgane, den Kiemen, aus dem Wasser. Dabei vertragen einige Fischarten niedrigere Sauerstoffgehalte als andere. Karpfen zum Beispiel kommen mit Sauerstoffgehalten von 4 bis 5 mg/l noch gut zurecht. Sie sterben erst bei Werten von 0,7 mg/l. Dagegen benötigen Forellen 7 bis 8 mg/l Sauerstoff, um sich wohl zu fühlen. Sie sterben bereits bei Werten unter 2,4 mg/l. Deshalb können Bachforellen nur in kalten Gewässern überleben, deren Wasser sich nie über 20 °C erwärmt. Karpfen vertragen dagegen auch Wassertemperaturen von 25 bis 30 °C. Allgemein gilt folgende Faustregel: Fische, die kaltes Wasser bevorzugen, haben einen höheren Sauerstoffbedarf als Fische, die sich im warmen Wasser wohl fühlen.

SÄUREGEHALT

Der **pH-Wert** – eine aus der Wasserstoffionen-Konzentration ermittelte Maßeinheit mit der Skala 1 bis 14 – gibt an, wie sauer oder basisch ein Gewässer ist. Dabei entspricht der Wert 1 einer Salzsäure, der Wert 14 einer Natronlauge. Der neutrale Punkt liegt bei 7. Die meisten Wasserorganismen fühlen sich in Gewässern am wohlsten, die Werte in diesem mittleren Bereich aufweisen. Ist ein Gewässer zu sauer oder zu basisch, kann es für viele Wassertiere unbewohnbar werden. Gerade das schwarze Wasser vieler Moorseen ist oft extrem sauer. In vielen Moorweihern leben deshalb keine Fische.

NÄHRSTOFFGEHALT

Auch der Nährstoffgehalt eines Gewässers hat erheblichen Einfluss auf die Wasserorganismen. **Pflanzennährstoffe** wie Nitrate und Phosphate sind die Voraussetzung für das Gedeihen aller Wasserpflanzen, die ihrerseits als erste Nahrungsebene die

Das Wasser in Moorweihern und -tümpeln ist oft sehr sauer.

Wasser – ein besonderer Stoff

Junge Höckerschwäne in einem Gewässer mit Wasserlinsenblüte.

Grundlage für die Ernährung aller Wassertiere darstellen. So können zum Beispiel nährstoffarme Gewässer wie Hochgebirgsseen oder Quellflüsse nur wenige Fische ernähren. Zudem bilden die Fische in diesen Gewässern (zum Beispiel Forellen und Saiblinge) wegen des knappen Nahrungsangebots oft Kümmerformen aus.
Anders stellt sich die Situation in nährstoffreichen Gewässern dar. Sie sind in der Regel wesentlich produktiver. Bei übermäßigem Nährstoffeintrag besteht allerdings die Gefahr der **Eutrophierung**. Dabei kommt es zunächst zu einem stark gesteigerten Pflanzenwachstum, das sich häufig in Algenblüten bemerkbar macht. Nach dem Absterben der Pflanzen setzt eine gesteigerte Abbautätigkeit durch Mikroorganismen wie Bakterien und Pilze ein, die im Gewässer im Extremfall zu Sauerstoffarmut und Fischsterben führen kann.

WASSERLEBENSRÄUME

In Mitteleuropa finden wir sowohl **Meereslebensräume** als auch **Binnengewässer**. Während die Lebensbedingungen in den Meeren stark vom hohen Salzgehalt des Wassers geprägt sind, handelt es sich bei unseren Binnengewässern in der Regel um Süßwasserlebensräume mit sehr geringem Salzgehalt.

Bei den Binnengewässern lassen sich **unterirdische Gewässer**, wie zum Beispiel Grundwasser und Höhlengewässer, von **oberirdischen Gewässern** unterscheiden. Zu letzteren zählen **fließende Gewässer** (Quellen, Gebirgsbäche, Flüsse, Ströme), **stehende Gewässer** (Seen, Weiher, Teiche, Tümpel und andere ausdauernde oder periodisch austrocknende Kleingewässer, Binnensalzgewässer) sowie **Übergangs- und Verlandungsbiotope** (Moore, Sümpfe).
Während Fließgewässer Wasser transportieren, speichern stehende Gewässer Wasser. Sie erneuern es durch ihre Zu- und Abflüsse zwar auch, brauchen dafür aber wesentlich mehr Zeit. Für die in den Gewässern lebenden Organismen ist dieser Unterschied von grundlegender Bedeutung. In Fließgewässern müssen sich die Tiere und Pflanzen ständig mit der Strömung auseinandersetzen und entsprechende Anpassungen entwickeln, um nicht fortgeschwemmt zu werden. Viele wirbellose Kleintiere bewohnen deshalb den Gewässergrund. Im freien Wasser kommen nur aktive Schwimmer wie Fische zurecht.
Anders ist die Situation in stehenden Gewässern: Die fehlende Strömung ermöglicht es auch vielen schwebenden Kleinorganismen (Plankton) den freien Wasserkörper zu besiedeln. Der fundamentale Unterschied zwischen Transport und Speicherung wird auch bei den Nährstoffen deutlich: Während stehende Gewässer als „Nährstofffallen" gelten, wirkt sich eine kurzzeitige Nährstoffzufuhr in Fließgewässern meist kaum aus.
In den drei folgenden Abschnitten dieser Einleitung werden die wichtigsten Wasserlebensräume und Gewässertypen Mitteleuropas noch ausführlicher vorgestellt.

Fließgewässer transportieren Wasser: Kaskade an einem kleinen Gebirgsbach.

Wasserlebensräume

Der Wasserstand in Teichen kann oft über einen Zu- und Ablauf reguliert werden.

WEIHER, TEICH UND SEE – EINE KURZE TYPOLOGIE

Weiher, Teiche und Seen sind **stehende Gewässer** oder **Stillgewässer**, in denen der Umweltfaktor Strömung kaum eine Rolle spielt, da es sich hier – im Gegensatz zu den Fließgewässern – um weitgehend in sich abgeschlossene Lebensräume handelt. **Flache stehende Gewässer ohne Tiefenzone** werden als Weiher oder Teiche bezeichnet.
Bei **Weihern** handelt es sich um natürlich entstandene Gewässer.
Teiche sind dagegen künstliche Gewässer aus Menschenhand, wie zum Beispiel Fischteiche, Löschwasserteiche, Regenrückhaltebecken oder Gartenteiche. Viele von ihnen verfügen über einen regulierbaren Zu- und Ablauf. Über das Öffnen und Schließen von Sperrwerken können sie abgelassen beziehungsweise aufgefüllt werden. Ist eine Tiefen- oder Freiwasserzone vorhanden, sprechen Wissenschaftler von einem **See**. In tiefen Seen bilden sich im Sommer und im Winter stabile Temperaturschichtungen aus. Im Frühling und Herbst kommt es dagegen oft zu einer vollständigen Durchmischung der Wasserschichten.

DIE ZONIERUNG EINES SEES

Seen besitzen klar unterscheidbare Lebensräume mit typischen Lebensgemeinschaften. Grundsätzlich lässt sich die Freiwasserzone, das **Pelagial**, von der Bodenzone, dem **Benthal**, unterscheiden. Beide Zonen können noch weiter unterteilt werden. Das Benthal ist vertikal gegliedert und setzt sich aus der Uferzone (**Litoral)** und der Tiefenzone **(Profundal)** zusammen. Dabei reicht das Litoral vom Gewässersaum bis hin zu den unterseeischen Wiesen. In der lichtlosen Tiefenzone des Profundals ist kein

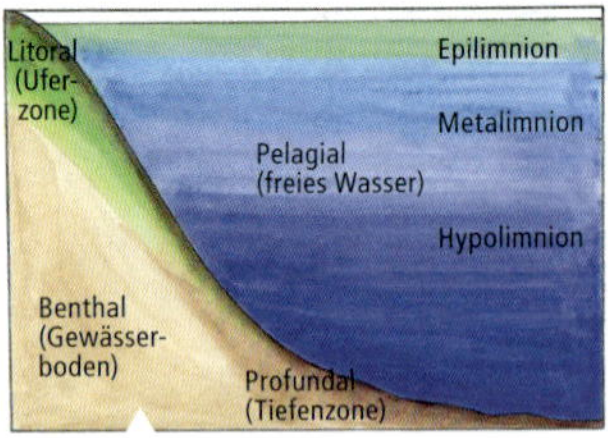

Die verschiedenen Zonen eines Sees.

pflanzliches Leben mehr möglich. Im Pelagial lässt sich im Sommer ein Temperaturgradient mit einer Sprungschicht (Metalimnion) feststellen, die das warme Oberflächenwasser (Epilimnion) vom kühlen Tiefenwasser (Hypolimnion) trennt (siehe Exkurs, rechte Spalte).

Außerdem lässt sich in Seen die **trophogene Zone** (Nährschicht) von der **tropholytischen Zone** (Zehrschicht) unterscheiden. Photosynthese und damit die Produktion organischer Substanz findet in einem See nur in der oberen, von Licht durchfluteten Wasserschicht statt (Oberflächenwasser = Nährschicht). Produzenten sind die höheren Wasserpflanzen und das Phytoplankton. Sie bilden die Nahrungsgrundlage für alle anderen Wasserorganismen. Da ins Tiefenwasser kein Licht vordringt, findet dort auch keine Produktion organischer Substanz statt. Stattdessen kommt es in der Tiefenwasserzone zu Abbauvorgängen (Tiefenwasser = Zehrschicht). Die dort lebenden Organismen sind von der Nahrung abhängig, die in den oberen Wasserschichten produziert wird. Als **Kompensationsebene** wird der Grenzbereich im See bezeichnet, in dem die trophogene in die tropholytische Zone übergeht. Die Kompensationsebene stellt auch die Grenze zwischen Litoral und Profundal dar.

EXKURS: PHASEN DER STAGNATION UND ZIRKULATION IN EINEM SEE

Viele größere Seen wie zum Beispiel der Bodensee sind **Dimiktische Gewässer**. Ihr gesamter Wasserkörper wird zweimal im Jahr komplett durchmischt (Frühjahrszirkulation und Herbstzirkulation). Stabile Temperaturschichtungen gibt es hingegen im Sommer und im Winter (Sommerstagnation und Winterstagnation).

Während der **Sommerstagnation** teilt eine Sprungschicht (**Metalimnion**), in der die Wassertemperatur sehr stark abnimmt, solche Seen in zwei völlig unterschiedliche Lebensbereiche: zum einen das warme, sauerstoffreiche Oberflächenwasser (**Epilimnion**) mit guten Lichtverhältnissen und starker Sauerstoffproduktion durch Wasserpflanzen, zum anderen

Frühlingszirkulation – Föhnsturm am Bodensee.

das ganzjährig kalte, im Sommer oft sauerstoffarme Tiefenwasser (**Hypolimnion**). Da in der Tiefenzone Abbauprozesse dominieren und im Sommer keinerlei Sauerstoff durch eine Durchmischung mit den oberen Wasserschichten in die Tiefe gelangt, ist das Tiefenwasser in dieser Jahreszeit für viele Wasserorganismen eine lebensfeindliche Zone. Erst im Herbst, wenn durch die Herbstzirkulation der gesamte Wasserkörper durchmischt wird, gelangt wieder sauerstoffreiches Wasser in die Tiefe.

Sobald es im Herbst kälter wird, kühlt sich das Oberflächenwasser im See ab. Da kaltes Wasser schwerer ist als warmes, sinkt es in die Tiefe. Dieser Vorgang wiederholt sich so lange, bis der gesamte Wasserkörper die Temperatur des Tiefenwassers angenommen hat, die bei 4 °C liegt (Dichteanomalie: Wasser hat bei 4 °C seine größte Dichte). Herbststürme können das Wasser jetzt vollständig umwälzen (**Herbstzirkulation**).

Kühlt sich das Oberflächenwasser im Winter noch weiter ab, bildet sich wieder eine stabile Temperaturschichtung im See aus. Da das kühle Oberflächenwasser leichter ist als das Tiefenwasser „schwimmt" es auf der 4 °C warmen Tiefenschicht. An der Oberfläche kühlt das Wasser bis auf 0 °C ab, und es bildet sich eine Eisschicht. Das Tiefenwasser bleibt aber den gesamten Winter über bei konstanten 4 Grad Celsius. Der Wind kann das Wasser eines eisbedeckten Sees nicht durchmischen, der See befindet sich im Stadium der **Winterstagnation.**

Im Frühling schmilzt zunächst die Eisdecke des Sees, danach erwärmt sich das Oberflächenwasser allmählich wieder. Sobald es eine Temperatur von 4 °C aufweist, kann der Wind erneut den gesamten Wasserkörper

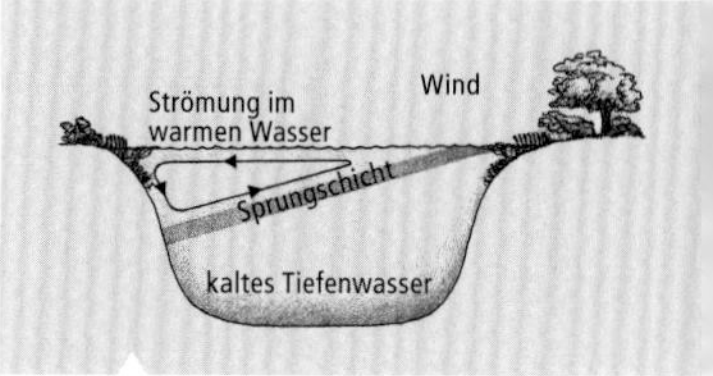

Eingeschränkte Wasserzirkulation im Sommer.

durchmischen und umwälzen (**Frühjahrszirkulation**). Heizt sich das Oberflächenwasser weiter auf, bildet sich wieder die stabile sommerliche Temperaturschichtung aus (**Sommerstagnation**).

Diese jahreszeitlichen Temperatur- und Sauerstoffschwankungen im See haben natürlich Auswirkungen auf die Tierwelt. So ziehen sich zum Beispiel viele Fischarten im Spätherbst und Winter in die tieferen Zonen zurück. Wärmeliebende Fischarten wie Rotaugen, Rotfedern und Brachsen fühlen sich im 4 °C warmen Tiefenwasser wohler als in den kälteren, oberflächennahen Wasserschichten. Raubfische wie Hecht, Barsch und Zander folgen ihren Beutefischen in die Tiefe. Da Fische wechselwarme Tiere sind, ist ihre Körpertemperatur im Winter ebenfalls auf 4 °C abgesenkt. Die meisten Fischarten bleiben zwar wach, verhalten sich aber sehr ruhig. Ihr Stoffwechsel ist stark heruntergefahren, und sie nehmen nur wenig Nahrung auf. Einige Fischarten wie die Schleie verfallen sogar in eine Winterstarre.

LEBENSGEMEINSCHAFTEN IM ÖKOSYSTEM SEE

Im Gegensatz zu Fließgewässern können sich im wenig bewegten, freien Wasser (Pelagial) eines Sees nicht nur **aktive Schwimmer (Nekton)** wie Fische oder Schwimmkäfer halten, son-

Stehende Gewässer

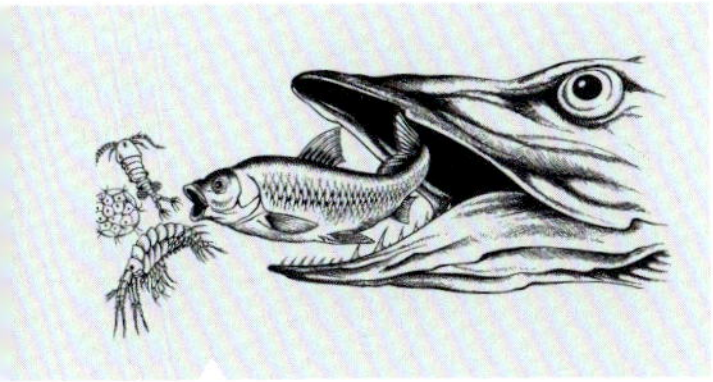

Nahrungskette.

dern auch **schwebende Kleinstorganismen, das Plankton**. Zum Plankton gehören ein- oder mehrzellige Algen **(Phytoplankton)** und kleine tierische Organismen wie Rädertiere und Kleinkrebse **(Zooplankton)**. In großen Seen sind die mikroskopisch kleinen Planktonalgen oft die wichtigsten Produzenten. Als Nahrung fürs Zooplankton stehen sie zudem am Beginn der Nahrungsketten beziehungsweise des Nahrungsnetzes im See.
Eine eigene Lebensgemeinschaft, das **Neuston**, findet sich an der Wasseroberfläche. Dort leben Tiere und Pflanzen, die sich die Oberflächenspannung des Wassers zunutze machen. Wasserlinsen und Taumelkäfer schwimmen auf der Wasseroberfläche, Bach- und Wasserläufer bewegen sich darauf laufend fort. Stechmücken- und Waffenfliegenlarven hängen sich an das Oberflächenhäutchen, Rückenschwimmer halten sich bevorzugt unterhalb der Wasseroberfläche auf.
Viele Wasserinsekten durchstoßen regelmäßig die oberste Wasserschicht, um ihren Luftvorrat zu erneuern. Und auch unter den Fischen gibt es einige Arten wie Rotfedern und Lauben, die sehr gerne an der Wasseroberfläche auf Nahrungssuche gehen.
Überaus artenreich ist die Lebensgemeinschaft der Pflanzen und Tiere am Gewässerboden. Sie wird als **Benthal** bezeichnet. Hier finden sich Larven von Eintagsfliegen, Köcherfliegen, Libellen und Zuckmücken, aber auch zahlreiche Muscheln, Schnecken, Würmer, Egel, Krebse und bodenbewohnende Fische.

DIE PFLANZENZONEN EINES SEES

Am Rand nährstoffreicher Seen und Weiher lässt sich auf dem Weg vom Land zur freien Wasserfläche oft eine typische Abfolge mehrerer Pflanzenzonen beziehungsweise Vegetationsgürtel beobachten. Landseitig befindet sich häufig ein von Schwarzerlen gebildeter **Bruchwald**, der sich Richtung Ufer in einen Buschwald aus Faulbäumen und verschiedenen Weidenarten auflöst. Es folgt meist eine breite Zone mit verschiedenen Arten von Sauergräsern, vor allem Seggen. Hier im **Großseggengürtel** ist der Grundwasserstand hoch, dennoch kann der Boden monatelang trockenfallen.
In der Wechselwasserzone des Gewässerufers geht der Großseggengürtel in den vom Schilf dominierten **Röhrichtgürtel** über. Landseitig ist das Schilf teilweise mit Großstauden wie Wasserdost oder Rohrkolben durchsetzt, seeseitig bildet es Reinbestände und dringt bis in 1–2 m Wassertiefe vor. In ruhigen Buchten folgt auf das Röhricht die **Schwimmblattzone** mit Seerosen, Teichrosen, Wasser-Knöterich, Seekanne und eini-

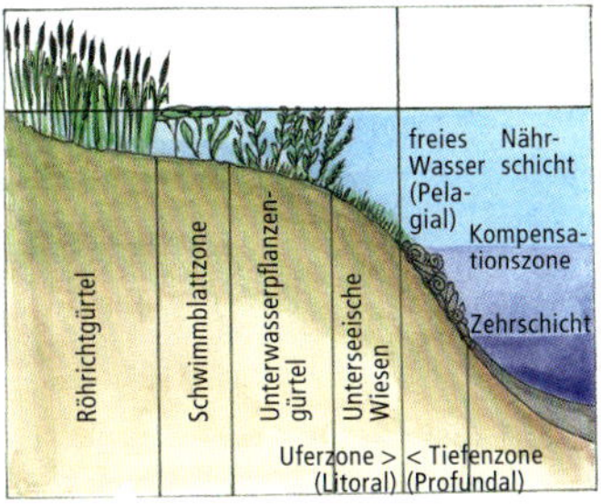

Die Pflanzenzonen eines Sees.

Wasserlebensräume

Wasserpflanzenzonierung mit Röhrichtgürtel und Schwimmblattzone in einem Teich.

gen Laichkrautarten wie zum Beispiel dem Schwimmenden Laichkraut. Der Gürtel der Schwimmblattpflanzen kann in kleineren Weihern und Teichen fast die gesamte Wasseroberfläche bedecken.

In noch tieferem Wasser finden sich schließlich nur noch komplett untergetauchte (submerse) Wasserpflanzen. Der **Unterwasserpflanzengürtel** (Tauchpflanzengürtel) wird von verschiedenen Laichkrautarten, Hornkraut und Tausendblatt gebildet und kann bis in 4–8 m Wassertiefe reichen. In klaren, nährstoffarmen Seen mit großer Sichttiefe schließt sich darunter teilweise noch eine Tiefenalgenzone mit Armleuchteralgen an.

Grasfrösche laichen gerne in Tümpeln, Weihern und Teichen.

STEHENDE GEWÄSSER – EINE KLEINE ÜBERSICHT

In Mitteleuropa gibt es eine **Vielzahl stehender Gewässer**, die teils sehr unterschiedliche Eigenschaften aufweisen. Manche von ihnen sind natürlich, andere künstlich entstanden. Manche führen dauerhaft Wasser, andere trocknen periodisch aus. Manche sind klein und flach, andere groß und tief. Manche sind im Hochgebirge beheimatet, andere im Flachland. Teilt man stehende Gewässer grob ein, lassen sie sich als Tümpel, Weiher/Teiche und Seen klassifizieren. Im Folgenden werden einige Stillgewässer- und Seentypen etwas genauer vorgestellt, wobei der Schwerpunkt auf der Fischfauna der Gewässer liegt.

TÜMPEL

Tümpel sind **periodisch austrocknende, flache Kleingewässer**, die manchmal nur für wenige Wochen oder Monate bestehen. Das können Regenpfützen oder wassergefüllte Radspuren sein, mit Schmelzwasser gefüllte Geländemulden, wassergefüllte Senken im Überschwem-

mungsbereich der Flüsse oder temporäre, von Regen oder Grundwasser gespeiste Wasseransammlungen in schattigen Wäldern. Da Tümpel nur zeitweise mit Wasser gefüllt sind, können in ihnen weder Fische noch echte Wasserpflanzen dauerhaft überleben. Sie sind aber wichtige Laichhabitate für seltene Amphibien. So legen zum Beispiel Gelbbauchunken ihre Eier gerne in wassergefüllten Fahrspuren ab, auch Bergmolche suchen zur Eiablage häufig Tümpel auf.
Tümpel sind **extreme Lebensräume**, in denen aufgrund der meist geringen Wassertiefe die Wassertemperaturen im Tagesverlauf sehr stark schwanken können. Dazu kommt die ständige Gefahr des Austrocknens. Tümpel werden deshalb in erster Linie von Arten bewohnt, die durch besondere Anpassungen in den kurzlebigen Kleingewässern überdauern können. Viele Tümpeltiere bilden Dauerstadien aus, in denen sie Phasen der Trockenheit überstehen können. Beispiele sind die Dauereier der Wasserflöhe oder die Cysten von Einzellern und Rädertieren. Strudelwürmer vergraben sich im Untergrund und schützen sich mit Schleimhüllen vor dem Austrocknen. Wichtig für die Tümpelbewohner ist auch eine möglichst schnelle Entwicklungszeit vom Ei bis zum fortpflanzungsfähigen, erwachsenen Tier. Und die schnelle Neubesiedlung von Tümpeln nach deren Entstehung.

WEIHER UND TEICHE

Im Gegensatz zu Tümpeln sind Weiher und Teiche dauerhafte oder **permanente Gewässer**. Als **„Seen ohne Tiefe"** sind sie meist nicht tiefer als zwei Meter. Da in flachen Gewässern das Sonnenlicht auf der ganzen Fläche bis zum Boden vordringen kann, ist in Weihern und Teichen der **Pflanzenwuchs oft besonders üppig**. Häufig ist der gesamte Untergrund mit Wasserpflanzen bedeckt. Meist ist das Wasser zudem reich an Nährstoffen. Pflanzliches Plankton gedeiht unter diesen Bedingungen gut und bildet – zusammen mit höheren Pflanzen – tagsüber sehr viel Sauerstoff (Photosynthese). Nachts tritt

Teiche und Weiher sind oft großflächig mit Wasserpflanzen bedeckt.

Ein Hochgebirgssee in den österreichischen Alpen auf rund 2400 m Höhe.

durch die Atmung von Tieren und Pflanzen oft Sauerstoffmangel ein. Auch starke Temperaturschwankungen im Tagesverlauf und hohe Wassertemperaturen im Sommer sind für viele Weiher und Teiche typisch. Im Gegensatz zu Seen bildet sich in ihnen im Sommer **keine dauerhafte vertikale Temperaturschichtung** aus. Durch die geringe Wassertiefe wird der gesamte Wasserkörper ständig durchmischt. Die damit verbundenen hohen Wassertemperaturen am Weihergrund haben auch Auswirkungen auf den Stoffhaushalt: In Weihern und Teichen gehen Abbau- und Zersetzungsprozesse um ein Vielfaches schneller vonstatten als in einem tiefen See mit nur 4 °C warmem Tiefenwasser. Das sich am Grund in großen Mengen ansammelnde abgestorbene pflanzliche Material wird sehr schnell mineralisiert und steht so erneut für das Pflanzenwachstum zur Verfügung. Die in Weihern und Teichen vorkommenden Wasserpflanzen und Pflanzenzonen decken sich weitgehend mit nährstoffreichen Seen – mit dem Unterschied, dass in den „Seen ohne Tiefe" die Pflanzengürtel der Tiefenzone fehlen. Hohe **Nährstoffkonzentrationen**, starke **Temperaturschwankungen**, **Sauerstoffübersättigung** am Tag und **Sauerstoffmangel** in der Nacht lassen nur widerstandsfähige Fischarten wie Karausche, Giebel, Schleie, Rotauge und Moderlieschen dauerhaft überleben. Durch Besatzmaßnahmen sind in Weihern und Teichen oft auch Karpfen und Hechte anzutreffen. Trotz dieser nicht einfachen Lebensbedingungen für Fische können die Gewässer sehr produktiv sein und hohe Erträge erzielen (bis zu 300 kg/ha). Da Teiche und Weiher meist nicht sehr groß sind, nimmt bei ihnen die Uferzone einen beträchtlichen Anteil an der Gesamtfläche ein. Das ist von großer Bedeutung für die Artenvielfalt. Im Litoral leben unzählige Bakterien, Einzeller, Algen, Wasserpflanzen, wirbellose Kleintiere, Fische, Amphibien, Vögel und Säugetiere. Sie alle tragen dazu bei, dass Weiher zu den **artenreichsten Binnengewässern Mitteleuropas** zählen.

Stehende Gewässer

FORELLEN- UND SAIBLINGSSEEN
Zu den Forellen- und Saiblingsseen zählt man Gebirgs- und Hochgebirgsseen mit kaltem, sauerstoffreichem Wasser. Meist haben solche Seen steil abfallende Ufer und sind sehr tief. Der Seeboden besteht überwiegend aus Fels und Kies. Da das Wasser solcher Seen sehr **arm an Nährstoffen** ist, leben in ihnen nur wenige Pflanzen und Nährtiere. Entsprechend langsam wachsen auch die Fische, die solche alpinen Seen besiedeln (Erträge 2–10 kg/ha). In diesem Gewässertyp finden sich ausschließlich kälteunempfindliche Fischarten. Als Leitfische gelten Bach- und Seeforellen sowie Seesaiblinge. Typische Nebenfische sind Elritzen, Bachschmerlen, Koppen, seltener auch Felchen.

FELCHEN- ODER COREGONENSEE
Als Felchen- oder Coregonenseen bezeichnet man tiefe Seen im Vorgebirge (z. B. Bodensee) und in der norddeutschen Tiefebene („Maränenseen"), in denen natürlicherweise Felchen (Renken, Maränen) vorkommen. Diese Seen haben steile Ufer, meist einen kiesig-steinigen Boden und relativ klares, auch in größeren Tiefen noch

Felchen aus dem Bodensee.

sauerstoffhaltiges Wasser. Die Nährstoffkonzentration ist in Felchen-Seen immer noch gering, aber höher als in Forellen- und Saiblingsseen. Unterwasserpflanzen wie Armleuchteralgen gedeihen gut. Dagegen gibt es nur kleine Schilfgürtel – schließlich sind die Flachwasserzonen sehr schmal. Leitfische sind die **verschiedenen Felchenarten**, die je nach Art überwiegend in der Freiwasserzone oder mehr in Bodennähe leben. Typische Begleitfische sind Bach- und Seeforellen sowie Seesaiblinge. Daneben kommen in Felchen-Seen einige weitere für Angler interessante Arten wie Barsch, Quappe und Hecht vor. Auch einige Karpfenfische wie Rotaugen und Brachsen sind bereits vertreten.

Der Bodensee ist ein typischer Felchen- oder Coregonensee.

Der Neusiedlersee ist ein typischer Zandersee.

Die Erträge in Felchen-Seen liegen bei 5–50 kg/ha.

BRACHSENSEE

Brachsenseen (Bleiseen) sind in der Regel nicht tiefer als 20 Meter und haben ausgedehnte Flachwasserzonen im Uferbereich. Sie sind **sehr nährstoffreich**. Entsprechend üppig ist das Pflanzenwachstum. An den breiten Schilfgürtel schließt sich oft eine Zone mit Schwimmblattpflanzen an. Auch Unterwasserpflanzen gedeihen prächtig. Durch absterbendes und zu Boden absinkendes Plankton baut sich in Brachsenseen im Laufe der Jahrhunderte oft eine **dichte Schlammschicht** auf – Lebensraum und Nahrung für viele Fischnährtiere wie Insektenlarven, Muscheln, Schnecken und Würmern. Die reichlich vorhandenen Zuckmückenlarven stellen vor allem für die verschiedenen Karpfenfische eine wichtige Nahrungsquelle dar. Entsprechend hoch sind auch die Fischerträge solcher Gewässer (20 bis 100 kg/ha). Allerdings kann es durch die intensive Atemtätigkeit der Mikroorganismen und Kleintiere in tiefen Brachsenseen zu Sauerstoffschwund im Tiefenwasser kommen. Die Gefahr besteht vor allem im Sommer, wenn die stabile Wasserschichtung die Umwälzung des Seewassers verhindert. Brachsenseen sind ein Eldorado für **karpfenartige Fische**. Neben Brachsen sind auch Güstern, Rotaugen, Rotfedern, Schleien und Karpfen häufig. Unter den Raubfischen dominieren Hechte, Barsche und Aale. In manchen Brachsenseen leben auch Zander und Welse.

HECHT-SCHLEIEN-SEE

Als Hecht-Schleien-Seen bezeichnet man kleinere, **flache Gewässer ohne eigentliche Tiefenregion**. Es handelt sich also eigentlich um Weiher. Charakteristisch für solche Seen ist der starke Bewuchs mit Unterwasserpflanzen. Das Wasser von Hecht-Schleien-Seen ist meist klar und sehr warm. Da die meisten Nährstoffe von den höheren Wasserpflanzen gebunden werden, hat pflanzliches Plankton in solchen Seen einen schweren Stand. Dagegen sind mikroskopisch kleine Aufwuchsalgen häufig. Neben Schleien und Hechten beherbergen Hecht-Schleien-Seen vor allem Rotaugen. Auch Rotfedern, Brachsen, Güstern, Karauschen und Barsche kommen vor. Hecht-Schleien-Seen sind zwar nicht so artenreich wie Brachsenseen, ihre Erträge aber vergleichbar hoch (25–120 kg/ha.).

ZANDERSEE

Typische Zanderseen sind größere, besonders **nährstoffreiche Gewässer mit geringer Sichttiefe** wie zum Beispiel der Neusiedler See und der ungarische Balaton (Plattensee). Zanderseen sind aufgrund einer sehr hohen Planktondichte oft so trübe, dass die Sichttiefe nicht einmal einen Meter beträgt. Unter solchen Bedingungen hat der Zander mit seinem an die Dunkelheit angepassten Sehvermögen eindeutige Vorteile gegenüber Hecht und Barsch. Wegen der starken Trübung wachsen in Zanderseen nur wenige Unterwasserpflanzen. Der pflanzenfreie Seeboden ist meist steinig oder kiesig und bietet dem Zander ideale Laichbedingungen. Im Sommer treten in diesem Seentyp oft Algenblüten auf, die den unteren Wasserschichten den Sauerstoff entziehen. Leitfisch solcher Seen ist der Zander. Er jagt in der Freiwasserzone Lauben, in norddeutschen Seen auch Stinte. Weitere typische Begleitfische sind Barsche, Rotaugen, Brachsen, Güstern und Aale. Der Fischertrag in Zanderseen liegt etwa bei 80–200 kg/ha.

STAUSEEN UND TALSPERREN

Charakteristisch für Stauseen und Talsperren sind die **starken Wasserspiegelschwankungen**. Deshalb bildet sich an diesen künstlichen Gewässern in der Regel kein Schilfgürtel aus. Auch Unterwasserpflanzen sind aufgrund der Wasserschwankungen selten. Die Besiedlung mit Kleintieren ist in den Uferzonen meist spärlicher als in natürlichen Gewässern. Talsperren, die von den Oberläufen sauberer Bäche und Flüsse gespeist werden, sind gute Lebensräume für Bachforellen und Bachsaiblinge. Stauseen an den Mittel- und Unterläufen von Flüssen weisen dagegen oft dichte Bestände mit Karpfenfischen auf. Vor allem wenig strömungsliebende Arten wie Brachsen, Güstern und Plötzen fühlen sich dort wohl. Unter den Raubfischen dominieren meist Hecht und Barsch.

KIESWEIHER UND BAGGERSEEN

Abbaustätten für Baumaterial wie Ton, Lehm, Sand und Kies oder Gesteine wie Granit, Basalt, Sand- oder Kalkstein entwickeln sich nach dem Abschluss der Abbautätigkeiten oft zu wertvollen Ersatzlebensräumen für ans Wasser gebundene Tiere und Pflanzen. Die Baugruben füllen sich durch einströmendes Grundwasser oder durch oberflächliche Zuflüsse ganz oder teilweise mit Wasser. So entstehen Tümpel, Weiher und Seen, die unter anderem für Amphibien häufig eine große Bedeutung als sekundäre (künstlich angelegte) Gewässerlebensräume haben. An fischfreien, kleinen **Kiesweihern** und **-tümpeln** laichen seltene Arten wie Kreuzkröte, Wechselkröte und Gelbbauchunke. Im Lauf der Zeit stellen sich auch Kamm-, Berg- und Teichmolche, Laubfrösche und Knoblauchkröten ein, in älteren und tieferen Kiesweihern auch Erdkröten, Wasser- und Grasfrösche.

Die Bleilochtalsperre in Thüringen.

Wasserlebensräume

Herbststimmung an einem Baggersee im Voralpenland.

Baggerseen haben meist steil abfallende Ufer und kiesige oder lehmige Seeböden. Sie machen oft **innerhalb weniger Jahre** eine interessante **Entwicklung** durch. Frisch mit Wasser gefüllte Baggerseen sind nährstoffarme, sauerstoffreiche Gewässer, die sich gut für den Besatz mit Forellen eignen. In diesen Anfangsjahren sind die Erträge meist gering (20–30 kg/ha). Doch mit fortschreitendem Alter lassen der Pflanzenbewuchs sowie die Algen- und Planktonproduktion den Nährstoffgehalt rasch ansteigen. Dadurch finden Karpfenfische wie Karpfen, Schleien, Brachsen und Rotaugen zunehmend bessere Lebensbedingungen. Bei den Raubfischen lösen Hecht, Zander, Barsch und Aal die Forellen ab. Das Alter eines Baggersees lässt sich übrigens schon optisch an der Gewässerfarbe abschätzen. Junge Baggerseen haben klares, grünlichblaues Wasser, alte Baggerseen dagegen trübes, grünbraunes.

Wassergefüllter ehemaliger Torfstich in einem Hochmoor.

HOCHMOORSCHLENKEN, BLÄNKEN UND TORFSTICHE

Als vor rund 12 000 Jahren die Gletscher der letzten Eiszeit zurückwichen, blieben im Alpenvorland und in der norddeutschen Tiefebene in den Senken zahlreiche Seen, Weiher und Tümpel zurück. Im Lauf der Jahrhunderte wurden viele dieser Gewässer durch Ablagerungen von totem organischem Material immer flacher. Die Gewässer verlandeten, sogenannte **Flach-** oder **Niedermoore** entstanden. In regen- und schneereichen Gebieten entwickelten sich viele dieser Flachmoore im Lauf der Jahrtausende über die Zwischenstufe Übergangsmoor zu **Hochmooren** mit meterdicken Torfschichten. Dieser Moortyp hat keine Verbindung mehr zum Grundwasser und wird deshalb häufig auch als Regenmoor bezeichnet. Ganz typisch für Hochmoore sind ein **gerin-**

Stehende Gewässer

Torf-Mosaikjungfer – eine Moorlibelle.

ger Nährstoffgehalt und eine starke **Abhängigkeit von Niederschlägen**. Intakte Hochmoore sind uhrglasförmig aufgewölbt. Die Hochflächen sind dabei nicht komplett eben, sondern setzen sich aus zahlreichen kleinen Erhebungen und Vertiefungen zusammen, den **Bulten** und **Schlenken**. Während auf den Bulten Torfmoose wachsen, sind die Schlenken mit durch Huminstoffe braun gefärbtem Moorwasser gefüllt. Zum Teil finden sich in Hochmooren auch tiefere **Kolke** oder **Blänken** sowie mit Wasser gefüllte **Torfstiche** – künstlich entstandene Moorteiche, die auf den Torfabbau in der Vergangenheit zurückzuführen sind.

Alle diese Wasserlebensräume im Moor zeichnen sich durch **lebensfeindliche Bedingungen** aus. Sie haben einen hohen Säuregrad und Huminsäuregehalt, sind arm an Nährstoffen und weisen starke tägliche Temperaturschwankungen auf. Nur wenige Wasserorganismen kommen mit diesen Extrembedingungen zurecht. Die Lebensgemeinschaft im Moorwasser ist dementsprechend artenarm. Andererseits gibt es auch Arten, die typisch für Hochmoorlebensräume sind – etwa Libellen wie die Kleine Moosjungfer oder die Torf-Mosaikjungfer.

SALZLACKEN

Nicht nur am Meer, sondern auch im Binnenland finden sich mitunter salzhaltige Gewässer. Diese entstehen dort, wo salzhaltiges Gestein ansteht und salzhaltiges Quellwasser aufsteigt. Ihre Salinität kann dabei stark variieren – von schwach salzhaltig bis zu einem Salzgehalt von mehr als 20 Prozent. Während solche Gewässer in Deutschland selten sind, gibt es zum Beispiel im Seewinkel östlich des Neusiedler Sees in Österreich zahlreiche **Salzlacken**. Diese seichten, meist weniger als 1 m tiefen Gewässer trocknen regelmäßig aus und weisen vor allem im Sommer, wenn viel Wasser verdunstet, teils erhebliche Salzkonzentrationen auf. Die Salinität ist von Lacke zu Lacke unterschiedlich und unterliegt jährlichen wie jahreszeitlichen Schwankungen. In den Salzlacken leben keine Meeres-, sondern Süßwassertiere und -pflanzen, die mit erhöhten Salzkonzentrationen zurechtkommen. Darunter sind zum Beispiel Blaualgen, Kieselalgen, Rädertierchen, Hüpferlinge und Kiemenfußkrebse wie die oft in Massen vorkommenden Feenkrebse. Besonders artenreich ist an den Seewinkel-Lacken die Vogelwelt. Gänse- und Entenarten, Reiher, Löffler, Möwen und Seeschwalben lassen sich an ihnen ebenso beobachten wie zahlreiche Watvögel, die gerne im flachen Wasser auf Nahrungssuche gehen.

Oberer Stinkersee (Salzlacke) im Seewinkel (Burgenland) mit Graugänsen.

Die Bregenzerach ist ein schnell strömender Gebirgsfluss in Vorarlberg (Österreich).

ÖKOSYSTEM FLIESSGEWÄSSER

Stehende Gewässer kann man als Wasserspeicher betrachten. Im Gegensatz dazu **transportieren Fließgewässer ihr Wasser**. Es verweilt in ihnen nur für kurze Zeit an einer Stelle. Zusätzlich wird es durch die turbulente Strömung ständig durchmischt. Daher weisen auch Gumpen und Kolke an der Oberfläche etwa die gleiche Temperatur auf wie in der Tiefe. Im Unterschied zu einem See entsteht in einem Fluss **keine dauerhafte vertikale Temperaturschichtung**. Über die Länge seines gesamten Laufs betrachtet, verändert sich seine Temperatur aber durchaus: An der Quelle ist das Flusswasser wesentlich kälter als im Unterlauf.
Auch viele andere Faktoren des Lebensraums Fluss verändern sich auf dem Weg von der Quelle bis zur Mündung ins Meer oder in einen See. Zu diesen **veränderlichen Umweltbedingungen** gehören unter anderem **Sauerstoffgehalt des Wassers, Wasserführung, Gefälle, Fließgeschwindigkeit, Bodenbeschaffenheit, Klima** und **geologische Verhältnisse**. Alle diese Faktoren spielen bei der Besiedlung mit wirbellosen Kleintieren und Wasserpflanzen ebenso eine Rolle, wie bei der **Zusammensetzung der Fischartengemeinschaften in den einzelnen Regionen eines Fließgewässers** (siehe auch die Tabelle 1, rechte Seite).

UMWELTBEDINGUNGEN UND FISCHREGIONEN IN MITTELEUROPÄISCHEN FLIESSGEWÄSSERN

In der eigentlichen Quellregion leben zwar meist noch keine Fische, da Quellwasser oft sehr sauerstoffarm ist. Doch im weiteren Verlauf eines mitteleuropäischen Flusses lassen sich bis zu **fünf Regionen** unterscheiden, in denen für Fische jeweils unterschiedliche Lebensbedingungen herrschen. Fischereibiologen bezeichnen diese Gewässerabschnitte nach den typischerweise dort vorkommenden Leitfischen als Forellen-, Äschen-, Barben-, Brachsen- bzw. Kaulbarsch-Flunder-Region.
Die Einteilung in fünf Fischregionen gaukelt eine strikte Abgrenzung vor, die in der Natur so nicht gegeben ist. Viele Fischarten besiedeln mehrere Gewässerabschnitte, auch die Leitfische sind nicht nur auf „ihre Region“ beschränkt. Außerdem können in manchen Gewässersystemen einzelne Regionen durchaus fehlen.
Leider gibt es in Mitteleuropa keinen einzigen Fluss mehr, der von der Quelle

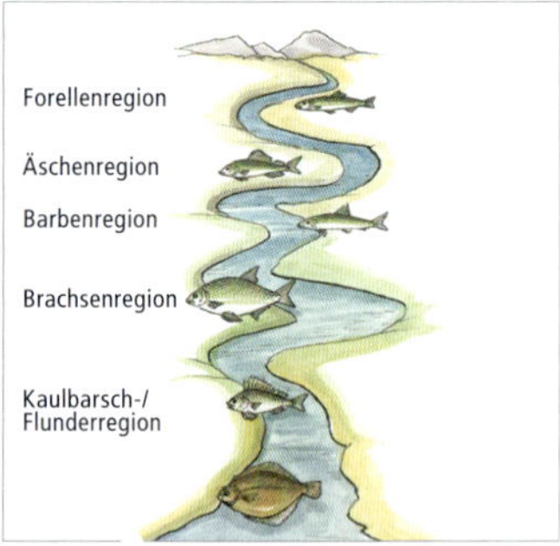

Die Fischregionen von der Quelle bis zur Mündung ins Meer.

Fließgewässer

Tabelle 1	Forellen-region	Äschen-region	Barben-region	Brachsen-region	Kaulbarsch-/ Flunderregion
Gefälle	stark	mäßig	mäßig	gering	gering
Strömungsgeschwindigkeit	hoch	mäßig hoch	mäßig	niedrig	niedrig, Einfluss von Ebbe und Flut spürbar, salzhaltig
Wasserführung	am geringsten	zunehmend	zunehmend	zunehmend	am höchsten
Boden	steinig mit Geröll, Kies und Sand; Ablagerungen nur in Gumpen	steinig bis sandig, mit Geröll, noch wenig Ablagerungen	kiesig bzw. sandig bis schlammig, stärkere Ablagerungen	schlammig, teilweise sandig, starke Ablagerungen	Schlammig, teilweise sandig, starke Ablagerungen
Trübung	teilweise milchig trübe	klar	leicht trübe	trübe	stark trübe
Lichteinfall	bis zum Boden	bis zum Boden	teilweise am Boden, eingeschränkt	über Boden teilweise dunkel	über Boden teilweise dunkel
Sommer-Temperatur	bis 10 °C	bis 15 °C	bis 18 °C	20 °C und mehr	20 °C und mehr
Sauerstoffgehalt	sehr hoch	hoch	im Sommer schwankend	im Sommer schwankend; über Schlammboden Sauerstoffdefizit	im Sommer schwankend; über Schlammboden Sauerstoffdefizit
Leitfisch	Bachforelle	Äsche	Barbe	Brachsen	Kaulbarsch Flunder
Einige typische Begleitfische	Mühlkoppe Elritze Schmerle Bachneunauge	Strömer Huchen Nase Quappe Gründling Schneider Döbel	Hasel Rapfen Aland Rotfeder Barsch Zander Schrätzer Zingel Streber	Güster Rotfeder Rotauge Hecht Karausche Wels Aal Karpfen Schleie	Stichling Stint

bis zur Mündung natürliche oder naturnahe Verhältnisse aufweist. Die Fließgewässer sind **verbaut, begradigt und vielerorts durch Staustufen unterbrochen**. Manche Flüsse und Ströme haben auf weiten Teilen ihrer Strecke ihren Fließgewässercharakter verloren und ähneln eher einer Perlenkette aus hintereinander aufgereihten Seen. In solchen, durch Schleusen, Wehre und Kraftwerke beeinträchtigten Gewässern ist nicht nur das natürliche Geschiebe unterbrochen. Die Querbauwerke stellen oft auch unüberwindliche Hindernisse für **wandernde Tierarten** dar. Typische Wanderfische wie Lachs, Meerforelle, Stint, Stör und Aal gelangen so nicht mehr zu ihren Laichplätzen. Auch viele andere Flussfische wie Nasen, Barben,

Ein Stauwehr an der Weißach im Allgäu.

Äschen oder Bachforellen führen kürzere, flussaufwärts gerichtete Laichwanderungen durch, die durch Staustufen unterbunden werden. Teilweise wird die Situation durch den Bau von Fischtreppen verbessert. In den **aufgestauten Flussabschnitten** können sich ähnliche Verhältnisse wie in stehenden Gewässern einstellen. So entwickelt sich im fast unbewegten, freien Wasserkörper oft eine Lebensgemeinschaft der Freiwasserzone mit Planktonorganismen. Viele Tier- und Pflanzenarten, die an ein Leben im Stillwasser angepasst sind, stellen sich auch im ruhigen Wasser hinter den Querbauwerken ein. Bei großen Wassertiefen kann es sogar zu einer für Seen typischen vertikalen Wasserschichtung (Temperatur, Sauerstoffgehalt) kommen.
Neben der Einteilung in Fischregionen lassen sich unsere heimischen Fließgewässer auch nach anderen Gesichtspunkten gliedern. Je nach Landschaft und Relief weisen zum Beispiel Bäche oft große Unterschiede auf – Gletscherbäche, Hochgebirgs-, Mittelgebirgs- und Niederungsbäche lassen sich voneinander unterscheiden. Oft wird auch vom Ober-, Mittel- und Unterlauf eines Fließgewässers gesprochen. Der Übergang vom Bach zum Fluss ist dabei fließend, wird aber meist bei einer Gewässerbreite von 5 m angesetzt. Im Folgenden wird ein idealtypisches mitteleuropäisches Fließgewässer **von der Quelle bis zur Mündung ins Meer** vorgestellt, wobei sich die Darstellung an der ökologischen Einteilung in Fischregionen orientiert.

QUELLEN

Alle Fließgewässer beginnen als **Quelle**. Dort, wo sich Grundwasser stauende Bodenschichten mit der Erdoberfläche schneiden oder Spalten im Gestein sich nach außen öffnen, tritt Grundwasser als Quelle zu Tage. Es gibt verschiedene Quelltypen wie Sturzquellen, Teichquellen oder Sicker- bzw. Sumpfquellen. Ihnen allen ist gemeinsam, dass ihre **Wassertemperatur** im Jahresverlauf nur eine sehr **geringe Schwankungsbreite** aufweist (nur wenige Grad Celsius). Die Wassertemperaturen der Quellen liegen in Mitteleuropa meist bei 6–10 °C. Typisch ist auch der **geringe Sauerstoffgehalt**, der **niedrige Nährstoff-**

Ein Quellbach mit Sumpfdotterblume.

Fließgewässer

Kalkquellflur: Quelltuff in Vorarlberg.

gehalt und die **geringe Strömungsgeschwindigkeit** des Quellwassers. Quellen werden von Lebewesen besiedelt, die sich auf die besonderen Eigenschaften des Quellwassers eingestellt haben. Es handelt sich um Tiere, die an eine gleichbleibend niedrige Wassertemperatur angepasst sind **(kaltstenotherme Arten)**, die keine hohen Ansprüche an den Sauerstoffgehalt des Wassers stellen und denen meist auch die Haftorgane fehlen, die für sehr viele Bewohner schnell fließender Gebirgsbäche charakteristisch sind. Quellbewohner sind oft kleiner als ihre Verwandten. Das gilt für Strudelwürmer ebenso wie für winzige Quellschnecken.

Ein besonderer Lebensraum sind **Kalkquellfluren**. An Stellen, wo Quellwasser reich an kohlensaurem Kalk ist, bilden sich häufig mächtige Tuffbänke: Sobald kalkübersättigtes, hartes Quellwasser mit der Luft in Kontakt kommt, scheidet sich Kalksinter ab. Daneben entziehen an diesen Quellaustritten auch spezialisierte Moose, Algen und Bakterien dem Wasser Kohlendioxid – und tragen damit ebenfalls zum Ausfallen von Kalk sowie zu dessen Ablagerung als Quelltuff bei. In solchen Quellfluren können nur wenige spezialisierte Tiere und Pflanzen überleben.

In Mitteleuropa wird ein großer Teil des Trinkwassers direkt aus Grundwasser oder aus Quellwasser, das ja nichts anderes ist als aus der Erde austretendes Grundwasser, gewonnen. Deshalb ist der **Schutz der Quellen** von großer Bedeutung. Viele Quellen liegen in Wasserschutzgebieten, die regelmäßig von Wasserversorgungsunternehmen überwacht werden. Durch Einfassungen und Einzäunungen werden sie vor lokalen Verunreinigungen geschützt.

DIE FORELLENREGION

Die Forellenregion schließt sich unmittelbar an die Quellregion an. Dabei unterscheiden man zwischen der **oberen Forellenregion** (Bäche im Gebirge) und der **unteren Forellenregion** (Bäche im Tiefland). Das Wasser eines Gebirgsbachs ist kalt, klar, stark strömend und stets sauerstoffgesättigt. **Leitfisch** dieser Region ist die **Bachforelle**, die sich ihrem spindelförmigen Körper perfekt an die hohen Strömungsgeschwindigkeiten des Wasser angepasst hat.

Typische Begleitfische sind Elritze, Mühlkoppe und Schmerle, teilweise auch der Bachsaibling. Da **Bäche der oberen Forellenregion sehr nährstoffarm** sind, ist die Produktion an Algen, Fischnährtieren und Fischen gering (möglicher Fischertrag: 2–10 kg/ha). Anders verhält es sich in den

Die Leckner Ach (Vorarlberg) ist ein typischer Bach der oberen Forellenregion.

Gebirgsbäche sind für ihre Bewohner extreme Lebensräume.

Niederungsbächen der unteren Forellenregion. Höhere Wassertemperaturen (im Sommer bis 18 °C), üppige Pflanzenbestände, und meist günstige Nährstoffverhältnisse machen diese Bäche **äußerst produktiv**. Teilweise können die Fischerträge 150 bis 500 kg/ha erreichen. Neben den Fischarten der oberen Forellenregion finden wir hier häufig Regenbogenforellen. Gelegentlich wandern auch Äschen, Döbel, Gründlinge, Rotaugen, Hasel und Quappen aus den weiter flussabwärts gelegenen Regionen ein.

EXKURS: LEBENSRAUM GEBIRGSBACH

In Mittelgebirgen und in den Alpen weisen viele Bäche und Flüsse durch das über weite Strecken **steile Relief** ein starkes Gefälle auf. Dementsprechend hoch sind die Fließ-/Strömungsgeschwindigkeiten des Wassers. Die Gebirgsbäche und -flüsse sind **dynamische Systeme**, die sich selbst, ihre Ufer und auch die umgebende Landschaft ständig verändern. Ausschlaggebend dafür ist die **hohe Fließgeschwindigkeit** des Wassers. Beispielsweise wird das Flussbett ständig umgeformt: Die Strömung verlagert sich in Biegungen nach außen und wäscht die Ufer aus **(Prallhang)**. Es entstehen Steilufer mit tiefen Kolken und grobem Kies. An den Innenkurven lagert die dort deutlich schwächere Strömung hingegen feines Material ab (**Gleithang**) und schüttet so im Lauf der Zeit sanft abfallende, sandige Ufer auf. Kleinräumig wechselnde Strömungsunterschiede sorgen zudem für Vertiefungen (Kolke) oder schütten Geröllinseln (Längs- und Querbänke) auf. Am stärksten verändern sich die Bach- und Flussläufe während **Hochwasserereignissen**. Dann reißt das flussabwärts stürzende Wasser auch große Gesteinsbrocken und Kiesel mit sich und verändert die Sohle der Gewässer. Im Wasser werden dann auch sehr viele feine Schwebstoffe (Tone, Sande, etc). mittransportiert – was an der braunen Verfärbung des Wassers zu erkennen ist.

Wegen des starken Gefälles haben sich die Bäche und Flüsse in Gebirgslagen oft tief in die Landschaft eingeschnitten und zahlreiche **Schluchten und Tobel** geformt. Vor allem dort, wo weiche Ton- und Mergelschichten den Untergrund bilden, konnten und können sich in kurzer Zeit sehr tiefe Schluchten bilden. Bei harten Gesteinen dauerte es natürlich wesentlich länger, aber der Prozess war und ist letztlich der Gleiche. Durch die Kraft des Wassers entstanden so im Laufe der Jahrtausende zahlreiche **V-förmig eingeschnittene Kerbtäler** mit ihren charakteristischen, oft sehr steilen Hängen. In diesen Schluchten und Tobeln kommt es immer wieder zu Hangrutschungen.

Die **Lebewesen im Gebirgsbach** leben **in ständiger Gefahr, von der Strömung mitgerissen zu werden**. Sie haben im Laufe der Zeit **zahlreiche Anpassungen und Verhaltensweisen** entwickelt, die ihnen ein Überleben im schnell fließenden Wasser ermöglichen. Sie leben meist auf der Unterseite von Steinen, zwischen Pflanzenpolstern oder im Lückenraum zwischen den Geröllen. An diesen Orten ist die Strömungsgeschwindigkeit des Wassers deutlich geringer.

Um in **schnell fließenden Bächen** zu **überleben**, bilden Wassertiere **Haftorgane** aus wie klebrige Schleimsohlen (Strudelwürmer, Flußnapfschnecke *Ancylus fluviatilis*), Haftscheiben (Larven der Kriebelmücken *Simulium sp.*),

Insektenlarven im Gebirgbach – Köcherfliegenlarven und Steinfliegenlarve.

Saugnäpfe (Egel), Haken (Larven der Hakenkäfer *Elmis sp.*, Köcherfliegenlarve *Rhyacophila sp.*). Weitere Überlebensstrategien sind ein **Schwermachen" des Körpers** (so bauen Köcherfliegenlarven der Gattung *Silo* in ihre Köcher „Beschwerungssteinchen" ein), eine **Befestigung am Substrat** wie bei manchen Köcherfliegenlarven und den Puppen der Kriebelmücken (*Simulium sp.*), ein **abgeflachter Körperbau**, wodurch dieser durch die Strömung an die Unterlage gepresst wird und in der strömungsarmen Grenzschicht bleibt, die durch Reibung am Substrat entsteht (manche Eintagsfliegenlarven wie *Ecdyonurus sp.*, Strudelwürmer). Hinzu kommt oft eine **aktive Strömungsvermeidung** (so halten sich viele Bachtiere überwiegend in sogenannten Totwasserbereichen mit stark verringerter Strömung auf: also unter und hinter Steinen, im Algenbewuchs, im Lückenraum zwischen Geröllen und im Gewässerboden, zwischen Wasserpflanzen oder in schwach durchströmten Buchten).

Grundsätzlich ist die Fließgeschwindigkeit in Bächen und Flüssen nicht überall gleich. Sie nimmt wegen der Reibung am Untergrund von der Oberfläche nach unten und von der Gewässermitte zu den Rändern hin ab. Viele kleine Wassertiere bewegen sich immer gegen die Strömung und wirken so einer Abdrift aktiv entgegen. Das nennt man **positive Rheotaxis**. Typisch sind zudem Kompensationsflüge bei Fließgewässer bewohnenden Wasserinsekten (z. B. manche Eintagsfliegen): Die erwachsenen Tiere fliegen nach dem Schlüpfen ein Stück flussaufwärts, ehe sie ihre Eier ablegen. Damit gleichen sie den Abdrift aus, den sie während ihres Lebens als Larve im Fließgewässer erfahren haben **(organismische Drift)**.

In der Äschenrergion führen die Flüsse mehr Wasser als in der Forellenregion.

DIE ÄSCHENREGION

Die Äschenregion hat immer noch sauerstoffreiches, klares Wasser. Der Wasserlauf ist aber breiter und tiefer als in der Forellenregion. Auch wird das Wasser im Sommer deutlich wärmer. Der Gewässerboden besteht überwiegend aus Kies und Sand. An ruhigeren Stellen mit Schlammgrund entwickelt sich dichter Pflanzenbewuchs. Durch den steten Wechsel von Strömungsgeschwindigkeit, Wassertiefe und Bodenstruktur entstehen in den Gewässern der Äschenregion **zahlreiche Kleinbiotope**, die ideale Lebensbedingungen für Kleintiere und Jungfische bieten. Sie sind deshalb **sehr produktiv** (Fischerträge von 150–300 kg/ha). **Leitfisch** ist, wie der Name schon sagt, die **Äsche**. Typische Begleitfische sind Huchen, Nase, Gründling, Schneider, Barbe, Döbel und Quappe. Auch Forellen und Bachsaiblinge sind noch häufig. Gelegentlich wandern Hechte aus flussabwärts gelegenen Regionen ein.

DIE BARBENREGION

In der Barbenregion trübt sich das Flusswasser merklich ein. Das Wasser ist zwar noch sauerstoffreich, fließt aber langsamer als in der Äschenregion und erwärmt sich im Sommer auf 18 bis 20 °C. Durch die mittlerweile **beträchtliche Wasserführung** erhöht sich die Schleppkraft des Wassers: In der Strömungsrinne ist der Untergrund des Flusses ständig in Bewegung. Unterwasserpflanzen kommen mit diesen Verhältnissen nicht gut zurecht. Deshalb besiedeln sie in dieser Region meist nur den Uferbereich und Stillwasserzonen. Auch Fischnährtiere haben mit dem ständigen **Geschiebe** ihre liebe Not. Aus diesem Grund ist die Barbenregion **weniger produktiv als die Äschenregion** (Fischerträge 30–80 kg/ha). **Leitfisch** ist die **Barbe**. Mit ihrem abgeflachten, spindelförmigen Körper ist sie perfekt an den hohen Wasserdruck angepasst. Typische Begleitfische sind Nasen, Döbel, Hasel, Alande und Rapfen. Teilweise auch Äschen, Regenbogenforellen, Huchen, Hechte, Aale und Barsche.

DIE BRACHSENREGION

Im Unterlauf der Flüsse nimmt die Wasserführung nochmals zu. Aus dem Fluss wird ein **Strom**. Charakteristisch für die Brachsenregion ist das langsam strömende, sehr trübe Wasser. Durch die **niedrige Fließgeschwindigkeit** des Wassers lagert sich Sand, Schlamm und feines organisches Material am Gewässerboden ab. Vor allem in Altarmen, Buchten und den Uferzonen bilden sich dichte Bestände mit Unterwasserpflanzen. Die **Sauerstoffverhältnisse** unterliegen **starken Schwankungen** und sind in tiefen Gewässerzonen oft ungünstig. Dennoch besiedeln Kleintiere

Die Donau bei Riedlingen – ein Fluss in der Barbenregion.

wie Zuckmückenlarven, Schlammröhrenwürmer, Muscheln und Schnecken den Gewässerboden in großer Zahl. Entsprechend **günstig sind die Ernährungsbedingungen für Fische** (Fischertrag: 50–200 kg/ha). **Leitfisch** ist der **Brachsen**, aber auch viele andere Fischarten sind in dieser Region heimisch: Güster, Karpfen, Schleie, Karausche, Barsch, Zander, Wels, Hecht, Rotfeder, Rotauge, Aal, Aland, Ukelei, Stint und Bitterling.

DIE KAULBARSCH-/FLUNDER-REGION

Flüsse, die ins Meer münden, besitzen auch noch eine Kaulbarsch-/Flunderregion. In dieser Region kommt es durch die **Einwirkung der Gezeiten** zu einer **Vermischung von Süß- und Salzwasser**. Bei Flut dringt Meerwasser oft viele Kilometer weit in den Flusslauf ein und vermischt sich mit dem Süßwasser zu Brackwasser. Der **Kaulbarsch** gilt als **Leitfisch** für den Bereich, der nur zeitweise vom Meerwasser erreicht wird. In der unmittelbaren Mündungszone mit ihrem ständig brackigen Wasser übernimmt die **Flunder** diese Rolle. Typische Begleitfische sind der Dreistachelige Stichling, Finte, Meeräsche, Barsch, Hecht, Brachsen, Güster, Rotauge, Laube und Zährte. Auch Wanderfische wie Aal, Lachs, Meerforelle und Stör halten sich zu bestimmten Zeiten in der Mündungsregion auf. Wegen der dichten Kleintier- und Planktonbestände sind

Die Donau im Nationalpark Donauauen. In der Brachsenregion wird der Fluss zum Strom.

Ostemündung in die Elbe. In der Kaulbarsch-/Flunderregion wirken sich die Gezeiten aus.

in dieser Region **hohe Fischerträge** möglich (100–300 kg/ha).

WASSERFÜHRUNG, HOCHWASSERSCHUTZ UND TROCKENHEIT

Die **Wasserführung der Bäche und Flüsse** schwankt im Jahresverlauf sehr stark. Sie ist von den Niederschlägen und der Schneeschmelze abhängig und erreicht oft ein Maximum in den Frühjahrs- und Sommermonaten. Besonders hoch ist die Wasserführung, wenn die Schneeschmelze mit starken Regenfällen zusammenfällt (Hochwasser!). Am niedrigsten ist die Wasserführung in der Regel im Spätwinter, wenn die Niederschläge in Form von Schnee gebunden sind. Auch im Spätsommer und Herbst fließt während längerer Schönwetterperioden oft relativ wenig Wasser.
Für die große Kraft unserer Bäche und Flüsse sind auch die klimatischen Verhältnisse verantwortlich. So sind zum Beispiel am äußersten Alpennordrand Staulagen häufig, bei denen sich die Wolken an der ersten großen Barriere regelrecht ausregnen. Die **Niederschlagsmenge** ist dann dementsprechend **hoch**. Bei Gewitterregen verwandeln sich beschauliche Bergbäche innerhalb weniger Minuten in reißende Wildbäche. Da viele Wildbäche ein sehr starkes Gefälle aufweisen, tragen sie auch ein **gewaltiges Energie- und damit Zerstörungspotential** in

Hochwasser in einem Gebirgsfluss.

sich. Ganze Hänge können plötzlich ins Rutschen kommen, Felsblöcke ins Tal donnern, Dörfer und Straßen überschwemmt werden.

Um die Schäden zu begrenzen, wird heute darauf geachtet, bereits in den Ober- und Mittelläufen der Fließgewässer genügend **Überschwemmungsbereiche und Rückhalteräume** zu bewahren bzw. wieder freizulegen oder neu zu schaffen. Als Pufferzonen halten sie einen Teil des Wassers bei Hochwasser zurück und geben es erst allmählich wieder ab. Durch diese Zeitverzögerung im Abfluss werden Hochwasserspitzen während extremer Starkregenfälle wirkungsvoll abgeschwächt. So verringert sich für weiter abwärts gelegene Siedlungen und Flussabschnitte die Hochwassergefahr.

Vor allem im Sommer und Herbst bleiben Niederschläge oft für längere Zeit aus. Dann verringert sich die Wasserführung (Wassermenge) der Bäche und Flüsse. Im Extremfall können dann Quellen, Rinnsale und kleinere Bäche sogar komplett trockenfallen. Solche **Trockenperioden** sind eine große Gefahr für alle Wasserlebewesen. Fische überleben nur dann, wenn sie in noch Wasser führende Bachabschnitte flüchten können. Kleinlebewesen (Insektenlarven, Flohkrebse, Strudelwürmer, etc.) ziehen sich hingegen in die **Kieslückenräume des Bachbetts** zurück, das sogenannte **hyporheische Interstitial**. Da dort noch Wasser vorhanden ist, können sie die lebensbedrohliche Phase der Trockenheit relativ sicher überdauern. Das hyporheische Interstitial – der Lückenraum der Lockersteine unter der Stromsohle – kann sich durchaus einen halben Meter tief unter die Gewässersohle erstrecken. Seitlich dehnt es sich zudem oft bis unter die Uferböschung aus. Es ist für viele Fließwassertiere ein **stabiler Lebensraum**, der Schutz vor der Strömung und vor Temperaturschwankungen bietet. Sogar vor Hochwasserereignissen sind die Lebewesen in den tieferen Zonen der Kieslückenräume geschützt, da diese Bereiche vom Geschiebe nicht mehr erreicht werden.

GEWÄSSERGÜTEBESTIMMUNG IN FLIESSGEWÄSSERN

Für die biologische Wasseranalyse von Fließgewässern wurde das **Saprobiensystem** entwickelt. Darin werden Süßwasserorganismen nach ihrer Widerstandsfähigkeit gegen Verunreinigungen ihres Wohngewässers eingeteilt. Die biologische Wasseranalyse erlaubt es, die Belastung eines Gewässers mit organischen Stoffen und damit indirekt seinen Sauerstoffhaushalt ohne chemische Analyse anhand der vorhandenen Organismen und ihrer Häufigkeit festzustellen. Von besonderer Bedeutung sind dabei sogenannte **Indikatorarten**, die für eine gewisse

Eine köcherlose Köcherfliegenlarve.

Fließgewässer

Tabelle 2	Grad der organischen Belastung	Saprobität (Saprobie-stufe)	Saprobien-index	Indikatorarten (Auswahl)
Güte-klasse I	unbelastet bis sehr gering belastet	oligsaprobe Stufe	1,0 - < 1,5	Köcherfliegen *(Silo sp., Sericostoma sp.)* Steinfliegen *(Dinocras sp., Perla marginata)* Eintags-fliegen (*Epeorus sp.)* Lidmückenlarve Quellenschnecke Alpenstrudelwurm, Viel-augenstrudelwurm
Güte-klasse I-II	gering belastet		1,5 - < 1,8	Köcherfliegen *(Rhya cophila sp.)* Steinfliegen *(Leuctra sp.)* Eintagsfliegen *(Epheme-rellidae, Habroleptoides modesta, Rhitrogena semicolorata, Ephemera so., Ecdyonurus sp.)* Hakenkäfer Flussschwimmschnecke Dreieckskopfstrudelwurm
Güte-klasse II	mäßig belastet	betamesosapro-be Stufe	1,8 - < 2,3	Köcherfliegen *(Hydropsyche sp., Anabolia nervosa)* Eintagsfliegen *(Baetidae)* Bachtaumelkäfer Flussnapfschnecke, Teich-napfschnecke, Posthornschnecke Flussmuschel, Wander-muschel, Kugelmuschel Großer Schneckenegel Süßwasserschwamm Gewöhnlicher Flohkrebs
Güte-klasse II-III	kritisch belastet		2,3 - < 2,7	Zweiäugiger Plattegel Langfühlerige Schnau-zenschnecke, Eiförmige Blasenschnecke, Quellen-Blasenschnecke Flussflohkrebs
Güte-klasse III	stark ver-schmutzt	alphamesosap-robe Stufe	2,7 - < 3,2	Rollegel Wasserassel Schnecke *(Physa acuta)*
Güte-klasse III-IV	sehr stark verschmutz		3,2 - < 3,5	Zuckmückenlarve
Güte-klasse IV	übermäßig stark verschmutzt	polysaprobe Stufe	3,5 – 4,0	Schlammröhrenwurm Rattenschwanzlarve

Gewässergüteklasse typisch sind. So kommen ökologisch anspruchsvolle Arten wie bestimmte Eintags-, Köcher- oder Steinfliegenlarven nur in unbelasteten oder gering belasteten Gewässern vor, die Rattenschwanzlarven der Mistbienen sind hingegen nur in stark verschmutzen Fließgewässern anzutreffen. Weniger Aussagekraft haben Allerweltsarten wie Wasserasseln und manche Egel, die in Gewässern unterschiedlicher Güteklassen vorkommen können (siehe auch die Tabelle 2, oben).

Wasserlebensräume

Abendstimmung im Wattenmeer bei Cuxhaven (Nordsee).

EIN LEBENSRAUM DER EXTREME

An den Küsten von Nord- und Ostsee gibt es eine Vielzahl unterschiedlicher Lebensräume zu entdecken, die jeweils eine ganz eigene Tier- und Pflanzenwelt beherbergen. Die Meereslebewesen müssen mit teils **extremen Umweltbedingungen** zurechtkommen. Salzwasser erfordert von den Organismen andere Anpassungen als Süßwasser, Gezeiten lassen weite Strandbereiche periodisch trockenfallen, starke Strömungen erschweren die Fortbewegung oder das Verharren an einem bestimmten Ort. Und die regelmäßig auftretenden, starken Stürme bauen meterhohe Wellenberge auf, die unablässig gegen die Ufer branden.

DIE NORDSEE

Obwohl Nord- und Ostsee am Skagerrak zwischen Norwegen und Dänemark direkt miteinander verbunden sind, unterscheiden sich die beiden Meere stark. Die **Nordsee** ist ein Teil des Atlantiks und steht mit dem Ozean über eine breite Öffnung zwischen Nordschottland und Südwestnorwegen sowie dem schmalen Ärmelkanal zwischen Frankreich und Großbritannien in einer offenen Verbindung. Das Randmeer nimmt eine Fläche von rund 560 000 km² ein und weist eine mittlere Tiefe von 90 m auf. In der Norwegischen Rinne ist es mit 725 m am tiefsten.

Da der gesamte Nordseeboden noch zum europäischen Kontinentalsockel gehört, handelt es sich um ein sogenanntes **Schelfmeer**. Die **Innenküste** der Nordsee grenzt ans europäische Festland. Eine zweite Küstenlinie, die sogenannte **Außenküste,** grenzt an einen 450 km langen Inselbogen, der von der niederländischen Insel Texel und weiteren westfriesischen Inseln über die ostfriesischen Inseln bis zu den dänischen Nordseeinseln reicht. Zwischen dieser Inselkette und der Innenküste erstreckt sich von den Niederlanden bis nach Dänemark das weltweit größte zusammenhängende Wattgebiet, das als UNESCO-Weltnaturerbe ausgezeichnete **Wattenmeer**.

Hafenbereich in Cuxhaven (Nordsee).

Meeresküsten

Der **Salzgehalt** in der **Nordsee** liegt bei rund **3,5 %** (35 g Salz in einem Kilogramm Meerwasser). Vor der Deutschen Bucht sinkt er durch das Süßwasser der Elbe auf rund 3,1 %. Charakteristisch für die Nordsee sind die **starken Auswirkungen der Gezeiten**. So beträgt der Tidenhub bei Wilhelmshaven rund 3,9 m, bei Cuxhaven rund 3,0 m und auf Helgoland 2,4 m. Der Zeitabstand zwischen Niedrigwasser und Hochwasser beträgt 6 Stunden und 12 Minuten, das heißt alle 12 Stunden und 25 Minuten folgt an der Nordsee ein neues Hochwasser – was es vor allem bei Wattwanderungen zu berücksichtigen gilt. Übrigens sind **Ebbe und Flut** – im Gegensatz zum alltäglichen Sprachgebrauch – keine Wasserstände, sondern Zeiträume im Tidengeschehen (Flut: steigende Wasserstände; Ebbe: fallende Wasserstände).

DIE OSTSEE

Die rundum von Festland umgebene **Ostsee** ist ein **kontinentales Mittelmeer**. Mit einer Fläche von rund 413 000 km² einschließlich des Kattegats ist sie zwar kleiner als die Nordsee, reicht aber viel weiter in den Norden. Während die Nordsee bei den

Schäre Torkö – Schärenküste in Schweden (Ostsee).

Shetland-Inseln den 60. Breitengrad erreicht, stößt die Ostsee noch bis zum 63. Breitengrad vor.

Im Gegensatz zur Nordsee handelt es sich bei der Ostsee um ein **Brackwassermeer** mit einem wesentlich niedrigeren Salzgehalt. In der westlichen Ostsee beträgt er 1,5–2 %, nach Norden und Osten sinkt er kontinuierlich ab. So liegt er um Rügen bei 0,8–1 %, im Finnischen und Bottnischen Meerbusen nimmt er sogar auf 0,5–0,3 % ab. Der jeweilige Salzgehalt hat starke Auswirkungen auf die Artenvielfalt, da die meisten Meerestiere an einen Salzgehalt von 3,5 % angepasst sind. In der Ostsee nimmt die Anzahl der marinen Arten nach Norden und Osten hin kontinuierlich ab. Besonders

Kreidefelsen im Nationalpark Jasmund auf der Insel Rügen (Ostsee).

Wasserlebensräume

Sandstrand auf der Insel Rügen (Ostsee).

gering ist die Artenvielfalt im Bereich von 0,5–0,8 %. In dieser Zone ist der Salzgehalt für viele marine Arten noch zu niedrig, für viele Süßwasserarten aber schon zu hoch. Dass die Lebensbedingungen für Meerestiere in der Ostsee besonders schwierig sind, sieht man auch daran, dass Miesmuscheln, Herzmuscheln und einige weitere Arten kleiner bleiben als in der Nordsee. Ein weiterer Unterschied zur Nordsee liegt darin, dass die **Gezeiten** an der Ostsee **kaum wahrnehmbar** sind. Lediglich im äußersten Westen schwankt der Wasserstand um rund 10 cm.

Die Ostsee ist im Norden und Osten von **Felsküsten** geprägt, die mit Kiefern und Birken bewachsen sind.

Durch die Gletschertätigkeit entstanden vielfach, kleine, glatt geschliffene, rundrückige Inselchen, die **Schären**.

Im Süden, zwischen Litauen und Dänemark, finden sich **Ausgleichs-Sandküsten mit Nehrungen** und mit Wald-Kiefern bewachsene **Dünen**.

Die **Steilufer** sind meist, wie im Nationalpark Jasmund auf Rügen, von Buchenwäldern bedeckt. Typisch für die Ausgleichsküsten der südlichen Ostsee ist der ständige Wechsel von Abtragungsbereichen mit Kliffen und Anlandungsbereichen mit Sandstränden. Teilweise nehmen sie einen geschwungenen, buchtenreichen Verlauf. In der westlichen Ostsee nennt man diese Buchten **Förden** (z. B. Kieler Förde). Von der offenen Ostsee mehr oder weniger abgetrennte, flache Meeresbuchten werden in Mecklenburg-Vorpommern **Bodden** genannt (z. B. Greifswälder Bodden). Kleine Buchten innerhalb eines Boddens bezeichnet man als **Wiek**. Meeresbuchten, in die ein großer Fluss einmündet, heißen **Haffe** (z. B. Stettiner Haff mit der einmündenden Oder). Wegen der Süßwasserzufuhr der Flüsse haben solche Buchten einen niedrigeren Salzgehalt.

DAS OFFENE MEER

Tiere und Pflanzen, die im offenen Meer leben, entdeckt man als Urlauber an den Küsten von Nord- und Ostsee am ehesten am Strand. Vor allem nach Sturmereignissen lassen sich im Spülsaum häufig Meeresbewohner aus tieferen Regionen entdecken. Oft sind diese Lebewesen dann allerdings bereits tot. Meeresaquarien bieten eine gute Möglichkeit, sich etwas näher mit der Tier- und Pflanzenwelt des offenen Meeres vertraut zu machen. Das offene Meer lässt sich in zwei Hauptlebensräume gliedern: das **Pelagial**, in dem alle Arten des Freiwassers leben, und das **Benthal**, also der Meeresboden. Diese Lebensräume können noch weiter unterteilt werden: So wird der oberste, bis in etwa 200 m Tiefe reichende Teil des Benthals als **Litoral**, der zugehörige Freiwasserbereich als **Epipelagial** bezeichnet. Nur in diesem obersten Stockwerk des offenen Meeres können Planktonalgen und Tange dank des eindringenden Sonnenlichts Photosynthese betreiben und organische Stoffe aufbauen.

DIE KÜSTE

Als Küste bezeichnet man die gesamte Landschaft im **Übergangsbereich zwischen Meer und Land**. Sie umfasst den von der Meeresbrandung direkt beeinflussten Raum und besteht aus Ufer und Schorre. Zum **Ufer** gehört der Strand, zur **Schorre** die vorgelagerte Flachwasserzone. Landseitig bestimmt das Salzwasser mit seinen vielfältigen Auswirkungen die Grenze des Ufers. Über die Gischt und bei hohen Wasserständen gelangt Salz in die Böden und beeinflusst so die Vegetation – im unmittelbaren Küstenbereich können nur salzverträgliche Pflanzen erfolgreich siedeln.

Seepocken in der Wechselflutzone auf der Insel Helgoland (Nordsee).

An der Küste trifft das Meer auf das Festland und schafft für die dort lebenden Organismen besonders schwierige Lebensbedingungen, die stark von den Gezeiten sowie von der Wind- und Wellendynamik geprägt sind. Im Litoral lassen sich mehrere Teillebensräume unterscheiden: In der **Dauerflutzone (Sublitoral)**, die unterhalb der Niedrigwasserlinie beginnt, sind die Organismen noch ständig von Meerwasser umgeben. Der Bereich zwischen Hoch- und Niedrigwasserlinie, der im Takt der Gezeiten periodisch trockenfällt, wird als **Wechselflutzone (Eulitoral)** bezeichnet. Landwärts schließt sich die **Spritzwasserzone (Supralitoral)** an. Sie wird vor allem bei Wind und Sturm von der Salzgischt des Meerwassers erreicht.
In den drei Zonen finden sich Lebensgemeinschaften, die sich jeweils aus unterschiedlichen Tier- und Pflanzenarten zusammensetzten. Viele davon sind ökologische Spezialisten wie die Seepocken: Diese lebenslang festsitzenden Kleinkrebse können sich bei Niedrigwasser in ein Gehäuse aus Kalkplatten zurückziehen und es mit mehrteiligen Lukenklappen verschließen. So schaffen sie es, Meeresküsten von der oberen Dauerflutzone bis zur unteren Spritzwasserzone zu besiedeln.
Als Randsäume der Meere sind Küsten zwar nur ein kleiner Teilbereich eines riesigen Ökosystems. Sie erlauben uns aber interessante Einblicke in die Vielgestaltigkeit und Andersartigkeit der Meerestiere und Meerespflanzen. Es lohnt sich also, den Übergangsbereich zwischen Meer und Land mit seinen Flachwasserzonen, Stränden, Dünen, Wattflächen und Felsküsten offenen Auges zu durchwandern.

Die Felsküste im Nationalpark Jasmund auf der Insel Rügen (Ostsee).

FELS- UND STEILKÜSTEN

Felsküsten finden sich am Meer überall dort, wo anstehendes Festgestein direkt an die Wasserlinie grenzt. Weit verbreitet sind sie an der europäischen Atlantikküste. An der Nordsee finden sich Felsküsten in Südnorwegen und Südschweden sowie am Ärmelkanal. Berühmt sind die Buntsandsteinklippen Helgolands, auf denen die einzige Seevogelkolonie Deutschlands ihren Brutplatz hat. Auch an der nördlichen und östlichen Ostsee gibt es vielerorts Steilküsten aus hartem Gesteinsmaterial. Im Gegensatz dazu findet man in der südlichen Ostsee keine anstehenden Felsen – aber durchaus ungezählte Steine, die während der Eiszeiten durch die Gletscher aus Skandinavien hierher transportiert wurden. Sie werden beim Abtrag der eiszeitlich aufgeschütteten Hügel freigelegt. Hohe Steilufer lassen sich also auch in der südlichen Ostsee finden – etwa an der spektakulären Kreideküste im Nationalpark Jasmund auf Rügen.

Fels- und Steilküsten, die auch als **Kliffs** bezeichnet werden, sind einem ständigen Wandel unterworfen. Das anstehende Material wird unablässig durch anrollende Brandungswellen bearbeitet und modelliert. So entstehen im Lauf der Zeit **typische Erosionsformen** wie Brandungshohlkehlen am Klippenfuß, Brandungshöhlen oder einzeln aufragende Felstürme. Charakteristisch sind auch die ausgedehnten Block- und Geröllfelder sowie die Steinstrände, die vor dem Klippenfuß liegen. Eine Steilküste, die sich unablässig verändert, wird als **aktives Kliff** bezeichnet. Beim Besuch eines solchen Lebensraums ist Vorsicht geboten: Sowohl am Klippenfuß als auch am Hochufer sind stets Materialabgänge möglich.

Vor hoch aufragenden Kliffs breiten sich häufig Felsterrassen und abgeschliffene Klippenfelder aus. Solche **Hartboden- bzw. Hartsubstratküsten** beherbergen Lebensgemeinschaften, die sich stark von den Lebensgemeinschaften von Weichboden- bzw. Weichsubstratküsten unterscheiden und meist auch wesentlich artenreicher als diese sind. Sekundäre Hartbodensubstrate aus Menschenhand lassen sich an unseren heimischen Küsten ebenfalls finden: Dazu zählen unter anderem Hafenanlagen mit ihren Mo-

len und der Ufersicherung dienenden Wällen aus Steinschüttungen oder Beton-Tetrapoden.
Viele der auf Hartsubstrat lebenden Meerestiere und -pflanzen verankern sich fest auf der Unterlage. So krallen sich Tange mit breiten Haftscheiben fest. Seepocken heften sich mit Hilfe ihrer Zementdrüsen dauerhaft an das Substrat. Viele Meerestiere der Felsküsten sind mit Klammerorganen ausgestattet, die ihnen ein ortsgebundenes Leben ermöglichen, ohne von Strömung oder Wellenschlag verdriftet zu werden. An Steilküsten mit weichem Gestein kommen zudem auch bohrende Arten wie Bohrwürmer, Bohrmuscheln und Bohrschwämme vor.

Tang im Spülsaum nach einem Sturm auf der Insel Düne bei Helgoland (Nordsee).

VOM STRAND ZUR DÜNE

Zum klassischen Badeurlaub am Meer gehört ein flacher Strand mit feinem Sand. Solche **mit Weichböden ausgestattete Küsten** finden sich auch an Nord- und Ostsee. Gezeiten- und windbedingte Meeresströmungen erfassen unablässig Sandkörner unterschiedlicher Korngrößen am Meeresboden, schleppen sie küstenwärts und lagern sie schließlich am Ufer in ruhigen Buchten oder an kilometerlangen Stränden ab. Der Meeressand an Nord- und Ostsee ist dabei größtenteils eiszeitlichen Ursprungs. Die Gletscher haben über hunderttausende Jahre das skandinavische Festland abgeschmirgelt und mit dem Abrieb das Nord- und Ostseebecken angefüllt. Auch große, in Nord- und Ostsee mündende Flüsse liefern viel feinkörniges Material. Dieses wird ebenfalls von den Meeresströmungen erfasst und zum Teil Richtung Strand transportiert und dort abgelagert.
Solche aus feinkörnigem Lockermaterial bestehende Meeresküsten sind als sehr **dynamische Lebensräume** ständiger Veränderung unterworfen. Sandbänke werden kontinuierlich umgelagert, auch die **Lage der Spülsäume ändert sich je nach Hochwasserstand**. Unter Spülsaum, Flutsaum oder Strandlinie versteht man den Uferbereich, an dem das Meer Schwimm- und Schwebematerial pa-

Dünenlandschaft auf der Insel Düne bei Helgoland (Nordsee).

Wattenmeer bei St. Peter-Ording (Nordsee) mit Rippelmarken.

rallel zur Wasserlinie ablagert. Spülsäume sind für Strandspaziergänger wahre Fundgruben, an denen sich allerlei seltsames Strandgut entdecken lässt – von Algen und Tangen über Muschel- und Schneckenschalen bis hin zu Fossilien, Bernstein und allerlei Plastikmüll. Strandflöhe und Tangfliegen suchen im **Angespül** ebenso nach Nahrung wie Möwen und Watvögel. Manchmal türmt sich das angeschwemmte Material dabei zu regelrechten Strandwällen auf. Die nährstoffreichen Lockerböden im Bereich der Strandwälle bilden einen geeigneten Lebensraum für stickstoffliebende, salztolerante Pflanzen wie den blütenreichen Meersenf, die Salzmiere oder Gräser wie die Strand-Quecke.

Landseitig wird der Salztransport am Strand dann nicht mehr vom Wasser, sondern vom Wind übernommen. An Gezeitenküsten fallen ufernahe Sandbänke bei Ebbe trocken. Durch Sonnenwärme und Windeinfluss trocknet der nasse Sand, verliert seine Kohäsion und wird zum Lockermaterial. Landeinwärts wehende (auflandige) Winde erfassen die feinen Sandkörner und verlagern sie als **Flugsand** in Richtung Festland. Dort lagern sich die Sandkörner im Windschatten der ersten, spärlich wachsenden Pflanzen ab und bauen so niedrige **Vordünen** auf.

Auf hochwasserfreien Standorten siedeln sich bald Gräser wie der Strandhafer an, der mit seinem ausgedehnten Wurzelsystem den Sandboden festigt und mit seinen in dichten Horsten wachsenden Halmen Flugsand zurückhält. Er verträgt es sogar, vom Sand überschüttet zu werden. Der Strandhafer durchbricht mit frischen Trieben die aufgelagerten Sandschichten und bildet eine neue Wurzeletage aus. So wächst die anfangs niedrige Vordüne langsam in die Höhe und wird zu einer bis zu 10 m hohen steilkuppigen **Primär- oder Weißdüne**.

Der Name Weißdüne bezieht sich auf den anfangs noch lückigen Pflanzenbewuchs, der den Blick auf den weißen oder hellgrauen Sand freigibt. Landeinwärts schließen sich die **Sekundär- oder Graudünen** an. In diesem Bereich ist der Dünensand nicht mehr so stark in Bewegung, es findet sich bereits eine dünne Humusschicht. Die Färbung der Graudünen ergibt sich aus der Durchmischung des dunklen Humus mit dem hellen Sand. Hier wachsen weitere Pflanzenarten wie

Silbergras, Sand-Segge, Sanddorn und Kriech-Weide. Sie stabilisieren den Sandboden weiter. Blanken Sand sieht man hier in der Regel keinen mehr. In **Tertiär- oder Braundünen** liegt der Humusanteil noch einmal höher. Vor allem Zwergsträucher wie Krähenbeere, Besenheide oder Glocken-Heide sind für diese „gealterten" Dünen typisch. Sie weisen eine geschlossene Pflanzendecke mit Heidecharakter auf. Vereinzelt finden sich sogar kleine Kiefernwäldchen.

Im **Küsten- und Hochwasserschutz** spielen Gräser wie Strandhafer und Strandroggen eine wichtige Rolle. Sie werden häufig künstlich angepflanzt, um Dünen dauerhaft festzulegen und das dahinter liegende Land zu schützen. Da Trampelpfade die empfindliche Pflanzendecke zerstören würden, dürfen Dünen an unseren Küsten in der Regel nicht betreten werden.

WATT UND WATTENMEER

Das Wattenmeer der Nordsee ist mit einer Größe von mehr als 11 400 km² Gesamtfläche und rund 4500 km² reinem Watt ein weltweit einzigartiger Lebensraum. Es erstreckt sich als 5 bis 20 km breites Band von den Niederlanden bis nach Dänemark zwischen der Innenküste der Nordsee und der vorgelagerten Inselkette. Unter **Watt** versteht man das gesamte, während der Ebbe trockenfallende Gebiet schlickiger bis schlickig-sandiger, weicher Küstenböden. Beim **Wattenmeer** handelt es sich um den während der Gezeiten sich rhythmisch verlagerten Wasserkörper über den Wattböden. Seeseitig wird seine Grenze bei der 10-m-Tiefenlinie gezogen, es ist also viel größer als das Watt.

Der **Wattboden** besteht überall aus feinkörnigem Sediment. Sand (Korngrößen von 0,063–2,0 mm), sehr feiner Silt (Korngrößen von 0,0020 bis 0,063 mm) oder der noch feinere Ton bilden die Grundlage des weichen Küstenbodens. Gröberes Material wie Kiese (2,0–63 mm) oder noch größere Steine und Blöcke spielen im Watt hingegen keine Rolle.

Je nach Zusammensetzung und Korngrößenverteilung lassen sich **verschiedene Wattbodentypen** unterscheiden. Das helle **Sandwatt** besteht zum größten Teil aus Feinsand. Der Anteil an feinkörnigerem Silt liegt

Muschelfriedhof an einem Priel bei Cuxhaven (Nordsee).

bei unter 5 %, der Anteil an organischen Stoffen ist sehr gering. Die Sandkörner sind recht locker gepackt und rinnen leicht durch die Finger. Wattwanderern bietet das Sandwatt ein weitgehend trittfestes, sicheres Gebiet. Im **Mischwatt** erhöht sich der Anteil an Silt und Ton auf 5–10 %, der Anteil an organischer Substanz auf 1–5 %. Auch hier hat der Wattwanderer noch einen weitgehend festen Tritt. Typisch für diesen Wattbodentyp sind die gut ausgebildeten Rippelmarken (siehe die Abb. auf S. 40).

Das dunkle **Schlickwatt** setzt sich zu über 50 % aus extrem feinkörnigem Material, also aus Silt und Ton, zusammen. Der Anteil an organischer Substanz ist hier mit 5–10 % am höchsten. In Summe entsteht so eine zähe, klebrige Masse, in der es für Wattwanderer oft schon nach wenigen Schritten kein Vor und Zurück mehr gibt. Reine Schlickböden sollten deshalb nicht betreten werden. Solche Böden bilden keine Rippelmarken aus und lassen sich bei Niedrigwasser an der weitgehend unstrukturierten, glänzenden Oberfläche erkennen. Sie bilden sich oft direkt vor dem Deich und in ruhigen Buchten.

Auffällige Strukturen im Wattenmeer sind die **Priele** – Wasserläufe, die das Watt wie ein großes Adergeflecht durchziehen und teils bis in die Salzwiesen hinein reichen. Wenn sich das Wasser bei Ebbe zurückzieht, bleiben diese Rinnen mit Wasser gefüllt. Sie sind dann ein wichtiger Rückzugsort für Garnelen, Krabben, Fische und andere Meerestiere. Durch die Priele fließt das Wasser bei Ebbe in die Nordsee ab, bei Flut strömt es zurück in Richtung Land. An Prielrändern lassen sich oft regelrechte „Muschelfriedhöfe" entdecken. Vor allem abgestorbene Sandklaffmuscheln ragen häufig als „Steckmuscheln" senkrecht aus dem Sediment (s. Abb. S. 41).

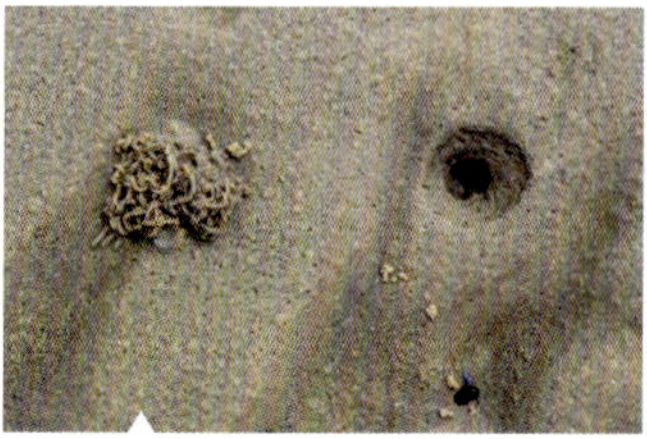

Die gut erkennbaren Spuren des Wattwurms: Sandkringel und Trichter.

Die sich bei niedrigen Wasserständen kilometerweit ausdehnenden Wattflächen wirken auf den ersten Blick eintönig und lebensfeindlich. Das **Leben** spielt sich hier **im weichen Boden** ab. Bei genauerem Hinsehen lassen sich auf etwas sandigeren Flächen oft unzählige kleine Sandhäufchen entdecken. Hinweis darauf, dass hier Wattwürmer in ihren L-förmigen, unterirdischen Wohnröhren leben. Auch zahlreiche Muscheln graben sich ins Sediment ein. Im Sandwatt können bis zu 20 000 junge Herzmuscheln pro m² leben und im Schlickwatt finden sich auf der gleichen Fläche bis zu 100 000 der nur wenige Millimeter großen Wattschnecken. Dabei verteilen sich die Arten auf unterschiedliche Stockwerke: Auf dem Watt leben neben Strandkrabben und Strandschnecken vor allem Miesmuscheln und Austern, die oft größere Muschelbänke bilden. In den obersten zehn Zentimetern des Wattbodens sind Schlickkrebse, Wattschnecken, Seeringelwürmer, Herz- und Plattmuscheln heimisch. Noch eine Etage tiefer finden sich Wattwürmer, Pfeffer- und Sandklaffmuscheln sowie Bäumchenröhrenwürmer. Rund 300 Gramm tierische Biomasse verbirgt sich unter einem Quadratmeter Wattboden – damit gehört das Wat-

tenmeer zu den produktivsten Lebensräumen weltweit!
Ein Beleg für die **große Produktivität des Lebensraums Watt** liefern auch die riesigen Vogelschwärme, die bei Ebbe auf den Schlickflächen nach Nahrung suchen. Zahlreiche Vogelarten finden sich hier zum Brüten, Rasten oder Überwintern ein. Vor allem während der Zugzeiten im Frühling und Herbst suchen viele Durchzügler die Wattgebiete der Nordsee für eine Ruhepause auf. Neben, Möwen, Seeschwalben, Enten und Gänsen lassen sich vor allem Watvögel wie Alpenstrandläufer, Knutts oder Pfuhlschnepfen oft in großer Zahl beobachten. Viele von ihnen haben lange Beine und spitze, lange Schnäbel, mit denen sie im nassen Wattboden oder in seichten Prielen bei Niedrigwasser nach Nahrung stochern.
Die einzigartige, in den Niederlanden, Deutschland und Dänemark liegende Landschaft des Wattenmeeres zählt seit 2009 zum **UNESCO-Weltnaturerbe**. Die deutschen Bereiche sind zudem als **Nationalparke** geschützt. Der 1986 gegründete, zwischen Ems und Elbemündung liegende Nationalpark Niedersächsisches Wattenmeer hat eine Größe von 3460 km². Der 1990 gegründete, in der westlichen Elbemündung liegende Nationalpark Hamburgisches Wattenmeer ist mit einer Fläche von rund 138 km² deutlich kleiner. Am größten ist der 1985 gegründete, 4410 km² große Nationalpark Schleswig-Holsteinisches Wattenmeer. Er erstreckt sich von der Elbemündung nordwärts bis zur dänischen Grenze.
Wegen der fehlenden Gezeitendynamik gibt es an der Ostsee keine ausgedehnten Wattflächen wie an der Nordsee. Ein ähnlicher Lebensraum kann allerdings zeitweise in seichten Buchten entstehen, wenn kräftiger Wind das Wasser zurückdrängt und der Ostseeboden vorübergehend trockenfällt. Solche **Windwatten** werden von den gleichen oder zumindest von ähnlichen Arten besiedelt, wie die Wattböden der Nordsee.

SALZWIESEN

Geprägt von den Gezeiten, bilden Salzwiesen an flachen Weichbodenküsten den Übergang vom Meer zum Land. Während Dünen sich nur hinter Sandstränden bilden können, entstehen die **blumenreichen Salzwiesen** vor

Das Wattenmeer bei Cuxhaven (Nordsee) – eine schier grenzenlose Wasserlandschaft.

allem an Stellen, an denen das Vorland schlickig ist. Bei jeder Flut werden Schwebstoffe angeschwemmt und abgelagert. So wächst der Boden im Laufe der Zeit in die Höhe und **salztolerante Pflanzen (Halophyten)** siedeln sich an. Sie müssen mit großen Mengen an Meersalz fertig werden, ein für Landpflanzen normalerweise hochgiftiger Stoff. Als Anpassung schränken Salzpflanzen vor allem den Wasserverbrauch ein, in dem sie kleine, dicke Blätter ausbilden (**Sukkulenz**). Sie müssen auch mit den regelmäßigen Überflutungen fertig werden, die für Salzwiesen typisch sind. Bei den Salzwiesen lassen sich verschiedene Typen unterscheiden.
Sandsalzwiesen bilden sich im Schutz von Strandwällen und Sandbänken sowie auf der vom Wind abgewandten Seite von Düneninseln.
Ästuarsalzwiesen entstehen im Bereich von Flussmündungen. Am weitesten verbreitet sind an der Nordseeküste heutzutage **Vorlandsalzwiesen**. Sie finden sich im Deichvorland und sind durch technisch gestützte Sedimentation und Landgewinnung entstanden. Eine Besonderheit stellen die **Windwatt-Salzwiesen** an der Ostsee dar.
Vom Meer zum Land lassen sich mehrere, gürtelartige Zonen beziehungsweise Pflanzengesellschaften unterscheiden. Am weitesten seewärts vorgeschoben sind die **Seegraswiesen**,

Eine Salzwiese an der Nordsee mit dem blauviolett blühenden Strandflieder.

Quellergesellschaft mit der namensgebenden Pflanze an der Nordsee.

die für viele marine Tierarten einen wichtigen Lebensraum darstellen. Als Pioniergesellschaft im Watt und Wegbereiter der eigentlichen Salzwiesen schließt sich die sogenannte **Quellergesellschaft** an, die vom formenreichen Queller dominiert wird. Die Pflanzengesellschaft gedeiht zwischen der mittleren Tidenniedrigwasser- und der mittleren Tidenhochwasserlinie und wird jährlich 500–700-mal überflutet. Der Queller und seine artenarme Begleitflora bleiben relativ kleinwüchsig, man spricht deshalb auch von der **niedrigen Salzmarsch**.
Weiter landwärts, etwa auf Höhe der mittleren Tidenhochwasserlinie, beginnt die **hohe Salzmarsch** und damit die eigentliche Salzwiese. In der **unteren Salzwiese (Wattwiese)** gedeihen Gräser wie der in dichten Rasen wachsende Strand-Salzschwaden. Diese Pflanzengesellschaft wird jährlich etwa 70–250-mal überflutet und ist schon deutlich artenreicher als die Quellerflur. Hier wachsen unter anderem Salz-Schuppenmiere, Strand-Milchkraut und Strand-Dreizack. An Sonderstandorten finden sich auch Strandastern, Strand-Salzmelden und die Strandbeifuß-Gesellschaft. Landeinwärts wird die untere Salzwiese von der **oberen Salzwiese** abgelöst, auf der hübsche Strandblumen wie Strand-Grasnelken und der Strandflieder gedeihen. Sie wird jährlich nur

noch 35–70-mal überflutet und auch als Rotschwingelzone bezeichnet. Noch weiter landeinwärts schließt sich am Deichfuß meist Dauergrünland an, dass nur noch bei extremen Flutwasserständen unter Wasser steht.

Kegelrobben auf der Helgoländer Düne.

EXKURS HELGOLAND

Die Insel Helgoland ist mit einer Größe von rund 1,5 km² nur ein winziger Punkt in der Nordsee – und dennoch ein für Deutschland einzigartiger Naturraum. Die Insel ist auf solidem Fels gebaut und beherbergt den einzigen **Seevogelfelsen** des Landes. Tausende von Trottellummen und Dreizehenmöwen brüten hier in den Buntsandsteinklippen – ebenso wie Baßtölpel, Tordalke und Eissturmvögel. Der Klippensaum-Rundweg ist für Vogelliebhaber ein einzigartiger Panoramaweg, der bis auf wenige Zentimeter an die in Kolonien brütenden Baßtölpel heranführt. Die Felsklippen der Insel ragen hier bis zu 60 m hoch auf und haben in der Felsnadel „Lange Anna" ein weithin bekanntes Symbol. Der Blick in die Tiefe erschließt bei Ebbe das **Helgoländer Felswatt**, ein weiterer, einzigartiger Lebensraum. Hier breitet sich eine an Hartsubstrate gebundene Tangvegetation aus, die den Weichbodenküsten fehlt.

Der Hauptinsel vorgelagert ist eine zweite, etwa 1 km² große Sandinsel, die **Helgoländer Düne**. Sie wartet nicht nur mit einer vielfältigen Vogelwelt aus Watvögeln, Meeresenten, Möwen und Seeschwalben auf, sondern auch mit Deutschlands größtem Raubtier: Hunderte bis zu 300 kg schweren Kegelrobben ruhen hier an den Stränden. Im Winter bringen die Weibchen hier zudem ihre Jungen zur Welt. Auch für Schatzjäger ist die Düne ein lohnendes Ziel: Bei Strandwanderungen lassen sich im Angespül zahlreiche Strandfunde machen – von Muscheln und Schnecken über Feuersteine bis hin zu Fossilien.

Seevogelfelsen mit Langer Anna auf der Insel Helgoland (Nordsee).

Natur am Wasser erleben

Mit der Becherlupe am Teich.

GRUNDLEGENDE TIPPS UND VERHALTENSREGELN

Die Möglichkeiten für Naturerlebnisse am Wasser sind schier grenzenlos. Egal, ob Vogelbeobachter, Pflanzenfreund, Strandwanderer, Angler, Spaziergänger oder Wassersportler: Wer mit offenen Augen an unseren heimischen Gewässerlebensräumen unterwegs ist, wird immer interessante Beobachtungen machen. Hier zunächst ein paar grundlegende **Tipps und Verhaltensregeln**, die jeder verantwortungsbewusste Naturfreund beachten sollte: Tiere und Pflanzen lassen sich an kleineren Gewässern meist besonders gut beobachten. Das heißt aber auch, dass die Tiere oft nur wenig Rückzugsmöglichkeiten haben. Deshalb ist es wichtig, beim Beobachten immer genügend Abstand einzuhalten.

In Schutzgebieten dürfen die markierten Wege in der Regel nicht verlassen werden. Außerdem ist es verboten Pflanzen zu pflücken und Tiere zu stören. Viele Pflanzen und Tiere sind auch außerhalb der Schutzgebiete streng geschützt.

Gute Stellen zum Beobachten sind flache Uferbereiche, an denen man sich auch mit Kindern gefahrlos aufhalten kann. Vor Ort ist es sinnvoll, nicht gleich ins Wasser zu stürmen. Wer sich zunächst für ein paar Minuten ruhig am Ufer niederlässt und die Umgebung beobachtet, kann oft schon die ersten schönen Entdeckungen machen.

Wenn es ins Wasser gehen soll, sind Stiefel oder wasserfeste Sandalen sinnvoll. In Fließgewässern und am Meer sollte dies zur eigenen **Sicherheit** nur an seichten Stellen ohne starke Strömung erfolgen. Selbst kleine Bäche können durch heftige Regenfälle sehr schnell ansteigen und sich in reißende Gewässer verwandeln.

Unterschätzen Sie beim Schwimmen, Schnorcheln und Tauchen niemals die Kraft der Strömung, und baden Sie

DIE RICHTIGE AUSRÜSTUNG – EINE KLEINE PACKLISTE

Mit ein paar Hilfsmitteln und Ausrüstungsgegenständen macht ein Ausflug ans Wasser besonders viel Spaß:

- Lupe mit 7–10-facher Vergrößerung oder Becherlupe
- Kescher
- feines Tee- oder Haushaltssieb
- flache Schale oder Eimer zum Beobachten der Wassertiere
- durchsichtiger Fangbehälter (z. B. ein Marmeladenglas)
- kleine Plastiktüten oder Aufbewahrungsbehälter für Fundstücke
- wasserfeste Sitzunterlage
- Notizblock und Bleistift
- Mobiltelefon und/oder Kamera
- Fernglas
- Bestimmungsbuch
- Gezeitenkalender an der Nordsee
- Taschenmesser, Pinzette und Pinsel
- Notfallapotheke mit Pflaster, Desinfektions- und Insektenschutzmittel
- passende Kleidung und passendes Schuhwerk (Wasserschuhe, Stiefel)
- Handtuch und Badesachen
- Sonnenschutz und Sonnenbrille
- Verpflegung

Beobachtungsplatz Brücke – Blick auf eine stattliche Bachforelle.

nur an dafür ausgewiesenen Plätzen. Achten Sie an der Nordsee auf die Gezeiten, und wandern Sie im Watt nur mit zertifizierten Führern. Zu guter Letzt: Lassen Sie niemals Kinder unbeaufsichtigt an Gewässern spielen: Diese können die Gefahren oftmals noch gar nicht richtig einschätzen!

TIPPS ZUR TIERBEOBACHTUNG

Bei **Wasservögeln** lohnt es sich, sich für einige Zeit an einem vielversprechenden Platz niederzulassen und einfach zu warten. An einigen Gewässern herrscht ein ständiges Kommen und Gehen.

Fische lassen sich häufig von erhöhten Standpunkten, etwa von Brücken, Molen und Uferböschungen gut beobachten. Dabei kann eine – die Wasserspiegelung reduzierende – Polarisationsbrille hilfreich sein. An Seen und Teichen sind Stege gute Beobachtungsplätze.

Libellen fliegen häufig in unmittelbarer Gewässernähe und lassen sich gern immer wieder an den denselben Sitzwarten (Schilfstängel, Binsen und Zweige etc.) nieder.

Wenn Sie nach **Kleintieren im Wasser** suchen, lohnt es sich, einige Steine umzudrehen. Vor allem in Fließgewässern finden viele Wasserorganismen Schutz vor der Strömung.

Ein Teich im eigenen Garten ist nicht nur ein kleiner Beitrag zum Natur- und Umweltschutz. Er ist zudem ein idealer Ort, um dort in aller Ruhe und ganz ungestört kleine Wassertiere beobachten zu können.

PFLANZENBEOBACHTUNG AM WASSER

Pflanzen lassen sich meist gut bestimmen, ohne dass man Teile oder gar ganze Pflanzen ausreißen muss. Für Pflanzen in der dichten Ufervegetation oder in trittempfindlichen Mooren ist das Fernglas ein gutes Hilfsmittel. Für die Nahbetrachtung von Blüten und Blättern sind Handlupen bestens geeignet.

Viele Pflanzen unserer Gewässer stehen unter Naturschutz. Hier einige Beispiele: Schwertlilien, Weiße Seerose, Teichrose, Seekanne, Wassernuss, Krebsschere, Wasserfeder, Kalmus, Fieberklee, Wasser-Lobelie, Sumpf-Herzblatt, Schwimmfarn … Alle diese Pflanzen sind streng geschützt und dürfen nicht gepflückt oder zerstört werden.

Natur am Wasser erleben

Blühende Weiße Seerosen in einem Teich.

MIT BLEISTIFT, NOTIZBLOCK UND SMARTPHONE

Naturerfahrung lebt von der Beobachtung. Wer regelmäßig ans Wasser geht, sollte sich angewöhnen, Aufzeichnungen zu machen. Klassisch mit Bleistift und Notizblock oder auch in der modernen Variante mithilfe eines Smartphones lassen sich direkt vor Ort Artenlisten erstellen, Skizzen zeichnen, Dokumentationsfotos aufnehmen und vieles andere mehr. Gerade an Gewässern, die man zu verschiedenen Jahreszeiten oder über mehrere Jahre hinweg immer wieder aufsucht, lässt sich das Wissen durch Aufzeichnungen vertiefen. Neu auftretende Arten kann man ebenso dokumentieren wie Änderungen in der Artenzusammensetzung. Die Laichwanderungen der Amphibien und das Erscheinen der Zugvögel variieren oft von Jahr zu Jahr. Das Gleiche gilt für die Flugzeit der Libellen und die Blütezeit vieler Pflanzen am Wasser.

VOM RICHTIGEN UMGANG MIT WASSERTIEREN

Wassertiere sind äußerst empfindliche Lebewesen, die unseren Respekt und unsere Achtsamkeit verdienen. Tiere, die zur Beobachtung gefangen werden, müssen daher mit größter Sorgfalt behandelt werden. Beobachten Sie die Tiere nur für kurze Zeit in einer Beobachtungsschale, in einer Becherlupe oder in einem Eimer, und achten Sie darauf, dass der Behälter mit genügend Wasser gefüllt ist. Stellen Sie den Behälter nicht in die pralle Sonne und lassen Sie die Tiere unbedingt an dem Ort wieder frei, an dem sie von Ihnen gefangen wurden.

Alle unsere heimischen Amphibien (Frösche, Kröten, Salamander, Lurche) und Libellenarten stehen unter **Naturschutz**. Beobachten sie diese Tiere aus sicherer Entfernung mit einem Fernglas. Auch bei der Vogelbeobachtung ist das Fernglas das Mittel der Wahl. Stören Sie Wasservögel niemals an ihren Nestern. Sie könnten sonst deren Bruterfolg gefährden.

SO LASSEN SICH KLEINE WASSERTIERE SCHONEND BEOBACHTEN

- Die Tiere mit einem feinen Tee- oder Haushaltssieb, Aquarienkescher oder kleinen Behältnissen vorsichtig fangen. Sie können auch mit einem Pinsel von Steinen gestreift werden.
- Die Tiere vorsichtig in eine flache, mit Wasser gefüllte Beobachtungsschale überführen. Bewährt haben sich dabei weiße Schalen. Sie bieten einen guten Kontrast.
- Jetzt lassen sich die kleinen Wassertiere mit dem bloßen Auge oder mit Hilfe einer Lupe gut beobachten: Wie bewegen sie sich fort? Was haben sie für einen Körperbau? Wie nehmen sie Nahrung auf?
- Während der Beobachtung sollte die Beobachtungsschale im Schatten stehen, damit sich das Wasser nicht zu sehr erwärmt.
- Ganz wichtig ist es, die Tiere nur für kurze Zeit zu beobachten und sie dann wieder am Fangort freizulassen. Beim Umgang mit den Tieren ist äußerste Vorsicht geboten: Wassertiere sind meist weich und verletzlich.

KLEINE WASSERTIERE IN BACH, TÜMPEL, TEICH UND WEIHER

Vor allem an kleineren Fließgewässern kann man sich gut mit der Lebewelt im Bachbett befassen. Wer ein paar Steine umdreht, merkt schnell: Im Wasser wimmelt es nur so von Leben. Insektenlarven wie Köcherfliegen-, Eintagsfliegen- und Steinfliegenlarven, Flohkrebse, Schnecken und Egel sind dabei in ständiger Gefahr, von der Strömung mitgerissen zu werden. Deshalb leben sie meist auf der Unterseite von Steinen, zwischen Pflanzenpolstern oder im Lückenraum zwischen den Geröllen. Auch Tümpel, Teiche, Weiher und Seen beherbergen viele kleine Wassertiere. Die Larven von Insekten (Käfer, Eintagsfliegen, Zuckmücken, Köcherfliegen, Libellen) lassen sich hier ebenso finden wie Schnecken, Muscheln, Würmer und Egel.

MIT DER KAMERA AM WASSER UNTERWEGS

Wasserlebensräume bieten Naturfotografen eine schier unendliche Motivauswahl. Für die Dokumentation von Pflanzen und Übersichtsaufnahmen reicht oft schon die Handykamera. Wer bei der Fotografie anspruchsvollere Ziele verfolgt, sollte auf eine Systemkamera mit Wechselobjektiven setzen. Die Objektivauswahl ist dabei stark von den eigenen fotografischen Zielen abhängig. Im Folgenden einige allgemeine Anregungen dazu.

Auf Entdeckungstour: Steine umdrehen im Bach.

DIE SCHÖNHEIT DER BLUMEN

Es lohnt sich, die Blüten und Blätter unserer heimischen, am und im Wasser lebenden Pflanzen aus der Nähe zu betrachten. Beim Blick durch eine Lupe mit 7–10-facher Vergrößerung lassen sich häufig Details erkennen, die man bei oberflächlicher Betrachtung nicht entdeckt.

- Blüten offenbaren oft erst unter der Lupe ihre filigranen Strukturen – von Saftmalen über Staubbeutel bis hin zu Fruchtknoten.
- Die Blätter und Stängel vieler Pflanzen sind nicht glatt, sondern von feinen Haaren bedeckt. Interessant sind auch die Blattformen. Einige Wasserpflanzen haben sogar Schwimmblätter, die sich deutlich von ihren Unterwasserblättern unterscheiden.
- Manche Blumen wie Sumpf-Schwertlilie oder Sumpf-Blutauge sind sehr farbenprächtig. Wie viele verschiedene Blütenfarben lassen sich an einem Bach- oder Teichufer entdecken?
- Mit einem Fernglas lässt sich beobachten, welche Blumen von welchen Insekten besucht werden.

Landschaftsfotografen sind mit einem Weitwinkelzoom oder einem Zoomobjektiv, das vom Weitwinkelbereich bis in den leichten Telebereich reicht, gut bedient. Wer seine Kamera mit einem 14–30 mm, 16–35 mm, 24–70 mm oder 24–120-mm- Zoom bestückt (jeweils bezogen auf das Kleinbildformat), kann damit weite Landschaften wie das Wattenmeer oder große Seen fotografieren. Wer gerne Blüten, Insekten oder Schneckenhäuser fotografiert, der sollte über die Anschaffung eines **Makro-**

Natur am Wasser erleben

Fotografie mit dem Teleobjektiv – Haubentaucher mit Jungen.

objektivs nachdenken. Diese Objektive ermöglichen meist eine Größendarstellung im Maßstab 1 zu 1 und verfügen in der Regel über eine hervorragende Abbildungsqualität. Objektive mit längeren Brennweiten (90 mm, 105 mm, 200 mm) sind in der Naturfotografie gegenüber den Makros mit kürzerer Brennweite (50, 60 mm) von Vorteil. Sie erlauben einen weiteren Arbeitsabstand. Das hilft die Fluchtdistanz von Kleintieren nicht zu unterschreiten.
Wer Vögel oder Säugetiere fotografieren will, ist meist auf ein **Teleobjektiv** angewiesen. Die Tiere haben häufig eine große Fluchtdistanz und sollen ja auch nicht gestört werden. Mit einem 70–300 mm oder einem 100 bis 400 mm-Objektiv lassen sich oft schon sehr schöne Aufnahmen machen. Noch näher heranzoomen lassen sich Wassertiere mit 150/200 bis 500/600 mm-Objektiven. Gerade bei guten Lichtbedingungen kann man mit solchen Telezooms sehr schöne Bilder machen. Wer hingegen häufig in den Dämmerungs- und Nachtstunden fotografiert, kommt um lichtstarke Festbrennweiten nicht herum.

EINIGE WEITERE AUSRÜSTUNGSTIPPS FÜR NATURFOTOGRAFEN

Wer für verschiedene Motive am Wasser gerüstet und dabei auch noch beweglich sein will, der kommt um einen **Fotorucksack** mit gutem Tragesystem nicht herum. Dort finden nicht nur Kameragehäuse und mehrere Objektive ihren Platz, sondern auch die Brotzeit, etwas zu trinken, das Fernglas und eine ganze Reihe nützlicher Kleinteile. Empfehlenswert sind Ersatzakkus, ein Fernauslöser sowie ein Reinigungstuch für Objektivlinsen – Wasserspritzer sind bei der Fotografie am Wasser vorprogrammiert. Auch ein kleines Handtuch kann sinnvoll sein, um nass gewordene Ausrüstungsgegenstände abzutrocknen.
Eine wasserdichte, klein zusammenfaltbare Sitzunterlage bewährt sich beim Ansitz am Ufer. Nützlich ist auch ein großer Müllbeutel – der wiegt fast nichts, ermöglicht es aber, sich einigermaßen trocken flach auf den Boden zu legen, um aus einer tiefen Perspektive fotografieren zu können. Außerdem schützt er die Fotoausrüstung bei einem Regenguss und ist bestens geeignet, um Müll am Gewässer einzusammeln. Landschaftsfotografen können die Ausstattung ihres Fotorucksack zusätzlich mit Polfiltern und Grauverlaufsfiltern aufrüsten.
Für viele Bereiche der anspruchsvollen Fotografie ist zudem ein **stabiles Stativ** unverzichtbar. Es ermöglicht nicht

Langzeitbelichtungen von fließendem Wasser gelingen mit einem stabilen Stativ.

MIT DEM FERNGLAS AUF ENTDECKUNGSTOUR

Ein Fernglas mit 8–10-facher Vergrößerung ist das ideale Hilfsmittel, um scheue und geschützte Tiere aus großer Entfernung zu beobachten. Wer viel in den Dämmerungsstunden unterwegs ist, sollte dabei auf ein möglichst lichtstarkes Glas zurückgreifen. Hier im Folgenden einige Beobachtungsmöglichkeiten am Wasser:

- Wasservögel sind meist sehr scheu. An Teichen und Seen lassen sich mit dem Fernglas oft Schwäne, Blässhühner, Graureiher und verschiedene Enten- und Möwenarten bei der Nahrungsaufnahme beobachten. Hauben- und Zwergtaucher, Kormorane und Gänsesäger tauchen immer wieder unter, um kleine Fische zu jagen. An Bächen und Flüssen lassen sich mit etwas Glück Wasseramseln oder schillernd bunte Eisvögel entdecken.
- Hervorragende Beobachtungsmöglichkeiten für Watvögel und andere Küstenvögel gibt es im Wattenmeer. Wer Baßtölpel, Dreizehenmöwen oder Trottellummen sehen möchte, der sollte der Insel Helgoland einen Besuch abstatten. Und auch an der Ostsee gibt es ausgezeichnete Orte zur Vogelbeobachtung, etwa auf der Insel Fehmarn.
- Gerade in Küstengebieten und an großen Binnenseen wie dem Bodensee können auch Spektive sinnvoll sein. Mit ihrer 20–60-fachen Vergrößerung lassen sich auch sehr weit entfernte Wasservögel bestimmen.
- Amphibien wie Gras-, See- und Teichfrösche sind vor allem während ihrer Laichzeit ein interessantes Beobachtungsziel. Mit dem Fernglas lassen sich die Schallblasen der quakenden Männchen gut sehen.
- Große Insekten wie Libellen und Schmetterlinge kann man ebenfalls gut mit dem Fernglas entdecken. Viele Libellenarten fliegen immer wieder den gleichen Halm oder Zweig an, um sich kurz abzusetzen.

Grünfrösche beim Froschkonzert.

nur Langzeitbelichtungen am Wasser, sondern erfordert auch einen sorgfältigen, wohlüberlegten Bildaufbau. Bei der Tierfotografie mit langen Brennweiten schützt das Stativ vor Verwacklungen, bei der Makrofotografie erleichtert es das millimetergenaue Arbeiten.

VOGELFOTOGRAFIE FÜR EINSTEIGER

Wasservogelfotografie an großen Gewässern oder in weitläufigen Naturschutzgebieten kann schnell anspruchsvoll werden. Die Tiere sind oft weit von der Kamera entfernt, zeigen große Fluchtdistanzen und haben bei Störungen viele Ausweichmöglichkeiten. Ganz anders sieht es an **Dorfteichen** oder in **Stadtparks mit Kleingewässern** aus. Dort sind Enten, Schwäne, Gänse, Bläss- und Teichhühner an die Nähe des Menschen gewöhnt – dementsprechend einfach lassen sie sich ablichten. Durch die räumliche Nähe zum eigenen Wohnort ist es möglich, Fotoserien über bestimmte Wasservögel im Jahreslauf anzufertigen. Wer

Natur am Wasser erleben

Dorfteiche bieten gute Fotomöglichkeiten für Einsteiger.

lieber **größere Schutzgebiete** aufsucht, der sollte sich schon vorab im Internet informieren. Oft gibt es vor Ort Tierbeobachtungsstationen, sogenannte „Hides", die es ermöglichen, Wasservögel und andere Tiere zu fotografieren, ohne sie in ihrem natürlichen Verhalten zu stören. Lohnend kann auch der Besuch von Aussichtstürmen sein, die es mittlerweile in vielen Schutzgebieten gibt. Eine weitere Anlaufstation für Einsteiger sind **Hafenanlagen** an der Küste und in Binnengewässern. Möwen, Enten, Taucher und andere Wasservögel haben sich hier meist schon an den Menschen gewöhnt.

UNTERWEGS IM WATT

Entlang der Küste werden überall Wattwanderungen und naturkundliche Führungen angeboten. Die **ortskundigen Führer** kennen die tückischen Stellen im Watt, wissen über die möglichen Wanderrouten Bescheid und vermitteln viel Interessantes über den Lebensraum Watt.

Wer **ohne Führer im Watt** wandern will, sollte sich auf jeden Fall bei den Einheimischen erkundigen und deren Warnungen beachten. **Strecken und Wanderzeiten** müssen **genau** und **mit ausreichend Puffer** geplant werden. Auf vor Ort erhältlichen **Tidenkalendern** lassen sich die Uhrzeiten ablesen, zu denen an einem bestimmten Tag Hoch- bzw. Niedrigwasser einsetzt. Die günstigste Zeit, um eine Wattwanderung zu beginnen, ist in der Regel etwa 2 Stunden vor Niedrigwasser. Auf keinen Fall sollte man bei auflaufendem Wasser starten.

Als Schuhwerk sind alte Turnschuhe, Gummistiefel oder spezielle Wattsocken geeignet. An vielen Stellen kann man auch barfuß laufen. Dabei besteht allerdings die Gefahr, sich die Fußsohlen an den scharfkantigen Muschelschalen im Sand oder Schlick aufzuritzen.

Wichtig ist es auch, auf das **Wetter zu achten** und niemals allein ins Watt zu gehen. Wandern Sie bei guten Sichtverhältnissen, und vermeiden Sie die Abenddämmerung. **Vorsicht** ist vor allem **bei Prielen** geboten: Je nach Wasserstand können sie gefährliche Hindernisse darstellen. Bei auflaufendem Wasser schneiden sie einem den Rückweg ab, bei ablaufendem Wasser besteht die Gefahr in die See hinaus gerissen zu werden.

Auf jeden Fall zu meiden ist auch das **zähe, klebrige Schlickwatt**, in dem es oft schon nach wenigen Metern kein Vor und Zurück mehr gibt. Reine Schlickböden bilden keine Rippelmarken aus und lassen sich bei Niedrigwasser an der unstrukturierten, glänzenden Oberfläche erkennen.

Wer nur den Lebensraum Watt erkunden will, der kann auch bei einem **Spaziergang parallel zum Strand** durchs Watt viel entdecken – von den Sandhäufchen der Wattwürmer über Schnecken- und Muschelschalen bis hin zu den Federn und Fußspuren vieler Wasservögel. Mit einem kleinen Spaten lässt sich ein Loch graben, das die Schichtung des Wattbodens offenbart. Oben liegt die helle, sauerstoffreichere Schicht, darunter der weitgehend sauerstofffreie, schwarze Unterboden. Im Boden finden sich Muscheln und Schnecken wie Herzmuscheln und Wattschnecken. An Lahnungen, Molen, Wellenbrechern und Pfählen lassen sich vor allem festgewachsene (sessile) Pflanzen und Tiere beobachten. Meeresalgen wie Darmtang, Blasentang und Meersalat heften sich an den harten Unterlagen fest. Das Gleiche gilt für Strandschnecken, Miesmuscheln, Seepocken und andere sessile Tiere. Strandkrabben verstecken sich häufig in Ritzen und Spalten.

SCHNORCHEL UND TAUCHERBRILLE

Meist bleibt uns nur der Blick von draußen auf die geheimnisvolle Welt im Wasser. Umso spannender kann es sein, im Sommer mit Schnorchel und Taucherbrille der Unterwasserwelt einen Besuch abzustatten. Dabei muss es nicht unbedingt das Meer sein. Auch in klaren Binnengewässern lassen sich Fische, Krebse, Schnecken, Muscheln, Insektenlarven und Unterwasserpflanzen beobachten. Mit einem Neoprenanzug lässt sich dabei die Zeit im Wasser mitunter deutlich verlängern, mit einer Unterwasserkamera sogar das eine oder andere Belegfoto machen.

AUF SPURENSUCHE AM STRAND

Ein Strandspaziergang an der Nord- oder Ostsee wird schnell zur naturkundlichen Exkursion. Gerade im Spülsaum lassen sich spannende Entdeckungen machen. Wer hier mit offenen Augen entlangwandert, der kann mit etwas Glück unter anderem die folgenden Fundstücke und Spuren entdecken:

- Schalen von Mies-, Herz-, und Schwertmuscheln und weitere Arten
- Gehäuse von Wellhorn-, Strand- und Pantoffelschnecken und weitere Arten
- die auffälligen Eipakete (Laichballen) der Wellhornschnecke
- Spuren von Watt- und Strandschnecken
- Kothäufchen des Wattwurms
- die innere Schale des Tintenfisches, der sogenannte Schulp
- angespülte Eihüllen von Rochen- und Haien („Nixentaschen")
- Eipakete des Steinpickers
- die Panzer von Taschenkrebsen und Strandkrabben
- die zerbrechlichen Gehäuse verschiedener Seeigelarten
- Donnerkeile (versteinerte Schalenreste ausgestorbener Tintenfische: Belemniten)
- verschiedene Braunalgen wie der Blasentang
- Ohrenquallen, die am Strand schnell vertrocknen
- Blättermoostierchen, Seemooskolonien und Brotkrumenschwämme
- Bohrlöcher von Bohrmuscheln in Holz, Kreide oder Ton
- Muscheln mit Löchern, die vom Bohrschwamm oder von Nabelschnecken stammen
- Bernstein
- Hühnergötter (Feuersteine mit Löchern)

Bohrlöcher von Bohrmuscheln in weichem Gestein.

Tiere

1 Biber (S, F)
Castor fiber

› „Flussbaumeister"
› schwimmt und taucht gut
› meißelförmige Schneidezähne

MERKMALE 80–100 cm langes Nagetier (1b) mit dunkelbraunem Fell, breitem, abgeflachtem Schwanz („Kelle") und Schwimmhäuten an den Hinterfüßen. **VORKOMMEN** Bewohnt Auwälder an Bächen und Flüssen sowie baumbestandene Seen. **LEBENSWEISE** Eine Biberfamilie besteht aus den Eltern und den ein- bis zweijährigen Jungen. Den Tag verbringen sie dösend im Bau. In der Dämmerung und nachts gehen die Pflanzenfresser auf Nahrungssuche. Im Herbst fällen sie mit ihren scharfen Nagezähnen Bäume (1a), um Wintervorräte anzulegen. **WISSENSWERTES** Biber gestalten die Landschaft ganz nach ihren Bedürfnissen um. Durch den Bau von Dämmen regulieren sie den Wasserstand so, dass sie ihre Nahrungsgründe schwimmend erreichen können. Sie stellen damit auch sicher, dass der unter Wasser liegende Eingang ihres Baus („Biberburg") niemals trocken fällt.

2 Bisam, Bisamratte (S, F)
Ondatra zibethicus

› keine Ratte
› beim Schwimmen ganzer Rücken sichtbar
› macht keinen Winterschlaf

MERKMALE 30–40 cm lange Wühlmaus mit dunkelbraunem, dichtem Fell, kleinen Ohren und einem 20–28 cm langen, seitlich zusammengedrückten Schwanz. Hintere Zehen mit Schwimmhäuten. **VORKOMMEN** In pflanzenreichen, stehenden und langsam fließenden Gewässern. **LEBENSWEISE** Die vorwiegend dämmerungs- und nachtaktiven Bisame fressen Wasser- und Sumpfpflanzen, im Winter auch Muscheln und Schnecken. Sie graben meterlange, in einem Wohnkessel endende Röhren in Steilufer. An Flachufern bauen sie kuppelförmige Wohnburgen. Die Eingänge liegen jeweils unter Wasser. **WISSENSWERTES** Der aus Nordamerika stammende Bisam wurde 1905 erstmals in Prag ausgesetzt und ist heute in ganz Mitteleuropa verbreitet (Neozoon). Der Name Bisam bezieht sich auf den Moschusgeruch der Tiere.

3 Nutria, Sumpfbiber (S, F)
Myocastor coypus

› Fell mit langen Grannenhaaren
› aus Südamerika eingebürgert
› gibt auch Albinos

MERKMALE 45–65 cm langes Nagetier mit braunem Fell, gespaltener Oberlippe, orangeroten Nagezähnen und einem 30–45 cm langen, drehrunden Schwanz. Hintere Zehen mit Schwimmhäuten. **VORKOMMEN** In pflanzenreichen Seen, Teichen, Weihern und Altarmen, seltener an Flüssen. **LEBENSWEISE** Die tagaktiven Nutrias sind reine Pflanzenfresser, die ihre Nahrung bevorzugt im Wasser suchen. Sie schwimmen und tauchen hervorragend und bewohnen selbstgegrabene Uferhöhlen mit Wohnkessel bzw. Schilfnester im Flachwasser. Die Eingänge der Baue liegen immer über der Wasserlinie. **WISSENSWERTES** Bei schwimmenden Nutrias sind Kopf, Rücken und Schwanz sichtbar, bei schwimmenden Bibern ragt nur der Kopf aus dem Wasser. Weibliche Nutrias leben in kleinen Gruppen, männliche Tiere sind meist Einzelgänger.

1a

1b

2

3

1 Wanderratte (S, F, M)
Rattus norvegicus

› legt unterirdische Gangsysteme an
› kann Krankheiten übertragen
› stammt aus Ostasien

MERKMALE 18–28 cm lange, kräftige Ratte mit graubraunem Fell und abgestumpfter Schnauze. Der bis zu 21 cm lange, unbehaarte Schwanz ist kürzer als der Körper. **VORKOMMEN** In Wassernähe in Dörfern, Städten und im Freiland. **LEBENSWEISE** Die dämmerungs- und nachtaktiven Nagetiere können sehr gut schwimmen und tauchen. Als Allesfresser ernähren sie sich von pflanzlicher und tierischer Kost, Abfällen und Aas. Die geselligen Tiere leben in Familienverbänden, die aus 60 oder mehr Tieren bestehen können. **WISSENSWERTES** Die Mitglieder eines Rudels erkennen sich am Geruch und verteidigen ihr Revier gegen fremde Ratten. Bei der kleineren **Hausratte** *(Rattus rattus)* ist der Schwanz länger als der Körper. Beide Arten stammen ursprünglich aus Ostasien und wurden durch den Menschen weltweit verbreitet.

2 Schermaus (S, F)
Arvicola amphibius

› schwimmt und taucht gut
› frisst Wurzeln und Wasserpflanzen
› meist dämmerungs- und nachtaktiv

MERKMALE 14–24 cm lange, große Wühlmaus mit stark variierender Fellfärbung von gelbbraun bis schwarz. Kleine, im Fell versteckte Ohren. Bis zu 14 cm langer, kurz behaarter Schwanz. **VORKOMMEN** Besiedelt mit Schilf und Sträucher bestandene Ufer stehender und langsam fließender Gewässer, aber auch Wiesen, Gärten und Obstanlagen. **LEBENSWEISE** Schermäuse bauen weit verzweigte, unterirdische Gangsysteme mit Nest- und Vorratskammern. Sie ernähren sich überwiegend pflanzlich und können bei ihren Tauchgängen 30–90 s unter Wasser bleiben. Die Weibchen bringen 2–5-mal jährlich jeweils 2–9 Junge zur Welt. **WISSENSWERTES** Bei ihrer Wühltätigkeit werfen Schermäuse maulwurfähnliche Erdhaufen auf. Schwimmende Schermäuse benutzen alle 4 Füße, tauchende Tiere setzen nur die Hinterfüße ein.

3 Wasserspitzmaus (S, F)
Neomys fodiens

› größte europäische Spitzmaus
› dichtes, samtiges Fell
› Insektenfresser

MERKMALE 7–10 cm lange, zweifarbige Spitzmaus mit schiefergrauer Oberseite und weißem Bauch, rüsselartiger Schnauze und im Fell verborgenen Ohren. Schwimmborsten auf der Schwanzunterseite und an den Hinterfüßen. **VORKOMMEN** In und an klaren, sauberen Gewässern aller Art. **LEBENSWEISE** Die Wasserspitzmaus stellt schwimmend und tauchend wirbellosen Wassertieren, Fröschen und Jungfischen nach. Dabei kann sie bis zu 20 s unter Wasser bleiben. Ihr Nahrungsbedarf ist so groß, dass sie alle 2–4 Stunden auf Jagd gehen muss. Ihre unterirdischen Wohnröhren weisen immer einen Ausgang zum Wasser auf. **WISSENSWERTES** Die Tiere hinterlassen oft angefressene Schneckenschalen und Fischgräten am Ufer. Ist das Nahrungsangebot üppig, legen Wasserspitzmäuse Vorräte an.

1

2

3

1 | Wasserfledermaus (S, F)
Myotis daubentonii

› jagt über dem Wasser
› nachtaktiv
› mehrmonatiger Winterschlaf

MERKMALE Etwa 5 cm lange Fledermaus mit 24–27 cm Flügelspannweite, braungrauem Rückenfell und hellgrauem Bauch. Auffällig große Füße mit langen Borsten. **VORKOMMEN** In Wäldern und Parks in Gewässernähe. **LEBENSWEISE** Die dämmerungs- und nachtaktive Fledermaus jagt dicht über dem Wasser Zuckmücken, Eintagsfliegen, Köcherfliegen und Schmetterlinge. Dabei ergreift sie ihre Beute zum Teil mit ihren Füßen und der Schwanzflughaut direkt von der Wasseroberfläche. Ihre Opfer lokalisiert die Wasserfledermaus über Ortungsrufe im Ultraschallbereich. **WISSENSWERTES** Die Weibchen bringen ihre nackten und blinden Jungen gerne in Baumhöhlen zur Welt. In solchen „Wochenstuben" versammeln sich 20–50 Weibchen, manchmal auch mehr. Ihren mehrmonatigen Winterschlaf halten Wasserfledermäuse in frostgeschützten Höhlen und Spalten.

2 | Fischotter (S, F)
Lutra lutra

› geschickter Fischjäger
› hervorragende Schwimmer
› vom Aussterben bedroht

MERKMALE 60–95 cm langes, kurzbeiniges Mardertier mit dunkelbraunem, dichtem Fell und bis zu 55 cm langem, spitz zulaufendem Schwanz. Schwimmhäute zwischen den Zehen. **VORKOMMEN** In fischreichen, sauberen und strukturreichen Still- und Fließgewässern. **LEBENSWEISE** Die dämmerungs- und nachtaktiven Fischotter fressen neben Fischen auch Krebse, Muscheln, Nagetiere, Amphibien, Insekten und Wasservögel. Bei ihren Tauchgängen können sie bis zu 8 Minuten unter Wasser bleiben. Ihre Wohnhöhlen graben die einzeln, paarweise oder im Familienverband lebenden Tiere in die Uferböschung. **WISSENSWERTES** Die Reviere der Männchen können sich über 20 km Uferlänge erstrecken und werden gegen Artgenossen verteidigt. Fischotter jagen auf Sicht. Um größere Fische zu fressen, gehen sie an Land.

3 | Waldiltis, Iltis (S, F)
Mustela putorius

› auffällige Gesichtszeichnung
› typische, marderartige Gestalt
› Stammform des Frettchens

MERKMALE 30–48 cm langes, kurzbeiniges Raubtier mit schwarzbraunem Fell und durchscheinender, heller Unterwolle. Der buschige Schwanz ist 11–19 cm lang. Weiße Gesichtsmaske und weiß umrandete Ohren. **VORKOMMEN** Häufig in Gewässernähe und in Feuchtgebieten, sowie in Siedlungsnähe. **LEBENSWEISE** Der dämmerungs- und nachtaktive Einzelgänger kann gut schwimmen und tauchen. Er frisst Kleinsäuger, Reptilien, Amphibien, Vögel und deren Eier, Insekten, Schnecken und Regenwürmer. **WISSENSWERTES** Beim Waldiltis kommen Männchen und Weibchen nur während der Paarungszeit zwischen Februar und Mai zusammen. Ihre bis zu 10 km^2 großen Streifgebiete markieren die Tiere mit Urin und einem Sekret der Analdrüsen. Beim Laufen krümmen sie ihren Rücken zu einem Buckel und richten den Kopf zum Boden.

1

2

3

1 Seehund (M)
Phoca vitulina

› ruht häufig auf Sandbänken
› V-förmig stehende Nasenlöcher
› taucht bis zu 100 m tief

MERKMALE 100–190 cm lange, grau bis gelblich gefärbte Robbe mit kleinem Kopf, leicht aufgewölbter Stirn und kurzer, abgerundeter Schnauze. Gliedmaßen zu Flossen umgeformt.**VORKOMMEN** In ruhigen Küstengewässern der Nordsee, in der Ostsee selten. Atlantik. **LEBENSWEISE** Seehunde fressen Fische, Krebse und Tintenfische, die sie auf ihren bis zu 30 Minuten langen Tauchgängen erbeuten. Häufig lassen sie sich in großen Gruppen ruhend auf Sandbänken beobachten. Im Meer sind Seehunde einzelgängerisch unterwegs. **WISSENSWERTES** Im Frühling bringen tausende Seehunde ihre Jungen im Wattenmeer zur Welt. Die Jungtiere („Heuler") geben einen heulenden Laut von sich, wenn sie den Kontakt zu ihrer Mutter suchen. Bei der Geburt wiegen die jungen Robben 7–9 kg, nach einem Monat sind sie bereits rund 25 kg schwer.

2 Kegelrobbe (M)
Halichoerus grypus

› größtes Raubtier Deutschlands
› kegelförmiger Kopf
› parallel stehende Nasenlöcher

MERKMALE 170–260 cm lange, bis zu 300 kg schwere Robbe mit spitz kegelförmigem Kopf. Variable Fellfärbung von grau über braun bis schwarz, oft mit unregelmäßigen Flecken. **VORKOMMEN** In küstennahen Gewässern der Nord- und Ostsee. Gute Beobachtungsmöglichkeiten auf Helgoland. Atlantik. **LEBENSWEISE** Kegelrobben jagen neben Fischen und wirbellosen Meerestieren in Einzelfällen auch Schweinswale und Seehunde. Während der Fortpflanzungszeit liefern sich die Bullen heftige Kämpfe um die Weibchen. Ihre Jungen, die im ersten Monat ein langes, weißhaariges Lanugofell tragen, kommen im Winter zur Welt. **WISSENSWERTES** Bei den Kegelrobben werden die Männchen fast doppelt so schwer wie die Weibchen. Die Tiere tauchen bis zu 300 m tief und können 30 Minuten unter Wasser bleiben.

3 Schweinswal (M)
Phocoena phocoena

› kleinster heimischer Wal
› stumpf zulaufender Kopf
› taucht bis zu 8 Minuten

MERKMALE 130–190 cm langer Wal mit stromlinienförmigem Körper, rundlichem Kopf und niedriger, dreieckiger Rückenflosse. Oberseits braungrau, unterseits weiß. Waagrechte Schwanzflosse. **VORKOMMEN** In Küstengewässern der Nord- und Ostsee und des Atlantiks. **LEBENSWEISE** Die kleinen, auch Braunfisch genannten Wale leben einzeln, in Mutter-Kind-Gemeinschaften oder in Kleingruppen bis zu 10 Tieren. Bei Flut jagen sie häufig in Ufernähe. Sie erbeuten Fische, Krebse und Tintenfische. Teilweise dringen sie sogar in die Unterläufe großer Küstenflüsse vor. **WISSENSWERTES** Wie alle Wale müssen Schweinswale regelmäßig an die Wasseroberfläche, um durch ihr Blasloch aus- und einzuatmen. Sie können bis zu 200 m tief tauchen und bleiben bis zu 8 Minuten unter Wasser. Bei der Geburt sind junge Schweinswale 70–90 cm lang und etwa 5 kg schwer.

1

2

3

1 Höckerschwan (S, F, M)
Cygnus olor

- schwarzer Stirnhöcker
- wummernde Fluggeräusche
- ausgeprägtes Territorialverhalten

MERKMALE 140–160 cm langer, weißer Vogel mit s-förmig gebogenem Hals. Rotoranger Schnabel mit schwarzem Stirnhöcker, der beim Männchen kräftiger ausgebildet ist. **VORKOMMEN** An Seen, Flüssen, Teichen und an der Küste. **LEBENSWEISE** Höckerschwäne ernähren sich von Wasser- und Uferpflanzen. Ihr bis zu 2 m großes Bodennest bauen sie in Ufernähe. Während der Brutzeit verteidigen sie ihr Revier aggressiv gegen Eindringlinge. Im Herbst wandern sie oft an traditionelle Winterquartiere. **WISSENSWERTES** Die Jungvögel tragen ein graubraunes Federkleid, es gibt aber auch weiße Küken. Mit 8–15 kg Gewicht und einer Flügelspannweite von 200–240 cm zählen Höckerschwäne zu den schwersten flugfähigen Vögeln. Im Flug erzeugen sie mit ihren kräftigen Flügelschlägen ein weit hörbares, singendes Geräusch.

2 Singschwan (S, M)
Cygnus cygnus

- gelbschwarzer Schnabel ohne Höcker
- ruft laut und trompetend
- vor allem Wintergast

MERKMALE 140–160 cm langer, weißer Vogel mit meist geradem Hals. Keilförmiger Schnabel mit schwarzer Spitze und einem bis übers Nasenloch hinaus reichenden, gelben Bereich. **VORKOMMEN** Seltener Brutvogel im Osten Deutschlands. Wintergast an der Küste und – mit mehreren 100 Tieren – am Bodensee. **LEBENSWEISE** Singschwäne fressen Wasserpflanzen, Gräser und Kräuter. Sie brüten in der Tundrazone des hohen Nordens an Seen, Tümpeln und in Mooren – im Osten auch an großen, mit Schilf bestandenen Seen. Die Tiere sind sehr stimmfreudig („kloo-kloo-kloo“). **WISSENSWERTES** Im Gegensatz zu den Höckerschwänen erzeugen Singschwäne im Flug nur ein leichtes Zischen. Der kleinere **Zwergschwan** *(Cygnus columbianus bewickii)* überwintert in Norddeutschland. Sein gelber Schnabelanteil reicht nicht bis zum Nasenloch.

3 Graugans (S, F, M)
Anser anser

- gesellige, große Gans
- Wildform der Hausgans
- zieht in V-Formation

MERKMALE 74–84 cm lange, kräftige Gans mit graubraunem Gefieder, rosa Beinen, dickem Hals und bis zu 180 cm Flügelspannweite. Der keilförmige Schnabel ist einfarbig orange bis rosa (Jungvögel). **VORKOMMEN** Brütet an Gewässern mit reicher Ufervegetation. **LEBENSWEISE** Bei den Graugänsen leben die Paare meist in Dauerehe. Das Weibchen legt 4–6 Eier in ein Bodennest und bebrütet sie alleine. Nach dem Schlüpfen kümmern sich die Eltern gemeinsam um die Jungen. Die Vögel fressen Wasser- und Landpflanzen. **WISSENSWERTES** Graugänse aus Ost- und Nordeuropa überwintern in großer Zahl in Norddeutschland, teils auch an Seen im südlichen Mitteleuropa. Im Flug ziehen die Schwärme in Keilformation. Die außerhalb der Brutzeit meist gesellig lebenden Vögel regeln ihre individuellen Beziehungen durch den Aufbau einer Rangordnung.

1

2

3

1 Kanadagans (S, F, M)
Branta canadensis

› ruft trompetend „ahong"
› oft zahm, wenig scheu

MERKMALE 80–105 cm lange, graubraune Gans mit heller Brust, langem, schwarzem Hals und weißem Kinnband. Schnabel und Scheitel schwarz. **VORKOMMEN** Brütet an Binnengewässern aller Art, überwintert an der Küste. **LEBENSWEISE** Die Paare bleiben lebenslang zusammen und ziehen ihre 5–6 Küken gemeinsam auf. **WISSENSWERTES** Kanadagänse wurden bereits ab dem 17. Jahrhundert als hübsche Parkvögel aus Nordamerika nach Europa gebracht. Heute zählen sie in Deutschland zu den fest angesiedelten Neubürgern (*Neozoen*).

2 Weißwangengans (M, S, F)
Branta leucopsis

› leuchtend weiße Wangen
› arktische Gans

MERKMALE 58–70 cm lange, mittelgroße, auch „Nonnengans" bezeichnete Gans mit kleinem Kopf und schwarzweiß gebänderter Oberseite. Hals und Schnabel jeweils kurz und schwarz. **VORKOMMEN** Brütet in den küstennahen Tundren Nordeuropas, neuerdings auch an der Ostsee. **LEBENSWEISE** Die gesellig lebenden Gänse gehen im Winter in küstennahen Wiesen und im Wattenmeer auf Nahrungssuche. **WISSENSWERTES** Als Durchzügler und Wintergäste finden sich alljährlich Tausende nordische Weißwangengänse in der Küstenregion von Nord- und Ostsee ein.

3 Ringelgans (M)
Branta bernicla

› dunkle Gans mit kurzem Schnabel
› nordischer Zugvogel

MERKMALE 55–62 cm lange, dunkle Gans mit schwarzem Hals, Kopf und Schnabel. Typischer, weißer Halsfleck (Name!) und weiße Unterschwanzdecken. **VORKOMMEN** Brütet in arktischen Küstengebieten. Bei uns Durchzügler und Wintergast im Wattenmeer. **LEBENSWEISE** Die geselligen Vögel lassen sich in dichten Trupps gründelnd auf dem Meer beobachten. Sie ernähren sich von Algen, Seegras und Salzpflanzen, aber auch von Gräsern und Wintersaat. **WISSENSWERTES** In hellen Mondnächten fressen Ringelgänse auch nachts.

4 Nilgans (S, F, M)
Alopochen aegyptiaca

› großer, dunkler Augenfleck
› Neubürger aus Aftrika

MERKMALE 63–73 cm lange, hellbraune Halbgans mit dunklem Augenfleck, rosarotem Schnabel und langen, matt roten Beinen. **VORKOMMEN** Brütet an Gewässern aller Art. **LEBENSWEISE** Nilgänse ernähren sich von Gräsern, Samen, Blättern und Kleintieren. Ihre Nester bauen sie auf Bäumen, teilweise auch in Höhlen oder am Boden. **WISSENSWERTES** Die ursprünglich aus Afrika stammenden Nilgänse wurden bereits im 18. Jahrhundert in England eingebürgert. Heute sind sie in West- und Mitteleuropa weit verbreitet. Männchen rufen heiser zischend, Weibchen schnattern trompetenartig „ang-hää-hää".

1

2

3

4

1 Brandgans (M, S, F)

Tadorna tadorna

› bunt und mit langem Hals
› Jungvögel in „Kindergärten"

MERKMALE 55–65 cm lange, auch Brandente genannte Halbgans mit kontrastreichem Gefieder, braunem Brustband, dunkelgrünem Kopf und rotem Schnabel. Männchen mit großem, roten Schnabelhöcker. **VORKOMMEN** An der Nord- und Ostseeküste. Seltener an großen Flüssen und Seen im Binnenland. **LEBENSWEISE** Brandgänse verstecken ihre Nester in Erdhöhlen oder unter Gebäuden. Sie ernähren sich überwiegend von kleinen, wirbellosen Wassertieren. **WISSENSWERTES** Im Sommer versammeln sich im Wattenmeer rund 200 000 Brandgänse zur Mauser.

2 Rostgans (S, F, M)

Tadorna ferruginea

› hübscher, rostbrauner Entenvogel
› Neubürger

MERKMALE 58–70 cm lange Halbgans mit orangebraunem Gefieder, zimtfarbenem Kopf und schwarzem Schnabel. Männchen im Prachtkleid mit schwarzem Halsring. **VORKOMMEN** Brütet an Binnenseen, Flüssen und in Salzmarschen. Außerhalb der Brutzeit an großen Süßwasserseen. **LEBENSWEISE** Rostgänse sind Höhlenbrüter. Sie ernähren sich überwiegend pflanzlich, fressen aber auch Kleintiere. **WISSENSWERTES** Die wildlebenden mitteleuropäischen Vögel stammen von Parktieren ab. Ihre ursprüngliche Heimat ist Zentralasien.

3 Stockente (S, F, M)

Anas platyrhynchos

› Gründelente
› komplizierte Balzrituale

MERKMALE 50–60 cm lange, große Ente mit orangen Beinen und blauem, weiß eingefassten Flügelspiegel. Männchen im Prachtkleid (3a) mit metallisch grünem Kopf, weißem Halsring und schokobrauner Brust. Weibchen mit bräunlichem Gefieder (3b). **VORKOMMEN** In Gewässern aller Art. **LEBENSWEISE** Stockenten fressen Pflanzen und Wirbellose, die sie an Land und im Wasser suchen. Im Wasser gründeln sie mit senkrecht nach oben gestrecktem Bürzel. **WISSENSWERTES** Bei der Balz werben die Männchen mit einem „Grunzpfiff", „Kurzhochwerden" und „Nickschwimmen" um die Weibchen.

4 Löffelente (S, F, M)

Spatula clypeata

› gedrungen wirkende Ente
› Löffelschnabel als Seihapparat

MERKMALE 44–52 cm lange Gründelente mit löffelartigem, großem Schnabel. Männchen im Prachtkleid mit zimtfarbenen Flanken, weißer Brust und dunkelgrünem Kopf. Weibchen braun gefleckt. **VORKOMMEN** Brütet an flachen, nährstoffreichen stehenden Gewässern. **LEBENSWEISE** Löffelenten fressen kleine tierische und pflanzliche Organismen, die sie mit ihrem Schnabel aus dem Wasser seihen. **WISSENSWERTES** Die meisten mitteleuropäischen Löffelenten überwintern in Westeuropa und im Mittelmeerraum.

1

2

3a

3b

4

1 Schnatterente (S)

Mareca strepera,
syn. *Anas strepera*

› geselliger Entenvogel
› balzt hoch pfeifend „pjii"

MERKMALE 46–56 cm lange, unscheinbar gefärbte Gründelente. Männchen im Prachtkleid (1a) mit grau melierter Brust und schwarzem Steiß. Beide Geschlechter mit kleinem, weißem Flügelspiegel. **VORKOMMEN** In flachen, pflanzen- und nährstoffreichen Stillgewässern. **LEBENSWEISE** Schnatterenten ernähren sich von Wasserpflanzen und kleinen Wassertieren. Die Jungen sind Nestflüchter und werden im Alter von 45–50 Tagen flügge. **WISSENSWERTES** Wie bei den meisten Enten kümmern sich nur die Weibchen (1b) um die Jungen.

2 Pfeifente (M, S)

Mareca penelope, syn. *Anas penelope*

› weiden wie Gänse
› Männchen pfeifen „WII-u"

MERKMALE 42–50 cm lange Ente mit rundem Kopf, kurzem Hals und kleinem Schnabel. Männchen im Prachtkleid mit cremegelbem Stirnfeld auf dem rostbraunen Kopf. Weißes Flügelfeld im Flug. Weibchen rötlichbraun. **VORKOMMEN** Brütet im Norden an vegetationsreichen Seen, bei uns nur vereinzelt an der Küste. **LEBENSWEISE** Als Pflanzenfresser grasen Pfeifenten auf gewässernahen Grünflächen. **WISSENSWERTES** Pfeifenten überwintern in großer Zahl an der deutschen Küste, seltener an großen Binnenseen wie zum Beispiel an dem Bodensee.

3 Krickente (S, F, M)

Anas crecca

› unsere kleinste Gründelente
› Männchen ruft hoch „krrik"

MERKMALE 34–38 cm lange Ente mit kurzem Hals und grünem Flügelspiegel. Männchen im Prachtkleid mit kastanienbraunem Kopf samt grünem Seitenstreif. Weibchen braun gefleckt. **VORKOMMEN** Brütet an deckungsreichen, seichten Binnengewässern. **LEBENSWEISE** Die kleinen Enten suchen im Flachwasser und auf angrenzenden Schlammflächen nach pflanzlicher Nahrung und wirbellosen Kleintieren. **WISSENSWERTES** Krickenten verstecken ihr Nest in der Ufervegetation. Außerhalb der Brutzeit bilden sie oft große Trupps. Schwimmende Krickenten ziehen oft den Hals ein und wirken dann gedrungen.

4 Knäkente (S, F)

Spatula querquedula

› lebt versteckt
› Langstreckenzieher

MERKMALE 37–41 cm lange, kleine Gründelente. Männchen im Prachtkleid mit braunem Kopf und halbmondförmigem, weißen Überaugenstreif. Weibchen mit markanter Kopfzeichnung. **VORKOMMEN** Brütet an flachen, nährstoffreichen Teichen, Weihern und Seen. **LEBENSWEISE** Die kleinen Enten gründeln selten. Lieber durchseihen sie die Wasseroberfläche oder tauchen nur den Kopf ein. Die Knäkente frisst Pflanzen und kleine Wassertiere. **WISSENSWERTES** Knäkenten überwintern zum größten Teil in den Tropen des nördlichen Afrikas.

1a

1b

2

3

4

1 Tafelente (S)

Aythya ferina

- Männchen mit graublauem Schnabel
- taucht nach Nahrung
- im Winter meist in Trupps

MERKMALE 42–49 cm lange Tauchente mit einem langen Schnabel, der stufenlos in die hohe Stirn übergeht. Männchen im Prachtkleid (1a, 1b im Schlichtkleid) mit grauem Rumpf, schwarzer Brust, kastanienbraunem Kopf und roter Iris. Weibchen unscheinbar graubraun. **VORKOMMEN** Brütet an flachen, nährstoffreichen stehenden Binnengewässern mit größeren Wasserflächen und reicher Ufervegetation. **LEBENSWEISE** Tafelenten legen ihre Bodennester meist nahe am Wasser an. Die geschickten Taucher ernähren sich fast ausschließlich von Wasserpflanzen und kleinen Wassertieren. **WISSENSWERTES** Rastet und überwintert in großer Zahl an großen, natürlichen Seen wie dem Bodensee, aber auch an künstlichen Gewässern wie Stauseen und Fischteichen. Die Männchen balzen mit charakteristischen, abrupt endenden Pfeiftönen.

2 Kolbenente (S)

Netta rufina

- kräftige Ente mit rundem Kopf
- Männchen mit korallenrotem Schnabel
- taucht nach Armleuchteralgen

MERKMALE 53–57 cm lange Tauchente mit einem auffälligen, weißen Flügelstreif im Flug. Männchen im Prachtkleid mit rostrotem Kopf, schwarzer Brust und weißen Flanken. Der Schnabel der Weibchen ist dunkelgrau, ihre hellen Kopfseiten kontrastieren mit dem dunklen Scheitel. **VORKOMMEN** Brütet an großen, nährstoffreichen Seen und in Brackwasserlagunen. Mehrere 100 Brutpaare am Bodensee. **LEBENSWEISE** Kolbenenten tauchen und gründeln nach Wasserpflanzen. In Voralpenseen spielen Armleuchteralgen als Nahrungsquelle eine wichtige Rolle. **WISSENSWERTES** Viele mitteleuropäische Kolbenenten überwintern heute an den großen Voralpenseen. Vor wenigen Jahrzehnten zogen sie noch nach Südwesteuropa.

3 Reiherente (S, F, M)

Aythya fuligula

- auffälliger Federschopf
- unsere häufigste Tauchente
- Massenansammlungen im Winter

MERKMALE 40–47 cm lange, kleine Ente mit schwarzer Schnabelspitze, goldgelben Augen und Federschopf am Hinterkopf. Männchen im Prachtkleid schwarz mit weißen Flanken. Weibchen dunkelbraun mit hellbrauen Seiten. **VORKOMMEN** Brütet an Gewässern aller Art. **LEBENSWEISE** Reiherenten ernähren sich von Muscheln und anderen kleinen Wassertieren, die sie bei ihren Tauchgängen erbeuten. Ihre Nester legen sie am Boden in unmittelbarer Gewässernähe an. **WISSENSWERTES** Im Winter versammeln sich Reiherenten oft zu Tausenden an großen Seen wie dem Bodensee und in den Rastgebieten an der Küste. Unter den Vögeln sind auch viele Gäste aus dem hohen Norden, die an den eisfreien Gewässern nach Nahrung tauchen. Am Bodensee stellen sie mit Vorliebe der aus dem Schwarzmeergebiet eingeschleppten Dreikantmuschel nach.

1a

1b

2

3

1 Eiderente (M)
Somateria molissima

› dreieckiges Kopfprofil
› taucht nach Miesmuscheln

MERKMALE 60–70 cm lange, kräftige Meeresente mit flacher Stirn und keilförmigem Schnabel. Männchen im Prachtkleid (1b) mit lindgrünen Halsseiten. Weibchen (1a) braun gebändert. **VORKOMMEN** Brütet an der Nord- und Ostseeküste. **LEBENSWEISE** Die geselligen Vögel brüten oft in kleinen Kolonien. Auf der Suche nach Muscheln und Krebsen tauchen sie über 20 Meter tief. **WISSENSWERTES** Die Weibchen polstern ihre Nester mit hochwertigen Daunen aus, die vom Menschen als Füllmaterial für Federbetten und Jacken genutzt werden.

2 Trauerente (M)
Melanitta nigra

› taucht mit kleinem Sprung
› aufgestellter Schwanz beim Schwimmen

MERKMALE 44–54 cm lange Ente mit einheitlich dunklem Gefieder und dunklen Beinen. Männchen im Prachtkleid schwarz, Schnabel schwarzgelb und mit Höcker. Weibchen rußfarben mit hellen Kopfseiten. **VORKOMMEN** Brütet an den Binnengewässern Skandinaviens. An Nord- und Ostsee Durchzügler und Wintergast. **LEBENSWEISE** im Meer fressen Trauerenten Weichtiere, Schnecken, Krebse und Ringelwürmer, im Süßwasser auch Insektenlarven. **WISSENSWERTES** Trauerenten überwintern häufig in großen Trupps auf dem Meer.

3 Samtente (M)
Melanitta fusca

› größerer Schnabel als Trauerente
› überwintert an der Küste

MERKMALE 51–58 cm lange Ente mit einem kräftigen, keilförmigen Schnabel, dickem Hals und roten Beinen. Gefieder dunkel mit weißem Flügelfeld. Männchen im Prachtkleid mit gelben Schnabelseiten. Weibchen rußbraun mit hellem Wangenfleck. **VORKOMMEN** Brütet im hohen Norden von Norwegen bis Zentralsibirien. An Nord- und Ostsee Wintergast. **LEBENSWEISE** Taucht im Meer nach Muscheln, Schnecken, Krebsen und anderen kleinen Meerestieren. **WISSENSWERTES** Samtenten sind im Winter oft mit Eiderenten vergesellschaftet.

4 Eisente (M)
Clangula hyemalis

› Männchen mit langem Schwanzspieß
› sehr gesellig

MERKMALE 39–47 cm lange, braun, schwarz und weiß gefärbte Ente mit rundem Kopf und kurzem Schnabel. Männchen mit bis zu 15 cm langem Schwanzspieß. Weibchen im Winter mit weißlichem Kopf. **VORKOMMEN** Brütet in der arktischen Tundra. Durchzügler und Wintergast an Nord- und Ostsee. **LEBENSWEISE** Eisenten können sehr gut schwimmen und tauchen. Sie suchen den Meeresboden nach Muscheln, Schnecken, Krebsen und Würmern ab. **WISSENSWERTES** Die Vögel mausern ihre Kopf-, Hals- und Schulterfedern dreimal pro Jahr.

1a

1b

2

3

4

1 Schellente (S, F, M)
Bucephala clangula

› brütet in Baumhöhlen
› Männchen mit klingendem Fluggeräusch

MERKMALE 40–48 cm lange Tauchente mit dreieckiger Kopfform und gelben Augen. Männchen im Prachtkleid (1b) mit schwarzgrün glänzendem Kopf und weißem Zügelfleck. Weibchen (1a) grau mit braunem Kopf. **VORKOMMEN** Brütet an Seen und Flüssen mit Bäumen. **LEBENSWEISE** Schellenten ernähren sich überwiegend von kleinen Wassertieren. **WISSENSWERTES** Die Küken werden in Baumhöhlen zur Welt gebracht. Sie springen schon einen Tag nach dem Schlüpfen bis zu 15 Meter in die Tiefe. Das Weibchen führt sie dann ans Wasser. Überwintert auch an Nord- und Ostsee.

2 Gänsesäger (S, F, M)
Mergus merganser

› taucht nach Fischen
› kräftiger, roter Hakenschnabel

MERKMALE 58–68 cm lang. Männchen im Prachtkleid (2a) weiß mit schwarzgrün schillerndem Kopf. Beide Geschlechter im Schlichtkleid mit rotbraunem Kopf und weißem Kinn. **VORKOMMEN** An klaren, fischreichen Flüssen und Seen. **LEBENSWEISE** Gänsesäger brüten in Baumhöhlen entlang der Gewässerufer. Gerade einen Tag alt, werden die Küken vom Weibchen (2b) zum Wasser geführt. **WISSENSWERTES** Jagende Gänsesäger spähen mit dem Kopf unter Wasser nach Kleinfischen. Erblicken sie Beute, tauchen sie ab und greifen mit ihrem Sägeschnabel zu.

3 Mittelsäger (S, F, M)
Mergus serrator

› kleiner als Gänsesäger
› dünner, roter Hakenschnabel

MERKMALE 52–58 cm langer Säger mit bürstenartigem, schütterem Schopf am Hinterkopf. Männchen im Prachtkleid mit grün schimmerndem Schopf, weißem Halsring und rotbrauner Brust. Beide Geschlechter im Schlichtkleid mit zimtbraunem Kopf ohne weißen Kinnfleck. **VORKOMMEN** Brütet im hohen Norden, an der Ostseeküste und vereinzelt an der Nordsee. **LEBENSWEISE** Mittelsäger tauchen nach Fischen und Wirbellosen. **WISSENSWERTES** Wintergast an fischreichen Binnenseen und Flüssen sowie auf der küstennahen See. Im Gegensatz zu anderen Sägern brütet der Mittelsäger am Boden.

4 Prachttaucher (S, M)
Gavia arctica

› liegt tief im Wasser
› beide Geschlechter gleich

MERKMALE 63–75 cm langer Seetaucher mit dolchförmigem, waagrecht gehaltenem Schnabel. Prachtkleid kontrastreich schwarzweiß mit weiß gewürfelter Oberseite. Im Schlichtkleid mit weißem Fleck auf den hinteren Flanken. **VORKOMMEN** Brütet an nordischen Binnengewässern. **LEBENSWEISE** Taucht nach Fischen und bleibt dabei bis zu 1 Minute unter Wasser. **WISSENSWERTES** In Mitteleuropa Durchzügler und Wintergast – ebenso wie der kleinere **Sterntaucher** *(Gavia stellata)* und der größere **Eistaucher** *(Gavia immer)*. Beim Schwimmen liegen alle drei Arten meist tief im Wasser.

1a
1b
2a
2b
3
4

1 Haubentaucher (S, F, M)
Podiceps cristatus

› größter heimischer Lappentaucher
› langer, spitzer Schnabel
› eindrucksvolle Balztänze

MERKMALE 46–51 cm langer Lappentaucher mit langem, dünnen Hals. Beide Geschlechter gleich. Im Prachtkleid mit unverwechselbarer, aufstellbaren Federhaube. Im Schlichtkleid mit viel Weiß an Kopf und Hals und weißem Überaugenstreif. **VORKOMMEN** Brütet an größeren, stehenden Gewässern mit pflanzenreichen Ufern. **LEBENSWEISE** Der geschickte Fischjäger verfolgt seine Beute unter Wasser mit einer Geschwindigkeit von bis zu 7 Stundenkilometern. Die Eier werden in ein schwimmendes Nest gelegt. **WISSENSWERTES** Bei der Balz schwimmen Männchen und Weibchen mit gesträubter Kopfhaube aufeinander zu und schütteln abwechselnd die Köpfe. Beim „Pinguintanz" richten sie sich hoch über der Wasseroberfläche auf und berühren sich fast mit der Brust. Im Winter auf eisfreien Seen und auf dem Meer.

2 Rothalstaucher (S, F, M)
Podiceps grisegena

› kleiner als Haubentaucher
› keckert, wiehert und quiekt bei der Balz
› taucht mit kleinem Sprung

MERKMALE 40–46 cm langer Lappentaucher mit – im Vergleich zum Haubentaucher – kürzerem, dickeren Hals. Keilförmiger Schnabel mit gelber Basis. Im Prachtkleid dank des rotbraunen Halses unverwechselbar. Im Schlichtkleid mit grauem Halsband. **VORKOMMEN** Brütet an kleineren, stärker bewachsenen Seen und Teichen. Durchzügler und Wintergast an der Küste und auf Binnengewässern. **LEBENSWEISE** Erbeutet wirbellose Wassertiere und kleine Fische. Bei der Balz zeigt er ein ähnliches Repertoire wie der Haubentaucher (Kopfschütteln, Pinguintanz, Materialpräsentation). **WISSENSWERTES** Der kleinere **Schwarzhalstaucher** *(Podiceps nigricollis)* brütet häufig in oder neben Lachmöwenkolonien. Die Vogelmännchen sind im Prachtkleid an Kopf, Hals und Rücken schwarz gefärbt und mit ihren herabhängenden, hellgelben Ohrbüscheln unverwechselbar.

3 Zwergtaucher (S, F, M)
Tachybaptus ruficollis, syn. *Podiceps ruficollis*

› kleinster, heimischer Taucher
› lebt versteckt
› lauter Triller „bibibibibibi …"

MERKMALE 23–29 cm langer, kleiner Taucher mit kurzem Hals und rundem Kopf. Im Prachtkleid Kopfseiten, Vorderhals und Kehle kastanienbraun, Kopfkappe schwarz, Schnabelwinkel gelb. Im Schlichtkleid dunkelbraun und beige. **VORKOMMEN** Brütet an kleinen, stehenden Binnengewässern mit dichter Ufervegetation. Im Winter auch auf großen Seen. **LEBENSWEISE** Zwergtaucher erbeuten Insekten, Krebse und andere kleine Wassertiere. Bei ihren Tauchgängen bleiben sie meist nicht länger als 20 Sekunden unter Wasser. Ihre Nester schwimmen frei auf der Wasseroberfläche oder werden an Pflanzen verankert. **WISSENSWERTES** Die weit hörbaren Triller der Zwergtaucher sind oft zweistimmig – die Partner singen dann im Duett. Außerhalb der Brutzeit auch auf Flüssen und küstennah auf dem Meer.

1

2

3

1 Eissturmvogel (M)

Fulmarus glacialis

- lebt und jagt auf hoher See
- brütet in Vogelfelsen
- wirkt an Land unbeholfen

MERKMALE 43–52 cm langer, an eine kleine Silbermöwe erinnernder Hochseevogel mit kompakter Gestalt, dickem Hals und kurzem, kräftigem Schnabel. Dieser blaugrau bis gelblich, mit typischen Nasenröhren. Gleitet im Segelflug auf steifen, ausgestreckten Flügeln. **VORKOMMEN** Brütet in Nordeuropa in lockeren Kolonien an steilen Meeresklippen. **LEBENSWEISE** Eissturmvögel sind elegante Flieger, die ihre Nahrung auf dem offenen Meer suchen. Sie fressen Fische, Krebse, Tintenfische und Fischabfälle. Ihre Eier legen sie auf Felsbändern in kleine Mulden. **WISSENSWERTES** Auf Helgoland besteht seit 1972 eine kleine Brutkolonie. Die Vögel lassen sich vom Spazierweg oberhalb der Klippen gut beobachten. Die Hochseevögel sind in der Lage, über ihre röhrenförmigen Nasenöffnungen überschüssiges Salz auszuscheiden. An Land bewegen sie sich unbeholfen.

2 Basstölpel (M)

Morus bassanus, syn. *Sula bassana*

- Stoßtaucher
- bis 1,90 m Flügelspannweite
- brütet seit 1991 auf Helgoland

MERKMALE 85–97 cm langer, gänsegroßer Vogel mit weißem Gefieder, gelblichem Kopf und schwarzen Flügelspitzen. Schnabel blaugrau. Fliegt mit raschen, flachen, gleichmäßigen Schlägen. **VORKOMMEN** Brütet in dichten Kolonien auf nordatlantischen Meeresklippen. **LEBENSWEISE** Basstölpel erbeuten in küstennahen Meeren Fische, indem sie aus bis zu 40 m Höhe senkrecht mit halb angewinkelten Flügeln ins Wasser stoßen. Kurz vor dem Eintauchen erreichen sie dabei bis zu 100 km/h. **WISSENSWERTES** Auf dem Helgoländer Vogelfelsen kann man sich brütenden Basstölpeln bis auf wenige Meter nähern. Leider verenden immer wieder Jungvögel in den Maschen von Plastiknetzen, mit denen die Altvögel die Nester auspolstern. Unter Wasser verlängern Basstölpel ihre Tauchstöße durch rudernde Schwimmbewegungen ihrer Füße und Flügel.

3 Kormoran (S, F, M)

Phalacrocorax carbo

- liegt schwimmend tief im Wasser
- taucht nach Fischen
- breitet die Flügel zum Trocknen aus

MERKMALE 77–94 cm langer, schwarzer Vogel mit langem Hals, keilförmigem Kopf und kräftigem, am Ende hakenförmigen Schnabel. Nackte Hautpartie am Schnabelgrund gelb mit weißer Umrandung. Gefieder glänzt in der Sonne metallisch. **VORKOMMEN** Brütet an der Küste und an großen Binnengewässern in großen Kolonien auf Felsen oder Bäumen. **LEBENSWEISE** Kormorane jagen meist in Trupps. Sie stellen Fischen in bis zu 30 m Wassertiefe nach (Tagesbedarf: 300–500 g Fisch). Da ihr Gefieder nicht wasserabweisend ist, müssen sie es nach jedem Tauchgang trocknen. **WISSENSWERTES** Außerhalb der Brutzeit sammeln sich Kormorane zu Schlafplatzgesellschaften. Ihr scharfer Kot lässt Brut- und Schlafbäume häufig absterben. Das Flugbild des Kormorans ähnelt einem dunklen Kreuz.

1

2

3

Vögel

1 | Graureiher (S, F, M)
Ardea cinerea

› häufigster heimischer Reiher
› zieht im Flug den Hals ein

MERKMALE 84–102 cm langer, kräftiger Reiher mit grauem Gefieder, oft s-förmig eingezogenem Hals und dolchartigem, gelben Schnabel. Schmuckfedern am Kopf. **VORKOMMEN** Brütet in Kolonien auf großen Bäumen. **LEBENSWEISE** Der Graureiher jagt im seichten Wasser Fische und Frösche. Auf Wiesen stellt er Mäusen und Amphibien nach. **WISSENSWERTES** Bei der Jagd harrt der Graureiher oft längere Zeit unbeweglich aus. Sobald er eine geeignete Beute erblickt, stößt er mit seinem Schnabel schnell und zielsicher zu. Obwohl sie es nur selten tun, können Graureiher durchaus schwimmen.

2 | Silberreiher (S, M)
Ardea albus, syn. *Casmerodius albus*

› ganzjähriger Gast an heimischen Gewässern
› s-förmig gebogener Hals

MERKMALE 85–100 cm langer, schneeweißer Reiher mit langem Hals, hellen Unterschenkeln und schwarzen Füßen. Der kräftige, gelbe Schnabel ist nur zur Brutzeit schwarz. **VORKOMMEN** Brütet in Kolonien in Schilfbeständen größerer Seen. In Deutschland im Jahr 2012 erster Brutnachweis an der Ostseeküste. **LEBENSWEISE** Silberreiher fressen Fische, Amphibien, Reptilien, Kleinsäuger und Insekten. **WISSENSWERTES** Die Vögel waren lange Zeit Ausnahmegäste in Mitteleuropa. Seit etwa dem Jahr 1990 nimmt ihr Bestand sehr stark zu.

3 | Rohrdommel (S, F)
Botaurus stellaris

› lebt sehr versteckt
› dämmerungs- und nachtaktiv

MERKMALE 69–81 cm langer Reiher mit kompaktem Körperbau und warmbraunem Tarngefieder. **VORKOMMEN** Brütet in ausgedehnten, mehrjährigen Schilf- und Röhrichtbeständen. **LEBENSWEISE** Rohrdommeln fressen Fische, Frösche und andere kleine Wassertiere. Bei Gefahr verharren sie regungslos mit gestecktem Hals. In dieser „Pfahlstellung“ sind sie im Schilf nahezu unsichtbar. **WISSENSWERTES** Der Reviergesang des Männchens, ein an ein Nebelhorn erinnerndes, tiefes „whuump“, ist bis zu 5 km weit zu hören. Im Flug rufen Rohrdommeln tief und rau „gräoh“.

4 | Zwergdommel (S)
Ixobrychus minutus

› kleinster Reiher Europas
› Pfahlstellung bei Gefahr

MERKMALE 33–38 cm lang. Männchen mit schwarzem Scheitel, schwarzer Oberseite und cremefarbenem Flügelfeld. Weibchen schwarzbraun mit lehmbraunem Flügelfeld. **VORKOMMEN** Brütet und lebt in der Verlandungszone schilf- und vegetationsreicher Gewässer. **LEBENSWEISE** Die versteckt lebende Zwergdommel klettert bei der Jagd gerne auf Halme oder Äste über dem Wasser. Sie frisst Fische, Amphibien und kleine Wassertiere. **WISSENSWERTES** Zwergdommeln sind Zugvögel, die in Afrika südlich der Sahara überwintern. Balzende Männchen rufen im Abstand von 2 s gedämpft „wru, wru, wru,…“.

1

2

3

4

1 | Weißstorch (S, F)
Ciconia ciconia

› klappert zur Begrüßung
› fliegt mit gestrecktem Hals

MERKMALE 95–110 cm langer, schwarzweißer Vogel mit langen, roten Beinen und rotem Schnabel. **VORKOMMEN** Brütet auf Dächern, Masten und Schornsteinen, seltener auf Bäumen. Geht in Feuchtwiesen und an Gewässerufern auf Nahrungssuche. **LEBENSWEISE** Weißstörche fressen Mäuse, Amphibien, Insekten und Würmer. Die großen, plattformartigen Nester werden oft über Jahre hinweg genutzt. **WISSENSWERTES** Mitteleuropäische Weißstörche sind überwiegend Langstreckenzieher. Sie überwintern im tropischen Afrika. Auf dem Zug legen sie große Strecken im energiesparenden Segelflug zurück.

2 | Schwarzstorch (S, F)
Ciconia nigra

› lebt sehr versteckt
› überwintert in Afrika

MERKMALE 90–105 cm langer, dunkler Storch mit roten Beinen und rotem Schnabel. Kopf, Hals, Brust und Oberseite glänzen metallisch schwarz. Schnabel und Beine sind bei Jungvögeln graugrün. **VORKOMMEN** Brütet auf hohen Bäumen in alten, ruhigen Wäldern mit Feuchtwiesen, stehenden Kleingewässern und Bächen. **LEBENSWEISE** Der scheue Schwarzstorch geht oft im Wasser auf Nahrungssuche (2b). Er frisst Fische, Amphibien und Wasserinsekten. **WISSENSWERTES** Im Flug (2a) ruft der Schwarzstorch bussardähnlich „püjü“. Im Gegensatz zum Weißstorch klappert er nur selten.

3 | Löffler (S, M)
Platalea leucorodia

› löffelartiger Schnabel
› nur im Sommer hier

MERKMALE 80–93 cm langer, weißer Vogel mit langem, an der Spitze löffelartig verbreitertem Schnabel. Im Prachtkleid mit gelbem Brustlatz und Nackenschopf. Fliegt mit gestrecktem Hals. **VORKOMMEN** Brütet in Kolonien auf Büschen und in Schilfgebieten. **LEBENSWEISE** Bei der Nahrungssuche waten Löffler mit pendelnden Kopfbewegungen durchs Flachwasser. Mit ihrem Schnäbeln seihen sie dabei nach kleinen Wassertieren. **WISSENSWERTES** Der Löffler ist ein seltener Brutvogel an der Nordseeküste, der im Mittelmeerraum überwintert.

4 | Kranich (S, M)
Grus grus

› ruft laut trompetend „krru“
› zieht in Keilformation

MERKMALE 96–119 cm langer Schreitvogel mit langen Beinen, langem Hals und blaugrauem Gefieder. Kopf und Hals schwarz und weiß, Scheitel rot. Verlängerte Schirmfedern. **VORKOMMEN** Brütet in Mooren und feuchten Wäldern, in Deutschland vor allem im Nordosten. **LEBENSWEISE** Kraniche suchen auf Wiesen pflanzliche Nahrung und Kleintiere. Bei ihren spektakulären Balztänzen trompeten die Paare im Duett. **WISSENSWERTES** Während des Zugs rasten tausende Kraniche im Havelland, auf dem Darß und auf Rügen. Als Schlafplätze bevorzugen sie seichte Wasserflächen und Sumpfgebiete.

1

2a

2b

3

4

1 Seeadler (S, F, M)

Haliaeetus albicilla

› größter Adler Europas
› breite, brettartige Flügel
› mächtiger Hakenschnabel

MERKMALE 76–92 cm langer, sehr großer Adler mit bis zu 2,40 m Flügelspannweite. Alttiere (1a/b) braun, mit hellerem, gelbbraunem Kopf und gelbem Schnabel, Jungtiere insgesamt dunkler. Der kurze, keilförmige Schwanz ist bei Altvögeln weiß, bei Jungvögeln braun. **VORKOMMEN** Brütet in Nord- und Osteuropa an Küsten, größeren Seen und Flüssen. In Deutschland vor allem im Norden und Osten. **LEBENSWEISE** Seeadler bauen ihre riesigen Horste meist in die Kronen alter Bäume. Sie jagen Fische, Wasservögel und Säugetiere, fressen aber auch Abfälle und Aas. **WISSENSWERTES** Mit seinen mächtigen Fängen kann der Seeadler Fische bis zu 5 kg Gewicht von der Wasseroberfläche greifen und im Flug wegtragen. Wasservögel greift er mehrmals in Folge an und zwingt sie so zum wiederholten Abtauchen. Ist das Opfer ermüdet, schlägt der Seeadler endgültig zu.

2 Fischadler (S, F, M)

Pandion haliaetus

› geschickter Fischjäger
› kann komplett ins Wasser eintauchen
› warnt im Flug „kju-kju-kju …"

MERKMALE 52–60 cm langer Greifvogel mit viel Weiß an Kopf und Brust sowie graubrauner Oberseite. Typisches Flugbild mit kurzem Schwanz und langen, schmalen, in einer „vierfingrigen Hand" endenden Flügeln. **VORKOMMEN** Brütet auf hohen Einzelbäumen und Strommasten. Jagt in fischreichen Gewässern. In Deutschland im Nordosten am häufigsten. **LEBENSWEISE** Fischadler spähen im Such- und Rüttelflug nach Beute. Erblicken sie einen Fisch, stoßen sie im Sturzflug ins Wasser. Sie greifen mit ihren spitzen Krallen Opfer aus bis zu 1 m Tiefe. **WISSENSWERTES** Europäische Fischadler überwintern vor allem im tropischen Afrika. Ein finnischer Adler legte beim Hinflug sogar eine Strecke von 12 500 Kilometer zurück. Auf ihrer langen Reise legen die Greifvögel allerdings immer wieder Zugpausen ein.

3 Rohrweihe (S, F)

Circus aeruginosus

› größte europäische Weihe
› segelt mit v-förmig angehobenen Flügeln
› Männchen im Flug mit dreifarbiger Oberseite

MERKMALE 43–55 cm langer, schlanker, überwiegend brauner Greifvogel. Männchen (3a/b) mit scharf abgesetzten, schwarzen Flügelspitzen und blaugrauem Schwanz. Weibchen dunkelbraun mit rotbraunem Schwanz; Kopf und Flügelvorderränder cremeweiß. **VORKOMMEN** Brütet an Flüssen und Seen im Röhricht, seltener in Wiesen und auf Äckern. **LEBENSWEISE** Rohrweihen lassen sich häufig über Schilf- und Feuchtgebieten im gaukelnden Suchflug beobachten. Sie fressen Kleinsäuger, Insekten sowie Vögel und deren Eier. **WISSENSWERTES** Während der Balz zeigen Rohrweihen eindrucksvolle Flugspiele. Die Männchen rollen sich in der Luft, starten Scheinangriffe auf die Weibchen und werfen ihrer Angebeteten Beute zu. Solche Beuteübergaben sind ein sicheres Zeichen für eine beginnende Brut.

1a

1b

2

3a

3b

1 Blässhuhn (S, F, M)

Fulica atra

› taucht mit kleinem Kopfsprung
› ruft laut und scharf „köck" oder „pix"
› bildet im Winter oft große Trupps

MERKMALE 36–42 cm lange, schwarze Ralle mit weißem Stirnschild und Schnabel. Lange Zehen mit Schwimmlappen. Liegt beim Schwimmen hoch im Wasser und macht nickende Kopfbewegungen. Startet von der Wasseroberfläche mit einem kurzen Schwimmlauf. **VORKOMMEN** Brütet an nährstoffreichen Binnengewässern mit schützender Ufervegetation. Im Winter auch an der Küste anzutreffen. **LEBENSWEISE** Blässhühner (auch: Blässrallen) sind Allesfresser, die tauchend, gründelnd und grasend auf Nahrungssuche gehen. Ihre stattlichen Nester verstecken sie meist in der dichten Ufervegetation. **WISSENSWERTES** Während der Brutzeit kommt es häufig zu Rangeleien. Die Kontrahenten richten sich durch heftiges Wassertreten voreinander auf und treten mit den Füßen aufeinander ein.

2 Teichhuhn (S, F)

Gallinula chloropus

› Schnabel rot mit gelber Spitze
› schwimmt mit nickenden Kopfbewegungen
› ruft „kjürrrk" und warnt „kikeck"

MERKMALE 27–31 cm lange, dunkle Ralle mit langen, grünen Beinen und rotem Stirnschild. Gefieder schieferschwarz, oberseits braun, mit weißer Flankenlinie. Lange Zehen ohne Schwimmhäute. **VORKOMMEN** Brütet in der Uferzone stehender und langsam fließender Gewässer. Eigentlich scheu, werden Teichhühner an Dorf- und Stadteichen oft recht zutraulich. **LEBENSWEISE** Teichhühner (auch: Teichrallen) fressen Pflanzen und Kleintiere und gehen an Land wie im Wasser auf Nahrungssuche. Ihre Nester verstecken sie meist zwischen Uferpflanzen. **WISSENSWERTES** Unter günstigen Bedingungen brüten Teichhühner häufig zweimal im Jahr. Die Jungen der ersten Brut helfen dann bei der Aufzucht ihrer jüngeren Geschwister mit. Dank ihrer langen Zehen können Teichhühner über Seerosenblätter laufen, ohne sofort einzusinken.

3 Wasserralle (S, F)

Rallus aquaticus

› lebt verborgen im Pflanzendickicht
› singt in der Nacht ausdauernd
› Ruf erinnert an ein quiekendes Ferkel

MERKMALE 23–26 cm lange, kleine Ralle mit einem langen, leicht abwärts gebogenen, roten Schnabel. Oberseits olivbraun mit schwarzweiß gestreiften Flanken, Kopf und Brust blaugrau. **VORKOMMEN** Brütet im Röhrichtsaum stehender Gewässer, an kleinen Tümpeln mit dichter Ufervegetation, in Seggenmooren und Weidendickichten. **LEBENSWEISE** Wasserrallen leben sehr versteckt und lassen sich in der Regel leichter hören als sehen. Sie ernähren sich von Insekten und anderen Kleintieren, die sie mit ihrem dünnen Schnabel erbeuten. Ihre Nester schützen sie mit einer haubenartigen Überdachung aus Pflanzenmaterial. **WISSENSWERTES** Die Männchen singen in der Dämmerung und nachts sehr ausdauernd „küpp, küpp, küpp, küpp …".

1

2

3

1 Austernfischer (M)
Haematopus ostralegus

› unverwechselbarer, häufiger Küstenvogel
› ruft lärmend „biik!"

MERKMALE 39–44 cm langer, schwarzweißer Watvogel mit rosa Beinen, roten Augen und einem roten Schnabel. Kopf im Prachtkleid (1a/b) komplett schwarz, im Schlichtkleid mit weißem Kehlband. **VORKOMMEN** Brütet an Küsten und in Feuchtgebieten. Ganzjährig im Wattenmeer. **LEBENSWEISE** Austernfischer stochern mit ihrem langen Schnabel nach Würmern, Schnecken, Krebsen, Muscheln und Insekten. Die Weibchen legen meist 3 Eier in eine flache Bodenmulde. **WISSENSWERTES** Die Küken verlassen bereits nach wenigen Tagen ihr Nest.

2 Säbelschnäbler (M, S, F)
Recurvirostra avosetta

› dünner, langer Säbelschnabel
› ruft laut flötend „plütt plütt plütt …"

MERKMALE 42–46 cm langer, schwarzweiß gefärbter Watvogel mit langen, graublauen Beinen und säbelartig aufwärts gebogenem Schnabel. **VORKOMMEN** Brütet an flachen Meeresküsten, Flussmündungen und seichten Binnenseen wie dem Neusiedler See. **LEBENSWEISE** Bei der Suche nach kleinen Wassertieren bewegen die Vögel ihren leicht geöffneten Schnabel mit pendelnden Bewegungen durch das seichte Wasser. **WISSENSWERTES** Säbelschnäbler können gut schwimmen. Außerhalb der Brutzeit sind sie oft in Trupps unterwegs.

3 Stelzenläufer (M, S)
Himantopus himantopus

› stelzenartige, rote Beine
› sehr selten

MERKMALE 33–36 cm langer, zierlicher Watvogel mit schwarzweißem Gefieder, sehr langen, roten Beinen und geradem, nadelfeinen Schnabel. **VORKOMMEN** Der Stelzenläufer bewohnt in Südeuropa seichte Lagunen, Salinen und Steppenseen. In Mitteleuropa unregelmäßiger Brutvogel und Sommergast. **LEBENSWEISE** Dank ihrer langen Beine können Stelzenläufer auch in tieferem Wasser Nahrung suchen. Sie picken nach Insekten und anderen kleinen Wassertieren. **WISSENSWERTES** Die Zugvögel überwintern vor allem in Afrika südlich der Sahara.

4 Kiebitz (S, F, M)
Vanellus vanellus

› im Flug breite, runde Flügelspitzen
› ruft klagend „kiju-wit"

MERKMALE 28–31 cm langer, schwarzweißer Vogel mit Federtolle am Hinterkopf. Dunkle Federpartien mit grünem Metallglanz. **VORKOMMEN** Brütet in Feuchtwiesen, Mooren, Marschen und an Gewässerrändern. Außerhalb der Brutzeit oft in großen Trupps auf abgeernteten Feldern. **LEBENSWEISE** Kiebitze fressen Insekten, Würmer und andere kleine Bodentiere. Um erfolgreich brüten zu können, brauchen sie Flächen mit sehr kurzer Vegetation. **WISSENSWERTES** Im Frühjahr zeigen die Männchen akrobatische Balzflüge.

1a

1b

2

3

4

1 Flussregenpfeifer (S, F, M)

Charadrius dubius

› gelber Lidring
› überwintert in Afrika

MERKMALE 15–18 cm langer Vogel mit schwarzweißer Kopfzeichnung, schwarzem Brustband, dunklem Schnabel und graubraunen Beinen. **VORKOMMEN** Brütet an Flüssen und Seen mit Sand- und Schotterbänken sowie in Kiesgruben. Im Bereich von Flussmündungen kommen die Vögel auch an der Meeresküste vor. **LEBENSWEISE** Der kleine Vogel frisst Insekten und Spinnen. Er baut kein Nest. Stattdessen legt er seine gesprenkelten Eier direkt zwischen Kieselsteine. **WISSENSWERTES** Nähert sich ein Fressfeind dem Gelege, lenken die Altvögel den Eindringling ab, indem sie eine Verletzung vortäuschen.

2 Sandregenpfeifer (M, S)

Charadrius hiaticula

› Beine und Schnabel orange
› breiter, weißer Flügelstreif im Flug

MERKMALE 17–20 cm langer Regenpfeifer mit schwarzweißer Kopfzeichnung, schwarzem Brustband und orangen Beinen. Schnabel im Prachtkleid orange mit schwarzer Spitze. **VORKOMMEN** Brütet an flachen Küsten und Seeufern auf vegetationsarmen Sand- und Kiesflächen. **LEBENSWEISE** Sandregenpfeifer picken bei der Nahrungssuche Insekten, Spinnen und andere Kleintiere vom Boden auf. **WISSENSWERTES** In Mitteleuropa lassen sich die Vögel von März bis Oktober beobachten. Sie überwintern in Westeuropa und Afrika.

3 Seeregenpfeifer (M, S)

Charadrius alexandrinus

› klein und zierlich
› seltener Küstenvogel

MERKMALE 15–17 cm langer, heller Regenpfeifer mit schwarzen Beinen und dünnem, schwarzen Schnabel. Kein durchgängiges Brustband. Männchen im Prachtkleid mit rotbraunem Nacken. **VORKOMMEN** Brütet in Mitteleuropa an Küstenstränden, in Südosteuropa auch an salzigen Steppenseen. **LEBENSWEISE** Bei der Suche nach kleinen Wirbellosen rennen Seeregenpfeifer mit kleinen Trippelschritten an der Wasserlinie entlang. **WISSENSWERTES** Die Männchen markieren ihre Reviere mit einem schmetterlingsartigen Balzflug. Seeregenpfeifer sind fast weltweit an Küsten verbreitet.

4 Goldregenpfeifer (M)

Pluvialis apricaria

› schwarzgelbes Prachtkleid
› wenige Brutpaare in Mitteleuropa

MERKMALE 25–28 cm langer, oberseits braun und gelb gesprenkelter Regenpfeifer (4a Prachtkleid, 4b Schlichtkleid) mit schlanken, spitzen Flügeln und kurzem Schnabel. Beine und Schnabel sind dunkel. **VORKOMMEN** Brütet in Nordeuropa in Mooren, Heiden und in der Tundra. Durchzügler rasten zu Tausenden an der Nordseeküste, kleinere Trupps auch im Binnenland. **LEBENSWEISE** Im Watt fressen die Vögel Ringelwürmer, Schnecken und andere kleine Tiere, an Land auch Insekten und Beeren. **WISSENSWERTES** Ziehende Schwärme fliegen in Keilformation.

1

2

4a

3

4b

1 Knutt (M)
Calidris canutus

› kompakt und kurzbeinig
› nordischer Zugvogel
› in großen Schwärmen im Watt

MERKMALE 23–26 cm langer, kurzbeiniger und plump wirkender Watvogel mit kräftigem, recht kurzem Schnabel. Im Schlichtkleid oberseits hellgrau, unterseits weiß, mit hellem Überaugenstreif und graugrünen Beinen. Im Prachtkleid unterseits rostrot, oberseits kontrastreich gemustert. **VORKOMMEN** Brütet in der arktischen Tundra, überwintert an der Atlantikküste von Mitteleuropa bis Südafrika. Im Wattenmeer ganzjährig zu Gast. **LEBENSWEISE** Knutts sind außerhalb der Brutzeit sehr gesellige Vögel, die am Meer Muscheln, Schnecken und andere Kleintiere fressen. **WISSENSWERTES** Vor allem während des Zugs im Frühjahr und Herbst lassen sich im Wattenmeer riesige Schwärme durchziehender Knutts beobachten. Besonders eindrucksvoll ist es, wenn die Vögel eines „tanzenden" Schwarms synchron die Flugrichtung wechseln.

2 Sanderling (M)
Calidris alba

› kleiner, nordischer Zugvogel
› trippelt hinter Wellen her
› im Winter oft in kleinen Trupps

MERKMALE 18–21 cm langer, heller Watvogel mit kräftigem Schnabel und kurzen, schwarzen Beinen. Ohne Hinterzehe. Im Schlichtkleid oberseits hellgrau, unterseits weiß. Im Frühjahr Kopf und Brustband rotbraun und grau gefleckt, im Sommer Kopf, Brust und Oberseite kräftig rostfarben. **VORKOMMEN** Brütet in der arktischen Tundra. In West- und Mitteleuropa Durchzügler und Wintergast. **LEBENSWEISE** Bei der Suche nach Muscheln, Schnecken und anderen Wirbellosen trippeln Sanderlinge eilig an der Wasserlinie entlang. Sie folgen an- und ablaufenden Wellen und rennen dabei ständig hin und her. **WISSENSWERTES** Sanderlinge sind Langstreckenzieher, die sich im Winter gerne an Sandstränden aufhalten. Sie überwintern zwischen den Polarzonen fast auf der ganzen Welt. Ihr Flugruf ist ein kräftiges „plitt".

3 Steinwälzer (M)
Arenaria interpres

› im Flug kontrastreiches Schwarzweiß-Muster
› kurze, orangefarbene Beine
› wendet Steine bei der Nahrungssuche

MERKMALE 21–24 cm langer, kräftig gebauter Watvogel mit kurzem, keilförmigen Schnabel. Im Schlichtkleid mit dunklem Brustlatz. Oberseits dunkel, unterseits weiß. Männchen im Prachtkleid mit orangebraunen Schultern und Flügeln sowie markantem Kopfmuster. **VORKOMMEN** Brütet an den steinigen Küsten Skandinaviens, vereinzelt auch in Schleswig-Holstein. Häufiger Durchzügler und Rastvogel an der Küste, vereinzelt auch im Binnenland bis an den Alpenrand. **LEBENSWEISE** Bei der Suche nach Muscheln, Schnecken und Krebsen dreht der Steinwälzer Kiesel, Tange und Treibgut mit seinem kräftigen Schnabel um. **WISSENSWERTES** Der Steinwälzer überwintert vor allem an den Küsten von Nordsee, Atlantik und Mittelmeer. Im Flug ruft er glucksend „tuck-a-tuck-tuck" oder kurz „kju".

1

2

3

1 Alpenstrandläufer (M, S, F)
Calidris alpina

› häufigster Strandläufer
› große Schwärme im Watt

MERKMALE 17–21 cm langer Watvogel mit variabler Schnabellänge und dunklen Beinen. Im Prachtkleid mit rotbrauner Oberseite und einem schwarzen Bauchfleck. Im Schlichtkleid oberseits grau, unterseits weiß. **VORKOMMEN** Brütet in Skandinavien und Großbritannien, vereinzelt auch in Norddeutschland. **LEBENSWEISE** Der Watvogel stochert im Schlick nach Würmern, Schnecken, Muscheln und Krebsen. **WISSENSWERTES** Zur Zugzeit und im Winter lassen sich im Wattenmeer Schwärme mit zigtausend Alpenstrandläufern beobachten Die Vögel suchen dann auch Binnengewässer auf.

2 Meerstrandläufer (M)
Calidris maritima

› kompakt und kurzbeinig
› oft sehr zutraulich

MERKMALE 19–22 cm langer Strandläufer mit leicht abwärts gebogenem Schnabel. Im Schlichtkleid oberseits einfarbig graubraun, Schnabelbasis und Beine gelborange. Im Prachtkleid Brust und Flanken schwarzbraun gefleckt. **VORKOMMEN** Brütet auf steinigen Böden im nördlichen Skandinavien. Der Meerstrandläufer ist in Mitteleuropa Durchzügler und Wintergast an Felsküsten. **LEBENSWEISE** Der Meerstrandläufer ernährt sich im Winter von Würmern, Mollusken und Krebsen. **WISSENSWERTES** Meerstrandläufer auf dem Zug sind oft mit Steinwälzern vergesellschaftet.

3 Zwergstrandläufer (M, S, F)
Calidris minuta

› sehr kleiner Strandläufer
› pickt mit hoher Frequenz

MERKMALE 12–15 cm langer Strandläufer mit kurzem, geraden Schnabel und schwarzen Beinen. Im Schlichtkleid oberseits grau, mit viel Weiß an Kopf und Brust. Im Prachtkleid Kopf, Brust und Rücken rotbraun getönt. **VORKOMMEN** Brütet in der arktischen Tundra. In Mitteleuropa im Frühling und Herbst Durchzügler an der Küste und im Binnenland. **LEBENSWEISE** Der kleine, sich schnell bewegende Watvogel frisst Insekten und andere Kleintiere. **WISSENSWERTES** Zwergstrandläufer überwintern in Südeuropa und Afrika. Sie sind die kleinsten Watvögel in Mittel- und Nordeuropa.

4 Kampfläufer (M, S, F)
Calidris pugnax

› hochbeinig und langhalsig
› häufiger Durchzügler

MERKMALE Männchen 29–32 cm, Weibchen 22–26 cm lang. Watvogel mit kräftigem Körper, kleinem Kopf, orangen Beinen und einem leicht abwärts gebogenem Schnabel. Im Schlichtkleid oberseits graubraun geschuppt. Das Männchen im Prachtkleid mit einer Federhalskrause (4a). **VORKOMMEN** Brütet in nordischen und mitteleuropäischen Feuchtgebieten. Überwintert in Afrika. **LEBENSWEISE** Kampfläufer fressen Kleintiere und Sämereien. **WISSENSWERTES** Während der Brutzeit kämpfen die Männchen in Balzarenen um die Gunst der Weibchen (4b).

1

2

3

4a

4b

1 Bruchwasserläufer (S, F)
Tringa glareola

- langer, heller Überaugenstreif
- wippt bei Erregung mit dem Hinterkörper
- rastende Durchzügler an Binnengewässern

MERKMALE 18–21 cm langer hellbrauner Watvogel mit gelbgrünen Beinen und schmal gebändertem Schwanz. Im Prachtkleid mit unregelmäßig weiß gefleckter Oberseite. Im Schlichtkleid wirkt das Gefieder grauer. **VORKOMMEN** Brütet in Mooren und Sümpfen des Nordens und ist in Mitteleuropa nur noch gelegentlicher Brut- und Sommervogel. Überwintert in Afrika. **LEBENSWEISE** Bruchwasserläufer ernähren sich von Insekten und anderen Kleintieren. Während des Zugs rasten sie häufig an Süßgewässern und auf überschwemmten Wiesen. **WISSENSWERTES** Der ähnliche Waldwasserläufer (*Tringa ochropus*) hat schwärzliche Flügel, einen nicht hinters Auge reichenden Überaugenstreif sowie einen breit gebänderten Schwanz.

2 Flussuferläufer (S, F, M)
Actitis hypoleucos

- leicht kauernde Körperhaltung
- wippt ständig mit dem langen Schwanz
- fliegt mit ruckartigen Flügelschlägen übers Wasser

MERKMALE 18–21 cm langer Watvogel mit blass gelblichen Beinen und kräftigem Schnabel. Oberseits braun mit weißem Keil zwischen Flügelbug und Brust, unterseits weiß. Im Flug auffälliger weißer Flügelstreif. **VORKOMMEN** Brütet an naturnahen, steinigen Bächen, Flüssen und Seen. **LEBENSWEISE** Der Watvogel ernährt sich von Insekten und anderen Wirbellosen, denen er an Gewässerufern nachstellt. Seine Bodennester legt der Flussuferläufer auf ungestörten Kiesbänken, an Bachufern und in Flussinseln an. Weibchen und Männchen kümmern sich gemeinsam um die Aufzucht der Jungen. **WISSENSWERTES** Außerhalb der Brutzeit sind Flussuferläufer an den verschiedensten Gewässertypen anzutreffen. Sie überwintern in Südeuropa und Afrika.

3 Dunkelwasserläufer (S, F, M)
Tringa erythropus

- Schnabel schwarz mit roter Unterschnabelbasis
- aufrechter, lebhafter Gang
- schwimmt und gründelt

MERKMALE 29–33 cm langer, schlanker Wasserläufer mit langen Beinen und langem, an der Spitze leicht abwärts gebogenem Schnabel. Im Schlichtkleid Gefieder oberseits hellgrau, unterseits reinweiß, weißer Überaugenstreif und rote Beine. Männchen im Prachtkleid rußigschwarz und mit schwarzen Beinen. **VORKOMMEN** Brütet in nordischen Feuchtgebieten, überwintert in Südeuropa und Afrika. Rastet während des Zugs an Nord- und Ostsee sowie an Binnengewässern mit Schlammflächen. **LEBENSWEISE** Der Dunkelwasserläufer ist ein guter Schwimmer, der auch in tieferem Wasser wirbellosen Kleintieren nachstellt. **WISSENSWERTES** Bei der auch Dunkler Wasserläufer genannten Art ist das Bebrüten der Eier vorwiegend Aufgabe der Männchen. Nach dem Schlüpfen werden die Küken nur noch wenige Tage von den Eltern betreut. Die Vögel rufen scharf „tju-itt".

1

2

3

1 Rotschenkel (M, S, F)
Tringa totanus

- rote Beine und roter Schnabel
- sehr stimmfreudig
- warnt „gipp-gipp-gipp"

MERKMALE 24–27 cm langer Watvogel mit roten Beinen. Langer, schwarzer Schnabel mit roter Basis. Das Gefieder ist in allen Kleidern oberseits bräunlich, Brust und Flanken sind gestrichelt. Im Flug typischer weißer Rückenkeil und breite weiße Flügelhinterränder. **VORKOMMEN** Brütet in küstennahen Feuchtgebieten, Marschen und Salzwiesen. Ziehende Vögel rasten gerne auf Schlamm- und Wattflächen. **LEBENSWEISE** Die Weibchen legen vier Eier in eine mit wenigen Halmen getarnte Bodenmulde. Rotschenkel ernähren sich von Kleintieren. **WISSENSWERTES** Auf einer erhöhten Warte sitzend rufen Rotschenkel häufig flötend „tjiuu". Die Männchen tragen ihren lauten, jodelnden Gesang („dahidldahidl …") auch im Flug vor. Droht ihren Küken Gefahr, beginnen die Alttiere laut rufend mit dem Körper zu wippen, um Eindringlinge abzulenken.

2 Grünschenkel (M, S, F)
Tringa nebularia

- lange, grüne Beine
- ruft dreisilbig flötend „tju-tju-tju"
- breiter, weißer Rückenkeil im Flug

MERKMALE 30–34 cm langer, schlanker Watvogel mit langem, leicht aufwärts gebogenem Schnabel und graugrünen Beinen. Im Prachtkleid oberseits braungrau, mit Streifen auf Kopf, Brust und Flanken. Im Schlichtkleid mit hellgrauer Oberseite und weißer Brustmitte. **VORKOMMEN** Brütet im hohen Norden in der Nähe von Mooren und Gewässern. In Mitteleuropa Durchzügler und seltener Wintergast. **LEBENSWEISE** Der hochbeinige Watvogel stellt im Flachwasser Kleinfischen und Kaulquappen nach, die er auch schnell rennend verfolgt. Im Schlamm sucht er nach Würmern, Krebsen und Insektenlarven. **WISSENSWERTES** Grünschenkel sind Langstreckenzieher, die in Westeuropa, im Mittelmeerraum und in Ostafrika überwintern. Das aus bis zu 4 Eiern bestehende Gelege wird überwiegend vom Männchen bebrütet.

3 Brachvogel (M, S, F)
Numenius arquata

- größter europäischer Watvogel
- 9–15 cm langer, gebogener Schnabel
- ruft wehmütig flötend „kuu-LI"

MERKMALE 48–57 cm langer Vogel mit gleichmäßig gebändertem, braungrauem Gefieder. Der lange, nach unten gebogenem Schnabel ist bei Weibchen länger als bei Männchen. Im langsamen, möwenähnlichen Flug (3a) fallen der weiße Rückenkeil und die dunklen Handschwingen auf. **VORKOMMEN** Brütet in Mooren und Feuchtwiesen, lokal auch auf Feldern. Außerhalb der Brutzeit in Trupps im Watt, an Flachküsten, seichten Binnengewässern und auf überfluteten Wiesen. **LEBENSWEISE** Brachvögel suchen ihre Nahrung – Wirbellose und kleine Wirbeltiere – am Boden und im Flachwasser (3b). Die Weibchen legen bis zu vier Eier in weich ausgekleidete Bodenmulden. **WISSENSWERTES** Während der Zugzeit sammeln sich die Brachvögel zu großen Schwärmen.

1

2

3a

3b

1 Bekassine (S, F, M)

Gallinago gallinago

- Kopf und Oberseite hell gestreift
- „Himmelsziege"
- ruft auffliegend heiser „kätsch!"

MERKMALE 23–28 cm langer, kurzbeiniger Vogel mit sehr langem, geradem Schnabel, braunem Gefieder und weißem Bauch. **VORKOMMEN** Brütet in Mooren, Feuchtwiesen, Sümpfen und nassen Verlandungszonen. **LEBENSWEISE** Bekassinen stochern mit ihrem langen Schnabel im feuchten Boden und ertasten Kleintiere wie Würmer, Schnecken und Insektenlarven. Um ihre Beute zu greifen, biegen die Bekassinen den Oberschnabel auf. **WISSENSWERTES** Beim Sturzflug der balzenden Männchen bringt die Luft die äußeren, gespreizten Steuerfedern zum Vibrieren. Dadurch entsteht ein wie „huhuhuhuhu ..." klingendes Wummern oder Meckern. Es ist meist in der Dämmerung und nachts zu hören und hat der Bekassine den Namen „Himmelsziege" eingebracht.

2 Uferschnepfe (M, S, F)

Limosa limosa

- langer, gerader Schnabel
- lange Beine, langer Hals
- im Flug schwarze Schwanzbinde und weißer Bürzel

MERKMALE 37–42 cm langer, schlanker Watvogel mit an der Basis orangem Schnabel. Im Prachtkleid hat das Männchen mehr rostbraune Hals-, Brust- und Rückenfedern als das Weibchen. Beide Geschlechter sind im Schlichtkleid oberseits einfarbig grau. **VORKOMMEN** Brütet in Mooren, Heiden, Feuchtwiesen und an Steppenseen. Häufiger Durchzügler. Wintergast in West- und Südeuropa. **LEBENSWEISE** Die hochbeinige Uferschnepfe sucht im flachen Wasser nach Kleintieren. Auf Wiesen stochert sie mit ihrem langen Schnabel nach Regenwürmern, Schnecken und Insekten. Die meist 4 Eier werden in eine Bodenmulde gelegt. **WISSENSWERTES** Bei der Balz stolzieren die Männchen mit aufgefächerten Schwanzfedern um die Weibchen herum und lüften dabei ihre Flügel. Sie zeigen auch einen von lautem Gesang begleiteten Ausdrucksflug.

3 Pfuhlschnepfe (M, S, F)

Limosa lapponica

- langer, leicht aufwärts gebogener Schnabel
- im Flug gebänderter Schwanz und weißer Rückenkeil
- zieht an der Küste entlang

MERKMALE 33–41 cm langer, hochbeiniger Watvogel mit aufwärts gebogenem Schnabel. Beide Geschlechter im Prachtkleid mit schwarzem Schnabel, Männchen mit ziegelroter Körperunterseite. Im Schlichtkleid sind Männchen und Weibchen oberseits graubraun gestrichelt, der Schnabel ist an der Basis orange. **VORKOMMEN** Brütet im hohen Norden in Taigamooren und in der Tundra. Durchzügler und Wintergast an den europäischen Atlantikküsten und in Westafrika. **LEBENSWEISE** Bei der Rast an der Küste ernähren sich die Vögel von Mollusken, Krebsen und Würmern. **WISSENSWERTES** Während des Zugs lassen sich im Wattenmeer Schwärme mit tausenden Pfuhlschnepfen beobachten, die in unmittelbarer Nähe zum Wasser rasten.

1

2

3

1 | Dreizehenmöwe (M)
Rissa tridactyla

› brütet an Steilklippen
› ruft laut „kitt-i-WÄÄik"

MERKMALE 37–42 cm lange Möwe mit dunklen, kurzen Beinen, gelbgrünem Schnabel und schwarzen Flügelspitzen. Gefieder überwiegend weiß, Flügeldecken und Rücken grau. **VORKOMMEN** Brütet in Kolonien auf Küstenfelsen, in Deutschland nur auf Helgoland. Überwintert auf dem offenen Meer. **LEBENSWEISE** Dreizehenmöwen sind gewandte Flieger, die sich von Wirbellosen und Fischen sowie von Fischereiabfällen ernähren. Ihre Nester bauen sie auf schmale Felsvorsprünge. **WISSENSWERTES** Die Möwen machen am Brutfelsen viel Lärm.

2 | Lachmöwe (S, F, M)
Chroicocephalus ridibundus

› dunkler Kopf zur Brutzeit
› häufig und weit verbreitet

MERKMALE 35–39 cm lange Möwe mit roten Beinen und rotem Schnabel. Im Prachtkleid mit schokoladenbraunem Kopf, im Schlichtkleid weißköpfig mit breitem, dunklen Ohrfleck. **VORKOMMEN** Brütet in Kolonien an Binnengewässern, in Verlandungszonen und an der Küste. **LEBENSWEISE** Lachmöwen sind sehr gesellige Vögel, die abseits der Brutzeit auch auf Wiesen, Feldern und in Städten auf Nahrungssuche gehen. Sie ernähren sich sehr vielseitig. **WISSENSWERTES** Der häufigste Ruf der Lachmöwe ist ein schneidendes „krriiärr".

3 | Sturmmöwe (M, S, F)
Larus canus

› kleiner, schlanker Schnabel
› ruft gellend „KLIIIH-ä… KLIIIH-ä…"

MERKMALE 40–46 cm lange Möwe mit gelbem Schnabel und gelbgrünen Beinen. Der rundliche Kopf ist im Prachtkleid rein weiß, im Schlichtkleid grau gestrichelt. Oberseite und Flügeldecken sind hellgrau, der Bauch ist weiß. **VORKOMMEN** Brütet meist in Kolonien an der Küste, seltener auch an Binnengewässern. **LEBENSWEISE** Sturmmöwen fressen wirbellose Kleintiere, Fische, Mäuse, Aas und Abfälle. **WISSENSWERTES** Wie die Lachmöwen suchen die Sturmmöwen im Binnenland auf frisch umgepflügten Äckern nach Nahrung.

4 | Zwergmöwe (S, F, M)
Hydrocoloeus minutus

› sehr klein und grazil
› ausgezeichnete Flieger

MERKMALE 24–28 cm lange Möwe mit dunklem Schnabel und dunklen Flügelunterseiten. Im Prachtkleid mit schwarzem Kopf und karminroten Beinen, im Schlichtkleid mit schwarzem Ohrfleck und matt roten Beinen. **VORKOMMEN** Brütet in meist kleinen Kolonien an flachen Binnengewässern Finnlands und des Baltikums. **LEBENSWEISE** Zwergmöwen jagen Insekten im Flug. Daneben fressen sie auch Krebse und kleine Fische. **WISSENSWERTES** In Mitteleuropa sind Zwergmöwen regelmäßig zu Gast, brüten aber nur vereinzelt. Ihr leichter, müheloser Flug erinnert an Seeschwalben.

1

2

4

3

1 Silbermöwe (M, S, F)
Larus argentatus

- unsere häufigste Großmöwe
- oft in Häfen und an Stränden
- warnt durchdringend „kiou"

MERKMALE 54–60 cm lange, kräftige Möwe mit hellgrauer Oberseite, fleischfarbenen Beinen und gelbem Schnabel mit einem roten Fleck. Der Kopf ist im Prachtkleid weiß, im Schlichtkleid graubraun gestrichelt. Junge Möwen sind graubraun gefleckt. Alterskleid erst ab dem 4. Jahr. **VORKOMMEN** Brütet auf Strandwiesen, Dünen und Klippen entlang der Küste – häufig in Kolonien. **LEBENSWEISE** Silbermöwen ernähren sich sehr vielseitig von Fischen, Würmern, Krebsen, Mollusken, Eiern, Jungvögeln und Abfällen. **WISSENSWERTES** Der Balzruf ist ein lautes, schallendes Jauchzen („aau…kjA-kjA- kjA…kjAU"). Silbermöwen sind äußerst lernfähige Vögel, die manchmal sogar Eiskugeln von Spaziergängern stehlen. Am Bodensee brütet seit dem Jahr 1987 die bis auf die gelben Beine der Silbermöwe zum Verwechseln ähnliche **Mittelmeermöwe** *(Larus michahellis)*.

2 Heringsmöwe (M, S, F)
Larus fuscus

- schwarze Flügel, gelbe Beine
- Alterskleid ab dem 4. Jahr
- geschickte Flieger

MERKMALE 48–56 cm lange, schlanke Möwe mit dunkelgrauer bis schwarzer Oberseite und gelben Beinen. Schnabel gelb mit rotem Fleck. Junge Heringsmöwen haben rosafarbene Beine und sind nur schwer von jungen Silber- und Mantelmöwen zu unterscheiden. **VORKOMMEN** Brütet in Kolonien an den Küsten Großbritanniens, Skandinaviens und der Nordsee. **LEBENSWEISE** Heringsmöwen ernähren sich von Fischen, Fischereiabfällen und wirbellosen Kleintieren. Sie sind geschickt darin, anderen Meeresvögeln die Beute abzujagen. Ihre Bodennester verstecken sie gerne in dichter Vegetation in Dünen und an Flachküsten. **WISSENSWERTES** Stimmlich ähnelt die Heringsmöwe der Silbermöwe, klingt aber tiefer und weniger laut. Außerhalb der Brutzeit sind Heringsmöwen auch regelmäßig an Binnengewässern anzutreffen.

3 Mantelmöwe (M)
Larus marinus

- größte Möwe Europas
- schwarze Flügel, fleischfarbene Beine
- lebt am Meer

MERKMALE 61–74 cm lange, wuchtige Möwe mit dickem Hals, schwärzlicher Oberseite und rosafarbenen Beinen. Der mächtige, gelbe Schnabel hat einen roten Fleck. Alterskleid ab dem 4. Jahr. **VORKOMMEN** Brütet beiderseits des Nordatlantiks, mit wenigen Paaren an der deutschen Nord- und Ostsee. Lebt ganzjährig an der deutschen Küste. **LEBENSWEISE** Mantelmöwen fressen Fische, Fischereiabfälle, Krebse, Muscheln, Vögel und Eier. Sie stellen ihrer Beute laufend oder schwimmend nach oder tauchen mit einem Stoßflug bis zu 1 m tief ins Wasser ein. **WISSENSWERTES** Mantelmöwen fliegen majestätisch mit langsamen Flügelschlägen. Muscheln lassen sie auf einen festen Untergrund fallen, um die Schalen aufzubrechen. Im küstenfernen Binnenland – zum Beispiel am Bodensee im Winter – sind Mantelmöwen nur vereinzelt zu Gast.

1

2

3

Vögel

1 Brandseeschwalbe (M)
Thalasseus sandvicensis

› struppige, schwarze Kopfhaube
› jagt stoßtauchend

MERKMALE 37–43 cm lange, überwiegend weiße Seeschwalbe mit hellgrauen Flügeldecken und schwarzen Beinen. Schnabel lang und schwarz mit gelber Spitze (1a). **VORKOMMEN** Brütet an der Meeresküste an flachen Sand- und Kiesstränden in Kolonien. **LEBENSWEISE** Bei der Jagd nach Fischen stehen die eleganten Flieger (1b) „rüttelnd" mehrere Meter über der Wasseroberfläche, ehe sie sich senkrecht in die Tiefe stürzen. **WISSENSWERTES** Brandseeschwalben sind nur im Sommer bei uns. Sie überwintern in Südeuropa und Afrika.

2 Flussseeschwalbe (S, F, M)
Sterna hirundo

› roter Schnabel mit schwarzer Spitze
› verteidigt Gelege und Küken

MERKMALE 34–37 cm lange, schlanke Seeschwalbe mit kurzen, roten Beinen und tief gegabeltem Schwanz. Die Schwanzspieße sind kürzer als die Flügelspitzen. Im Prachtkleid orangeroter Schnabel mit schwarzer Spitze, schwarze Kopfhaube. **VORKOMMEN** Brütet in Kolonien an Küsten- und Binnengewässern. Überwintert in Afrika. **LEBENSWEISE** Die gewandten Flieger jagen als Stoßtaucher kleine Fische und wirbellose Wassertiere. **WISSENSWERTES** An Seen und Flüssen sind künstliche Inseln und Flöße wichtige Brutplätze.

3 Küstenseeschwalbe (M)
Sterna paradisaea

› kurzer, roter Schnabel ohne schwarze Spitze
› reiner Küstenvogel

MERKMALE 33–39 cm lange, schlanke Seeschwalbe mit sehr kurzen, roten Beinen und tief gegabeltem Schwanz (3a). Die Schwanzspieße überragen die Flügelspitzen. Im Prachtkleid dunkelroter Schnabel und schwarze Kopfhaube. **VORKOMMEN** Brütet in Kolonien an der Küste. **LEBENSWEISE** Küstenseeschwalben fressen Fische (3b) und Kleintiere. Ihre Küken verteidigen sie aggressiv gegen Eindringlinge. **WISSENSWERTES** Die Langstreckenzieher legen jährlich rund 40 000 km zurück: Sie überwintern zwischen Afrika und der Antarktis.

4 Zwergseeschwalbe (M, S, F)
Sternula albifrons

› kleinste Seeschwalbe Europas
› überwintert in Afrika

MERKMALE 21–25 cm langer Vogel mit schmalen Flügeln und orangegelben Beinen. Im Prachtkleid mit schwarzer Kopfkappe, weißer Stirn, schwarzem Zügelstrich und gelbem Schnabel mit schwarzer Spitze. Schwarzer Schnabel im Schlichtkleid. **VORKOMMEN** Brütet in lockeren Kolonien an Sand- und Kiesstränden der Nord- und Ostsee, seltener an Seen und großen Flüssen. **LEBENSWEISE** Rüttelt häufig in geringer Höhe über dem Wasser, um sich dann mit einem Tauchstoß auf kleine Fische zu stürzen. **WISSENSWERTES** Die Zwergseeschwalbe fliegt wendig mit schnellen Flügelschlägen.

1a

1b

2

3a

3b

4

1 Raubseeschwalbe (M, S, F)
Hydroprogne caspia

› größte Seeschwalbe der Welt
› mächtiger, roter Schnabel
› wirkt im Flug vorderlastig

MERKMALE 48–55 cm lange Seeschwalbe mit grauer Oberseite und schwarzen Beinen. Mächtiger, leuchtend roter Schnabel mit dunkler Markierung vor der Spitze. Im Prachtkleid mit schwarzer Kopfkappe. **VORKOMMEN** Brütet an der Ostsee (Schweden, Finnland, Estland) und am Schwarzen Meer. In Mitteleuropa Sommergast und Durchzügler, aber nur sporadischer Brutvogel. **LEBENSWEISE** Die geschickten Fischjäger stellen ihrer Beute im Meer und im Süßwasser nach. Beim Stoßtauchen aus bis zu 40 m Höhe dringen sie bis zu 1,5 m tief ins Wasser ein. **WISSENSWERTES** Während des Zugs lassen sich Raubseeschwalben an größeren Binnengewässern wie dem Bodensee beobachten. Sie überwintern am Mittelmeer und in Westafrika. Brütende Vögel gehen oft an vom Nistplatz weit entfernten Binnengewässern (30–60 km) auf Fischfang.

2 Tordalk (M)
Alca torda

› markanter, klobiger Schnabel
› fliegt geradlinig mit schnellen Flügelschlägen
› im Winter auf hoher See

MERKMALE 38–43 cm langer Meeresvogel mit rußschwarzer Oberseite. Unterseite und Brust weiß. Typisch ist die Form des schwarzen, mit weißen Streifen verzierten Schnabels: Er ist kurz, hoch, stumpf und seitlich abgeflacht. Im Prachtkleid weiße Linie zwischen Auge und Schnabel. **VORKOMMEN** Brütet an felsigen Meeresküsten des Nordatlantiks, in Deutschland nur auf Helgoland. **LEBENSWEISE** Der Tordalk ist ein hervorragender Schwimmer und Taucher, der sich unter Wasser mit raschen Flügelbewegungen fortbewegt. Er erbeutet Fische und marine Wirbellose sozusagen im „Unterwasserflug". **WISSENSWERTES** Die Vögel kommen nur während der Brutzeit an Land. Ihr einziges Ei legen sie eine Höhle oder Felsnische. Sie brüten nicht so eng nebeneinander wie die Lummen, mit denen sie häufig vergesellschaftet sind.

3 Trottellumme (M)
Uria aalge

› erinnert an Pinguin
› taucht gewandt nach Fisch
› nur zur Brut an Land

MERKMALE 38–46 cm langer Meeresvogel mit spitzem, schwarzem Schnabel. Oberseite und Kopf schwarzbraun, Unterseite und Brust weiß mit dunkel gestrichelten Flanken. Einige Vögel mit weißem Augenring und nach hinten gezogener, weißer Linie („Ringellumme"). **VORKOMMEN** Brütet in Kolonien auf Felsbänder steiler Küstenklippen, in Deutschland nur auf Helgoland. **LEBENSWEISE** Trottelummen sind geschickte Fischjäger, die nur zur Brut an Land kommen. Das Weibchen legt ein einziges, spitzkonisches Ei. **WISSENSWERTES** Auf dem Lummenfelsen in Helgoland sitzen die Vögel dicht gedrängt auf schmalen Felsbändern. Im Juni springen die noch nicht flüggen Jungen beim „Lummensprung" von den Steilklippen ins Meer. Dabei flattern sie mit ihren noch nicht vollständig entwickelten Flügeln, um den Fall abzubremsen.

1

2

3

Vögel

1 Eisvogel (S, F)
Alcedo atthis

- prächtig schillerndes Gefieder
- fliegt pfeilschnell und geradlinig
- ruft scharf und hoch „zii"

MERKMALE 17–20 cm langer Vogel mit langem Schnabel und einer unverwechselbaren Färbung: Scheitel und Flügel türkis, Rücken blau, Bauch und Wangen orange. **VORKOMMEN** Brütet an fischreichen, fließenden und stehenden Gewässern mit Steilufern, in die er eine 50–90 cm lange Bruttröhre graben kann. **LEBENSWEISE** Der Eisvogel jagt im Rüttelflug oder von einer Ansitzwarte aus. Im Sturzflug taucht er bis zu einem Meter tief ins klare Wasser ein und stößt mit seinem dolchartigen Schnabel nach kleinen Fischen, Kaulquappen und Insektenlarven. **WISSENSWERTES** Die Populationen unterliegen starken jährlichen Schwankungen. Strenge Winter und Hochwasserereignisse während der Brutzeit führen zu starken Verlusten. Der Eisvogel ruft kurz und scharf pfeifend „zii", bei Erregung auch gereiht „krit-rit-rit".

2 Wasseramsel (F)
Cinclus cinclus

- lebt an Fließgewässern
- sucht tauchend nach Nahrung
- kann bis zu 30 s lang unter Wasser bleiben

MERKMALE 17–20 cm langer, kompakt gebauter Vogel mit braunschwarzem Gefieder, weißer Brust, rotbraunem Bauch und kurzem Schwanz (2b). **VORKOMMEN** In schnell fließenden, klaren Bächen und Flüssen. **LEBENSWEISE** Die Wasseramsel ist der einzige europäische Singvogel, der schwimmen und tauchen kann. Bei der Suche nach Insektenlarven (2a) und anderen Wassertieren steckt sie ihren Kopf ins Wasser und dreht mit dem Schnabel Steinchen um. Ist das Wasser tiefer, geht sie schwimmend, tauchend oder über den Gewässergrund laufend auf Nahrungssuche. **WISSENSWERTES** Wasseramseln fliegen im geradlinigen Schwirrflug dicht über die Wasseroberfläche. Ihre kugelförmigen Nester aus Moos bauen sie in unmittelbarer Wassernähe, manchmal sogar direkt hinter einem Wasserfall.

3 Uferschwalbe (F, M)
Riparia riparia

- kleinste europäische Schwalbe
- brütet in Kolonien an Steilwänden
- Langstreckenzieher

MERKMALE 12–13 cm lange Schwalbe mit oberseits matt graubraunem, unterseits weißem Gefieder. Kennzeichnend ist das graubraune Brustband. Die Flügelunterseiten sind dunkel, der Schwanz ist schwach gegabelt. **VORKOMMEN** Brütet in Kolonien an senkrechten Lehm-, Ton- und Sandwänden an Flüssen, am Meer sowie in Sand- und Kiesgruben. **LEBENSWEISE** Die geselligen Vögel ernähren sich von Insekten, die sie im Flug fangen. Ihre 4–6 Jungen bringen sie in selbst gegrabenen, 60–70 cm langen Bruttröhren zur Welt, die in einer vergrößerten Nestkammer enden. In günstigen Jahren brüten die Vögel ein zweites Mal. **WISSENSWERTES** Uferschwalben sind bei uns Sommervögel (April–September). Sie überwintern in Afrika. Während des Zugs suchen sie oft Gemeinschaftsschlafplätze in Schilfgebieten auf.

1

2a

2b

3

1 Bartmeise (S, F, M)
Panurus biarmicus

› Schilfbewohner
› ruft „psching"

MERKMALE 14–16 cm langer, gelblich brauner Singvogel mit langem Schwanz. Männchen (1a) mit weißer Kehle, blaugrauen Kopf und schwarzem Bart; Weibchen (1b) mit beigebraunem Kopf und schmutzig weißer Kehle. **VORKOMMEN** Brütet und lebt in ausgedehnten Schilfflächen an Binnengewässern, Lagunen und Meeresbuchten. **LEBENSWEISE** Bartmeisen fressen Insekten und Sämereien. Sie halten sich ganzjährig im Schilf auf. **WISSENSWERTES** Der Schilfgürtel des Neusiedler Sees beherbergt eine der größten lokalen Populationen. Bartmeisen bauen ihre napfförmigen Nester niedrig in dichter Vegetation.

2 Beutelmeise (S, F)
Remiz pendulinus

› sehr klein mit Augenmaske
› baut beutelförmige Nester

MERKMALE 10–12 cm langer Kleinvogel mit dünnem, spitzem Schnabel. Kontrastreiches Gefieder mit hellgrauem Kopf und rotbraunem Mantel. Männchen mit breiter, Weibchen mit schmaler schwarzer Augenmaske. **VORKOMMEN** Brütet in lichten Baumbeständen in Gewässernähe. **LEBENSWEISE** Die kleinen Vögel suchen in Bäumen, Büschen und im Röhricht nach Insekten, Spinnen, Pollen und Sämereien. **WISSENSWERTES** Das kunstvolle, beutelähnliche Nest samt Einschlupfröhre wird aus Pflanzenfasern und Tierhaaren gebaut. Beutelmeisen rufen fein und dünn pfeifend „tsiiiü".

3 Rohrschwirl (S, F)
Locustella luscinioides

› lebt im Röhricht
› singt schwirrend „surrrrrrr ..."

MERKMALE 13–15 cm langer, einfarbig rotbrauner Vogel mit einem kurzen, hellen Überaugenstreif. Unterseits etwas heller gefärbt. Breiter Schwanz und grauweiße Flügelkanten. **VORKOMMEN** Brütet in ausgedehnten Röhrichtbeständen. **LEBENSWEISE** Rohrschwirle ernähren sich von Insekten. Bei einer drohenden Gefahr verharren sie im Schilf in Pfahlstellung. Als Langstreckenzieher überwintern sie in Afrika südlich der Sahara. **WISSENSWERTES** Der ähnlich singende **Feldschwirl** *(Locustella naevia)* ist oberseits dunkel gestrichelt und brütet in offenem Gelände mit höherer Krautschicht.

4 Weißsterniges Blaukehlchen (S, F)
Luscinia svecica

› Männchen mit blauer Kehle
› ruft trocken und hart „track"

MERKMALE 13–14 cm langer Singvogel mit hellem Überaugenstreif. Weibchen unscheinbar braun, Männchen mit blauer Kehle. **VORKOMMEN** Brütet an Gewässern in Verlandungs- und Überschwemmungszonen. **LEBENSWEISE** Blaukehlchen fressen Insekten, im Herbst auch Beeren und Früchte. Ihr napfförmiges Nest bauen sie am Boden. **WISSENSWERTES** Die mitteleuropäische Unterart *cyanecula* hat einen weißen Fleck in der blauen Kehle, die in den Alpen und Nordeuropa vorkommende Unterart *svecica* trägt einen roten Fleck.

1a

1b

3

2

4

1 Teichrohrsänger (S, F)
Acrocephalus scirpaceus

› klettert im Schilf
› rhythmischer Gesang

MERKMALE 12–14 cm langer, oberseits einfarbig brauner, unterseits cremefarbener Vogel mit flachem Scheitel und langem, schmalem Schnabel. Überaugenstreif reicht nicht hinter das Auge. **VORKOMMEN** Brütet im Schilf, überwintert in Afrika. **LEBENSWEISE** Teichrohrsänger fressen Insekten und Spinnen. Ihr tiefes, napfförmiges Nest verankern sie an Schilfhalmen. **WISSENSWERTES** Typisch ist der schwätzende Gesang, in dem sich die rauen Töne 2–3 mal wiederholen. Oft werden Imitationen und Pfeiflaute eingebaut. Der Ruf ist ein unauffälliges „tsche" oder ein etwas härteres „tschk".

2 Sumpfrohrsänger (S, F)
Acrocephalus palustris

› gern an Gräben und Gewässerufern
› imitiert andere Vogelstimmen

MERKMALE 13–15 cm langer Rohrsänger, der optisch kaum vom Teichrohrsänger zu unterscheiden ist. Aber: runderer Kopf, kürzerer Schnabel, Beine gelbrosa statt braunrosa. Anderer Gesang und Lebensraum! **VORKOMMEN** Brütet an mit Hochstauden (Brennnesseln, Mädesüß, Wasserdost) und Büschen bestandenen, meist feuchten Flächen. **LEBENSWEISE** Kleiner Insektenfresser, der nur im Sommer (Mai bis August) bei uns ist. **WISSENSWERTES** Die vielseitigen Sänger imitieren die Rufe und Gesänge von über 200 anderen Vogelarten.

3 Schilfrohrsänger (S, F)
Acrocephalus schoenobaenus

› singt oft im Flug
› Gesang eilig und unrhythmisch

MERKMALE 11–13 cm langer, bräunlicher, oberseits diffus gestreifter Rohrsänger mit deutlichem, beigeweißem Überaugenstreif (3a). Der dunkle Scheitel ist diffus gestreift (3b). **VORKOMMEN** Brütet in Gewässernähe im landseitigen Teil der Vegetation in Seggen, Binsen, Brennnesseln und im Weidengebüsch. **LEBENSWEISE** Der Langstreckenzieher ernährt sich von Insekten und überwintert in Afrika. **WISSENSWERTES** Schilfrohrsänger sind weniger stark an den Lebensraum Schilf gebunden als Teich- und Drosselrohrsänger.

4 Drosselrohrsänger (S, F)
Acrocephalus arundinaceus

› größter heimischer Rohrsänger
› lauter, weit hörbarer Sänger

MERKMALE 16–20 cm langer oberseits einfarbig graubrauner Vogel mit langem, kräftigem Schnabel. Breiter, heller Überaugenstreif. **VORKOMMEN** Brütet im hohen, mehrjährigen Schilf und ist eng ans Wasser gebunden. Überwintert in Afrika. **LEBENSWEISE** Drosselrohrsänger klettern geschickt auf Schilfhalmen. Sie ernähren sich von Insekten und anderen Kleintieren. **WISSENSWERTES** Beim Singen sitzen die Männchen frei sichtbar auf hohen Schilfhalmen. Ihr Gesang aus kurzen, rhythmischen Strophen ist rau und laut.

1

2

3a

3b

4

1 Bachstelze (S, F, M)
Motacilla alba

- schwarz-weiß-graue Stelze
- wippt ständig mit langem Schwanz
- Kulturfolgerin

MERKMALE 16–19 cm langer, graziler Vogel mit schwarz, weiß und grau gezeichnetem Gefieder. Beine, Kehle und Brust sind schwarz. Langer, schwarzer Schwanz mit weißen Außenkanten. **VORKOMMEN** Lebt gerne in Wassernähe, aber auch in Agrarlandschaften sowie in Siedlungen und im Gebirge. **LEBENSWEISE** Als Kulturfolgerin sucht die Bachstelze oft die Nähe zum Menschen und baut ihre Nester häufig in Nischen an Gebäuden und Brücken. Sie ernährt sich von Insekten, die sie über den Boden trippelnd oder auf kurzen Jagdflügen erbeutet. **WISSENSWERTES** Bachstelzen lassen sich an ihrem wellenförmigen Flug mit schnellen Flügelschlägen am tiefsten Punkt erkennen. Ihr Ruf ist ein kurzes „Zie-witt" oder „Zi-ze-litt". Auf den Britischen Inseln brütet die dunkler gefärbte Bachstelzen-Unterart *yarrelli* („Trauerbachstelze").

2 Gebirgsstelze (F, S, M)
Motacilla cinerea

- sehr langer Schwanz
- eng ans Wasser gebunden
- fliegt wellenförmig

MERKMALE 17–20 cm lange Stelze mit gelbgrünem Bürzel, grauer Oberseite und braunrosa gefärbten Beinen. Männchen im Prachtkleid mit schwarzer Kehle und leuchtend gelber Unterseite. Typisch ist der sehr lange, beständig hin und her wippende Schwanz. **VORKOMMEN** An naturnahen, schnell fließenden Bächen und Flüssen. Im Winter auch an stehenden Gewässern und an der Küste. **LEBENSWEISE** Gebirgsstelzen bauen ihre Nester in Nischen und Spalten nahe dem Wasser und ziehen meist 2 Bruten pro Jahr auf. Sie fressen wirbellose Kleintiere, die sie im und am Wasser finden. **WISSENSWERTES** Der Gesang der Gebirgsstelze besteht aus einer kurzen Folge harter Töne („ziss-ziss-ziss-ziss"), häufig kombiniert mit helleren Elementen. Von allen europäischen Stelzen ist die Gebirgsstelze am engsten an den Lebensraum Wasser gebunden.

3 Rohrammer (S, F)
Emberiza schoeniclus

- Männchen singt auf Schilfhalmen sitzend
- ruft gedehnt „siü"
- Sommervogel (März bis Oktober)

MERKMALE 14–16 cm lange, braun gestreifte Ammer mit kleinem, dunklem Schnabel. Im Prachtkleid sind bei Männchen (3b) der Kopf und die Kehle schwarz, das Nackenband und der Bartstreif weiß; bei Weibchen (3a) ist der Kopf braun. **VORKOMMEN** Brütet in Schilfgebieten, nassen Wiesen und an Gewässerrändern. **LEBENSWEISE** Rohrammern fressen wirbellose Kleintiere und Sämereien. Ihre Nester legen sie in Bodennähe an. Die versteckt lebenden Vögel ziehen in 2 Jahresbruten jeweils 4–6 Junge groß. **WISSENSWERTES** Hoch auf einem Schilfhalm sitzend, tragen die Männchen ihre etwas abgehackt klingenden, schilpenden Strophen vor („sripp, sripp, sriA, srisriSIRR"). Der sperlingsähnliche Gesang hat der Rohrammer den Beinamen „Rohrspatz" eingebracht.

1

2

3a

3b

1 Ringelnatter (S, F)
Natrix natrix

› halbmondförmige Nackenflecken
› jagt gern im Wasser
› scheu und harmlos

MERKMALE 60–140 cm lange, kräftige Natter mit schwarzgelben Nackenflecken, ovalem Kopf und runden Pupillen. Meist graubraun oder grünlichgrau gefärbt. **VORKOMMEN** Bevorzugt in Gewässernähe, aber auch in Moorgebieten, Auwäldern und Gärten. **LEBENSWEISE** Ringelnattern können sehr gut schwimmen und tauchen. Sie ernähren sich vor allem von Wassertieren wie Fröschen, Kröten, Molchen und Fischen. Am Vormittag wärmen sich die tagaktiven Tiere gerne in der Sonne. **WISSENSWERTES** Fühlen sich die harmlosen Schlangen bedroht, greifen sie auf verschiedene Abwehrreaktionen zurück: Sie blähen sich auf, stellen sich tot, greifen mit „Scheinbissen" an oder scheiden ein übelriechendes Anal-Sekret aus. In Mitteleuropa halten Ringelnattern eine lange Winterruhe in frostgeschützten Verstecken.

2 Europäische Sumpfschildkröte (S, F)
Emys orbicularis

› sonnt sich gerne
› Hals ohne Längsstreifen
› vom Aussterben bedroht

MERKMALE 10–25 cm lange Schildkröte mit dunkler Grundfärbung und flachem Rückenpanzer. Zahlreiche gelbe Punkte und Tupfen auf Panzer, Kopf, Hals und Beinen. **VORKOMMEN** In pflanzenreichen Weihern, Seen, Auengewässern und Bewässerungsgräben. **LEBENSWEISE** Sumpfschildkröten kommen nur zum Sonnen und zur Eiablage an Land, die restliche Zeit verbringen sie im Wasser. Sie ernähren sich von Wasserinsekten, Würmern, Krebsen, Fröschen und kleinen Fischen. **WISSENSWERTES** Die Tiere sind gute Schwimmer und Taucher und können über 70 Jahre alt werden. Fühlen sich die Tiere bedroht, geben sie ein übel nach Moschus riechendes Sekret ab. Die ähnliche, ursprünglich aus Nordamerika stammende **Rotwangenschmuckschildkröte** *(Trachemys scripta elegans)* hat leuchtend rote Schläfenflecken.

3 Feuersalamander (S, F)
Salamandra salamandra

› an Land lebender Salamander
› schwarz-gelbe Warntracht
› schützt sich mit einem Hautgift

MERKMALE 14–25 cm langer, kräftig gebauter Salamander mit breitem Kopf und einem glänzend schwarzen, mit gelben Flecken versehenen Körper. **VORKOMMEN** In feuchten Laub- und Mischwäldern mit sauberen, sauerstoffreichen Quellen, Bächen oder Tümpeln. **LEBENSWEISE** Feuersalamander verstecken sich tagsüber. Nachts stellen sie Würmern, Schnecken oder anderen Kleintieren nach. Die Weibchen setzen nach zehnmonatiger Tragezeit weit entwickelte Larven in geeignete Gewässer ab. Diese entwickeln sich in 3 Monaten zu Jungsalamandern und gehen an Land. **WISSENSWERTES** Die Tiere bilden in ihren Hautdrüsen ein giftiges Sekret, das sie in Verbindung mit der schwarz-gelben Warntracht vor Fressfeinden schützt. Mit einer Lebenserwartung von 10–15 Jahren im Freiland werden Feuersalamander recht alt.

1

2

3

1 | Bergmolch (S, F)
Ichthyosaura alpestris

› ungefleckter, oranger Bauch
› an Land nachtaktiv

MERKMALE 8–12 cm langer Molch mit orangem Bauch. Männchen (1a/b) während der Laichzeit mit himmelblauen Längsbändern und schwarzweißem Rückensaum. **VORKOMMEN** Besiedelt feuchte, kühle Lebensräume in der Nähe fischfreier Gewässer. **LEBENSWEISE** Der Bergmolch sucht im Frühjahr Kleingewässer auf, um dort abzulaichen. Diese werden zwischen Mai und August wieder verlassen. Er ernährt sich von wirbellosen Kleintieren. **WISSENSWERTES** Die Weibchen legen ihre bis zu 300 Eier einzeln ab und wickeln sie in Unterwasserpflanzen ein.

2 | Kammmolch (S)
Triturus cristatus

› weiß granulierte Flanken
› größter heimischer Molch

MERKMALE 10–18 cm langer, kräftiger Molch mit dunklen, runden Flecken auf den Flanken. Bauch gelborange mit schwarzen Flecken. Männchen im Hochzeitskleid mit Rückenkamm und Schwanzsaum. **VORKOMMEN** Zur Paarungszeit in pflanzenreichen Tümpeln, Weihern und Gräben. Bewohnt an Land offene Landschaften und lichte Wälder. **LEBENSWEISE** Der Kammmolch pflanzt sich im Frühjahr im Wasser fort und hält sich ab dem Frühsommer an Land auf. **WISSENSWERTES** Der Kammmolch gehört zu den am stärksten gefährdeten Molchen Europas.

3 | Teichmolch (S)
Lissotriton vulgaris

› gefleckter, oranger Bauch
› lebt im Wasser und an Land

MERKMALE Bis 11 cm langer Molch mit 3 Längsfurchen am Kopf und 5–7 dunklen Längsbinden. Männchen im Hochzeitskleid mit gewelltem Rückenkamm. **VORKOMMEN** In vegetationsreichen Kleingewässern und angrenzenden Landlebensräumen. **LEBENSWEISE** Teichmolche pflanzen sich im Frühjahr im Wasser fort. Im Sommer verlassen die erwachsenen Tiere die Gewässer. **WISSENSWERTES** Die Weibchen wickeln ihre Eier einzeln in Unterwasserpflanzen ein. Aus ihnen schlüpfen kiementragende Larven, die sich zu lungenatmenden Jungmolchen entwickeln (Metamorphose).

4 | Fadenmolch (S)
Lissotriton helveticus, syn. *Triturus helveticus*

› ungefleckte Kehle
› die kleinste heimische Molchart

MERKMALE 7–9 cm langer, schlanker Molch mit braungelben, unregelmäßig getupften Flanken. Männchen im Hochzeitskleid mit bis zu 1 cm langem Schwanzfaden. **VORKOMMEN** Zur Paarungszeit (März bis Juni) in Tümpeln, Weihern, Pfützen und Wagenspuren. Im Sommer an Land in Laub- und Mischwäldern. **LEBENSWEISE** Larven und erwachsene Molche ernähren sich im Gewässer von Insektenlarven, Würmern und Kleinkrebsen. **WISSENSWERTES** Als „Geschwisterarten“ sind Fadenmolch und Teichmolch eng miteinander verwandt.

1a

1b

2

3

4

1 Gelbbauchunke, Bergunke (S)
Bombina variegata

› ruft melodisch „uuh... uuh...uuh"
› Schreckstellung bei Gefahr

MERKMALE 3–5 cm lange Unke mit warziger Haut, herzförmigen Pupillen und gelbschwarzer Zeichnung der Körperunterseite. Keine Ohrdrüsen. **VORKOMMEN** In Auen, lichten Wäldern, Kiesgruben und Ödland. **LEBENSWEISE** Zum Laichen suchen Gelbbauchunken zeitweise mit Wasser gefüllte Pfützen und Gräben auf. Bei Bedrohung legen sie sich auf den Bauch und biegen ihre Beine seitlich hoch. Dabei wird die gelbschwarze Warnfärbung sichtbar („Kahnstellung"). **WISSENSWERTES** Die ähnliche **Rotbauchunke** *(Bombina bombina)* kommt nur im Tiefland vor.

2 Wechselkröte (S)
Bufotes viridis, syn. *Bufo viridis*

› „Militär-Look"
› dämmerungs- und nachtaktiv

MERKMALE 6–10 cm lange Kröte mit dunkelgrünen Flecken und rötlichen Warzen auf Rücken und Flanken. Auge mit grünlicher Iris und waagrechter Pupille. **VORKOMMEN** Zur Laichzeit (April bis Juni) in Tümpeln und Teichen mit flachen Uferzonen. An Land in offenen, sonnigen und trockenen Lebensräumen. **LEBENSWEISE** Wechselkröten finden ihre Nahrung – Spinnen, Asseln und Insekten – meist an Land. **WISSENSWERTES** Die paarigen, bis zu 4 m langen Laichschnüre der Weibchen enthalten bis zu 12 000 Eier. Wechselkröten bewegen sich mit kleinen, schnellen Sprüngen fort.

3 Kreuzkröte (S, F)
Epidalea calamita, syn. *Bufo calamita*

› ruft laut „ärr... ärr...ärr"
› läuft mäuseähnlich

MERKMALE 4–9 cm lange, olivbraune Kröte mit undeutlichen, dunklen Flecken und rötlichen Warzen. Typisch ist der gelbe Rückenstreifen. **VORKOMMEN** Zur Paarungszeit (April bis Juli) in flachen, besonnten Kleingewässern. An Land in Flussauen, Dünen, Kiesgruben und anderen Lebensräumen mit lockeren, sandigen Böden. **LEBENSWEISE** Die nachtaktive Kreuzkröte ist sehr wanderfreudig und ernährt sich von wirbellosen Kleintieren. **WISSENSWERTES** Der rätschende Ruf der Männchen ist oft kilometerweit zu hören. Er ähnelt dem Gesang von Maulwurfsgrillen, ist aber wesentlich lauter.

4 Knoblauchkröte (S)
Pelobates fuscus

› scharfkantige „Grabschaufeln"
› sehr große Kaulquappen

MERKMALE 5–8 cm langer Froschlurch mit unregelmäßigen, dunklen Flecken und einer Aufwölbung am Hinterkopf (Scheitelhöcker). Hellbraune Grabschwiele an der Ferse. Pupillen senkrecht. **VORKOMMEN** Zur Laichzeit (April–Juni) in nährstoffreichen Stillgewässern. An Land in Lebensräumen mit lockeren, sandigen Böden. **LEBENSWEISE** Tagsüber graben sich die Tiere im Boden ein, nachts stellen sie Würmern und Schnecken nach. **WISSENSWERTES** Sondert bei Erregung ein nach Knoblauch riechendes Sekret ab, daher auch der Name.

1

2

3

4

1 Erdkröte (S, F)
Bufo bufo

› größte europäische Kröte
› wandert im Frühjahr zum Laichgewässer
› warzige Haut

MERKMALE 6– 18 cm lange, kräftige, braune Kröte mit warziger Haut und großen Ohrdrüsen. Typisch sind die goldfarbenen Augen mit ihren waagrechten Pupillen. **VORKOMMEN** In bodenfeuchten Wäldern, Gärten, Parks und offenen Landschaften. **LEBENSWEISE** Erdkröten versammeln sich jedes Frühjahr an ihrem Geburtsgewässer, um sich dort fortzupflanzen. Jedes Weibchen legt mehrere 1000 Eier in meterlangen Laichschnüren ab und heftet sie an Wasserpflanzen fest. An Land jagen Erdkröten in der Nacht Würmer, Schnecken und Insekten. **WISSENSWERTES** Obwohl Erdkröten sich meist nur langsam gehend fortbewegen, entfernen sie sich auf dem Weg zu ihren Sommerlebensräumen bis zu 3 km von ihren Laichgewässern. Während der Paarungszeit umklammern die Männchen nicht nur Weibchen, sondern auch Frösche, Fische und tote Tiere.

2 Grasfrosch (S, F)
Rana temporaria

› variabel gefärbt
› ohne Schallblasen
› Laichballen mit 1000–4000 Eier

MERKMALE 5–11 cm langer, kräftig gebauter Braunfrosch mit stumpfer Schnauze und dunklem Schläfenfleck. Das Trommelfell liegt etwa 2 mm hinter dem Auge und ist kleiner als der Augendurchmesser. **VORKOMMEN** In feuchten und kühlen Gärten, Wiesen und Wäldern. **LEBENSWEISE** Grasfrösche suchen im zeitigen Frühjahr Tümpel, Teiche, Seen und Gräben zum Laichen auf. Außerhalb der Fortpflanzungszeit leben sie an Land. Sie ernähren sich von wirbellosen Kleintieren. **WISSENSWERTES** Bei der Paarung der Grasfrösche kämpfen die Männchen darum, die Huckepack-Position auf dem Rücken der Weibchen einzunehmen. Ein einziges Weibchen kann bis zu 4000 Eier ablegen, aus denen nach 3–4 Wochen die Kaulquappen schlüpfen. Nach weiteren 2–3 Monaten wandeln sich die Larven in kleine Frösche um (Metamorphose).

3 Moorfrosch (S)
Rana arvalis

› kleinster heimischer Braunfrosch
› Männchen zur Paarungszeit blau gefärbt
› Männchen rufen dumpf „ueg, ueg…"

MERKMALE 4–8 cm langer Braunfrosch (3b) mit spitzer Schnauze und großem, dunklem Schläfenfleck. Oft mit hellem Rückenstreifen. Männchen im Hochzeitskleid (3a) himmelblau gefärbt. Fersenhöcker größer als beim ähnlichen Grasfrosch. **VORKOMMEN** In Feuchtwiesen, Riedgebieten, Auwäldern, Niedermooren und in den Randbereichen von Hochmooren. **LEBENSWEISE** Moorfrösche suchen im März oder April Tümpel, Weiher und Gräben für wenige Tage zum Ablaichen auf. Die Weibchen legen dann bis zu 3000 Eier in 1–2 Laichballen ab. In ihren Landlebensräumen sind Moorfrösche nachtaktiv. **WISSENSWERTES** Der ähnliche **Springfrosch** *(Rana dalmatina)* hat längere Hinterbeine und ein Trommelfell, das fast den Augendurchmesser erreicht.

1

2

3a

3b

1 Kleiner Wasserfrosch (S)
Pelophylax lessonae

› kleinster heimischer Grünfrosch
› laute, langgezogene, schnarrende Rufe
› von März bis Oktober aktiv

MERKMALE 4,5–7,5 cm langer, meist grasgrüner oder bronzefarbener Frosch mit gelbschwarz marmorierter Schenkelzeichnung und spitzer Schnauze. Männchen mit paarigen, seitlichen Schallblasen. Fersenhöcker der 1. Zehe groß und halbkreisförmig. **VORKOMMEN** In kleinen, stehenden Gewässern wie Tümpel, Weiher, Teiche und Gräben. **LEBENSWEISE** Der Kleine Wasserfrosch ernährt sich von Insekten, Spinnen, Würmern und Schnecken. Die Weibchen legen 400–4500 Eier, die sie auf mehrere kleine Laichballen verteilen. **WISSENSWERTES** Während der Paarungszeit im Frühsommer sammeln sich oft zahlreiche Männchen in Kleingewässern und veranstalten dort ein unermüdliches Froschkonzert, um paarungsbereite Weibchen anzulocken. Kleine Wasserfrösche überwintern meist an Land, seltener im Wasser.

2 Teichfrosch (S)
Pelophylax esculentus

› grün gefärbt mit dunklen Flecken
› Männchen mit zwei Schallblasen
› fast nur im Wasser

MERKMALE 6–12 cm langer, vom Kleinen Wasserfrosch im Feld kaum zu unterscheidender Grünfrosch. Hinterseiten der Oberschenkel meist nur schwach gelblich marmoriert (2a, Kaulquappe 2b). Fersenhöcker der 1. Zehe gewölbt, der höchste Punkt zur Zehenspitze hin verschoben. **VORKOMMEN** In Tümpeln, Gartenteichen, Weihern, Gräben und Seen. **LEBENSWEISE** Teichfrösche fressen Insekten und andere Wirbellose. Sie laichen von April bis Juni und bleiben auch danach im Wasser. **WISSENSWERTES** Der Teichfrosch gilt als Hybridart, die aus Kreuzungen des Kleinen Wasserfrosches mit dem bis zu 18 cm großen **Seefrosch** *(Pelophylax ridibundus*; Oberschenkel-Hinterseite ohne gelb, Fersenhöcker klein und flach) hervorgegangen ist. Seefrösche bewohnen stehende und langsam fließende Gewässer.

3 Europäischer Laubfrosch (S)
Hyla arborea

› Kletterfrosch
› sonnt sich gerne im Gebüsch sitzend
› weithin hörbare Balzchöre

MERKMALE 3–6 cm langer, meist grasgrüner Frosch mit dunklen Flankenstreifen und weißlichem Bauch. Charakteristische Haftscheiben an den Enden von Fingern und Zehen. Hinterbeine mit Schwimmhäuten. **VORKOMMEN** Während der Laichzeit (März–Juni) in besonnten Tümpeln, Weihern, Gräben und Seen. Ansonsten in Feuchtwiesen, Auwäldern und Gebüschen. **LEBENSWEISE** Laubfrösche sind gute Kletterer, die problemlos glatte Schilfstängel erklimmen können. Durch ihre grüne Färbung getarnt, verstecken sie sich gerne in frischem Blattwerk und lauern dort auf Insekten. **WISSENSWERTES** Die Männchen erzeugen mit ihrer großen, kehlständigen Schallblase die lautesten Rufe aller heimischen Amphibien („rraa… rraa… rra"). Die Weibchen legen 400–1400 Eier, die sie als Klumpen von je 10–50 Eier an Wasserpflanzen festkleben.

1

2a

2b

3

1 Atlantischer Lachs (F, M)
Salmo salar

› räuberischer Wanderfisch
› Männchen mit Laichhaken am Unterkiefer

MERKMALE 60–130 cm langer, spindelförmiger Fisch mit spitzem Kopf, kleiner Fettflosse und schlankem Schwanzstiel. Weite, bis hinter die Augen reichende Maulspalte. **VORKOMMEN** Zur Laichzeit und als Jungfische in Bächen und Flüssen, sonst im Meer. **LEBENSWEISE** Junglachse fressen wirbellose Kleintiere, ältere Tiere ernähren sich von Fisch. **WISSENSWERTES** Lachse sind anadrome Wanderfische, die nach einer mehrjährigen Wachstumsphase im Meer zum Ablaichen wieder in ihr ursprüngliches Geburtsgewässer zurückkehren.

2 Bachforelle (F, S)
Salmo trutta fario

› die „rotgetupfte" Forelle
› Leitart der Forellenregion

MERKMALE 25–60 cm langer, torpedoförmiger Fisch mit großem Maul, Fettflosse und meist hell umrandeten, schwarzen und roten Flecken auf den Flanken. **VORKOMMEN** In schnell fließenden Bächen, kleinen Flüssen und klaren, kalten Seen. **LEBENSWEISE** Die standorttreuen Fische ernähren sich in jungen Jahren von kleinen Wassertieren. Im Alter werden die bis zu 35 km/h schnellen Bachforellen zu geschickten Fischräubern. **WISSENSWERTES** Die Weibchen schlagen vor der Eiablage mit ihrem Schwanz Laichmulden ins Kiesbett. Die frisch geschlüpften Larven bleiben etwa 20 Tage im Kieslückensystem.

3 Seeforelle (S, F)
Salmo trutta lacustris

› großwüchsig
› nur schwarze Flecken

MERKMALE 40–140 cm große Forelle mit silberner oder brauner Grundfärbung und vielen schwarzen Flecken auf den Flanken. **VORKOMMEN** In tiefen, kühlen Seen und großen Flüssen. **LEBENSWEISE** Als Wanderfische unternehmen Seeforellen im Herbst zum Teil weite Laichwanderungen in die Oberläufe einmündender Bäche und Flüsse. **WISSENSWERTES** Bach-, Meer- und Seeforellen gelten als Formen der Art *Salmo trutta*, die sich – abhängig von ihrem Lebensraum – im Verhalten, Aussehen und ihren ökologischen Ansprüchen unterscheiden.

4 Meerforelle (F, M)
Salmo trutta trutta

› anadromer Wanderfisch
› macht mehrere Laichwanderungen

MERKMALE 50–110 cm lange, silberfarbene Forelle mit unregelmäßigen schwarzen Flecken und dickem Schwanzstiel. Männchen mit Laichhaken. Fettflosse. **VORKOMMEN** Zur Laichzeit und als Jungfische in Fließgewässern, sonst im küstennahen Meer. **LEBENSWEISE** Meerforellen fressen Insektenlarven, Kleinkrebse und Fische. **WISSENSWERTES** Im Gegensatz zum Lachs erholen sich die meisten Meerforellen vom anstrengenden Laichgeschäft. Sie kehren ins Meer zurück und steigen im nächsten Jahr erneut in die Flüsse auf.

1

2

3

4

1 Regenbogenforelle (F, S)

Oncorhynchus mykiss

› 1882 aus Nordamerika eingeführt
› konkurriert mit heimischen Arten

MERKMALE 25–60 cm lange Forelle mit violett schillerndem „Regenbogenband" auf den silbrigen Flanken. Schwarze Flecken auf Kopf, Rumpf, Rücken-, Fett- und Schwanzflosse. **VORKOMMEN** In der Forellen- und Äschenregion unserer Fließgewässer und in kalten Seen. **LEBENSWEISE** Schwimmt auf der Suche nach Fischen, Krebsen und Insekten oft weite Gewässerstrecken ab. **WISSENSWERTES** Die Regenbogenforelle verträgt höhere Wassertemperaturen und benötig weniger Versteckmöglichkeiten als die heimische Bachforelle.

2 Äsche (F)

Thymallus thymallus

› strömungsliebender Fisch
› fahnenartige Rückenflosse

MERKMALE 25–60 cm langer, silberfarbener Fisch mit langer Rückenflosse, Fettflosse und spitz zulaufendem Kopf. Die Pupillen sind vorne zugespitzt. **VORKOMMEN** In sauerstoffreichen, rasch fließenden Bächen und Flüssen. **LEBENSWEISE** Kleine Äschen leben gesellig. Alte Fische werden zu Einzelgängern und halten sich meist in Grundnähe auf. Äschen fressen Insektenlarven und andere kleine Wassertiere. **WISSENSWERTES** In Seen findet man Äschen nur in der Nähe von Einmündungen. Das wohlschmeckende Fleisch der Äschen schmeckt nach Thymian.

3 Aal (S, F, M)

Anguilla anguilla

› lebt im Süßwasser, laicht im Meer
› frisst Kleintiere und Fische

MERKMALE 40–140 cm langer Raubfisch mit schlangenförmigem Körper. Keine Bauchflossen. Rücken-, Schwanz und Afterflosse bilden einen durchgehenden Flossensaum. **VORKOMMEN** In Flüssen, Bächen und Seen mit Verbindung zum Meer. **LEBENSWEISE** Versteckt sich tagsüber und geht nachts auf Nahrungssuche. **WISSENSWERTES** Aale wandern zum Laichen flussabwärts ins Meer. Sie durchqueren den Atlantik und legen ihre Eier in der Sargassosee ab. Die dort geschlüpften Larven driften mit dem Golfstrom zurück nach Europa.

4 Hecht (S, F, M)

Esox lucius

› Lauerjäger
› zahlreiche, teils große Zähne

MERKMALE 50–150 cm langer Raubfisch mit großem, abgeflachtem Maul („Entenschnabel") und weit hinten sitzender Rückenflosse. Rücken bräunlich oder grünlich. Flanken heller, mit zahlreichen Querbinden. **VORKOMMEN** In Altarmen, Seen und langsam strömenden Flüssen. Sie leben um Rügen und weiter ostwärts auch im Brackwasser der Ostsee. **LEBENSWEISE** Der Hecht steht oft gut versteckt in Ufernähe und lauert unbeweglich auf Beute. Schwimmt ein Fisch an seinem Einstand vorbei, stößt der Hecht blitzschnell zu. **WISSENSWERTES** Große Hechte jagen auch Lurche, Wasservögel und Kleinsäuger.

1

2

3

4

1 Barbe (F)
Barbus barbus

- › Flussfisch
- › dämmerungs- und nachtaktiv

MERKMALE 30–90 cm langer Karpfenfisch mit deutlich abgeflachtem Bauch. Großes, unterständiges Maul mit wulstigen Lippen. 4 Bartfäden an der Oberlippe. **VORKOMMEN** Im Mittellauf größerer, sauerstoffreicher Flüsse (Barbenregion). **LEBENSWEISE** Die Grundfische stehen oft in großen Schwärmen über kiesigen oder sandigen Böden in der Strömung und suchen den Gewässerboden nach Nahrung ab (Wirbellose, Fische). **WISSENSWERTES** Während der Laichzeit (Mai bis Juli) ziehen Barben in Scharen flussaufwärts. Sie laichen über flachen, kiesigen Flussabschnitten mit starker Strömung.

2 Karpfen (S, F)
Cyprinus carpio

- › 4 Barteln am Oberkiefer
- › mehrere Zuchtformen

MERKMALE 30–120 cm lang. Wildkarpfen mit gestrecktem, vollständig beschupptem Körper. Die verschiedenen Zuchtformen sind hochrückig und unterschiedlich stark beschuppt. **VORKOMMEN** In warmen, pflanzenreichen stehenden oder langsam fließenden Gewässern. **LEBENSWEISE** Karpfen streifen in größeren Gruppen umher und durchwühlen den Schlammgrund mit ihren rüsselartig vorstülpbaren Mäulern nach Nahrung. **WISSENSWERTES** Spiegelkarpfen haben nur wenige, sehr große Schuppen, Lederkarpfen sind meist schuppenlos.

3 Karausche (S, F)
Carassius carassius

- › zäher Überlebenskünstler
- › lange, nach außen gewölbte Rückenflosse

MERKMALE 15–50 cm langer, hochrückiger Karpfenfisch mit großen Schuppen und goldbraunen Flanken. Endständiges Maul mit kleiner Mundspalte. Keine Barteln. **VORKOMMEN** In flachen, warmen und pflanzenreichen Tümpeln und Seen sowie langsam fließenden Flussabschnitten der Brachsenregion. **LEBENSWEISE** Der gesellige Grundfisch ernährt sich von kleinen Bodentieren und pflanzlicher Nahrung. **WISSENSWERTES** In nahrungsarmen Gewässern bleiben Karauschen kleinwüchsig und bilden Kümmerformen aus (Steinkarausche).

4 Schleie (S, F)
Tinca tinca

- › dämmerungs- und nachtaktiv
- › 2 Barteln

MERKMALE 20–60 cm langer, dunkel- bis olivgrüner Karpfenfisch mit hohem Schwanzstiel und winzigen Schuppen. Die Flanken der Schleien glänzen oft golden. Kleines, rüsselartig vorstülpbares Maul. **VORKOMMEN** In warmen, verkrauteten Kleingewässern, Seen und langsam fließenden Flüssen. **LEBENSWEISE** Schleien durchstöbern in der Morgen- und Abenddämmerung den schlammigen Gewässergrund auf der Suche nach Würmern, Schnecken und Insektenlarven. **WISSENSWERTES** Beim Männchen sind die Bauchflossen größer als beim Weibchen.

1

2

3

4

1 Brachse (S, F, M)
Abramis brama

› Leitart der Brachsenregion
› Männchen mit starkem Laichausschlag

MERKMALE 25–75 cm langer, hochrückiger, seitlich stark abgeflachter Karpfenfisch mit vorstülpbarem Rüsselmaul und grauen Flossen. Flanken silbrig-metallisch glänzend. **VORKOMMEN** In nährstoffreichen Seen und langsam strömenden Flüssen mit schlammigem Grund. Lebt auch im Brackwasser der Ostsee. **LEBENSWEISE** Die Brachse (auch: Blei, Brasse) halten sich vor allem am Gewässergrund auf und durchwühlen dort den Boden nach Nahrung. **WISSENSWERTES** Im Gegensatz zur ähnlichen **Güster** *(Blicca bjoerkna)* reichen die Brustflossen beim Brachsen bis zum Bauchflossenansatz.

2 Döbel (S, F)
Squalius cephalus

› im Alter räuberisch
› Afterflosse nach außen gebogen

MERKMALE 30–70 cm langer, im Querschnitt fast drehrunder Karpfenfisch mit dickem Kopf und großem, endständigen Maul. **VORKOMMEN** In Fließgewässern der Forellen-, Äschen- und Barbenregion, Seen und Talsperren. **LEBENSWEISE** Die gesellig lebenden Fische gehen gerne nahe der Wasseroberfläche auf Nahrungssuche. Jungtiere fressen wirbellose Kleintiere, alte Döbel leben räuberisch von Fischen, Krebsen und Amphibien. **WISSENSWERTES** Ältere Fische haben große, dunkel umrandete Schuppen (Netzzeichnung).

3 Rotauge (S, F, M)
Rutilus rutilus

› Häufiger Schwarmfisch
› roten Augen, rötliche Flossen

MERKMALE 20–45 cm langer, spindelförmiger bis leicht hochrückiger, auch Plötze genannter Karpfenfisch mit endständigem Maul. Der Ansatz der Rückenflosse steht senkrecht über dem Bauchflossenansatz. **VORKOMMEN** In stehenden und langsam fließenden Gewässern. Auch im Brackwasser der Ostsee. **LEBENSWEISE** Die Schwarmfische halten sich oft in der Nähe von Pflanzenfeldern auf. Sie fressen neben Würmern, Schnecken und Insektenlarven auch pflanzliche Kost. **WISSENSWERTES** Die Weibchen legen ihre klebrigen Eier an Wasserpflanzen ab.

4 Rotfeder (S, F)
Scardinius erythrophtalmus

› frisst Wasserpflanzen
› kräftig rot leuchtende Flossen

MERKMALE 20–45 cm langer, hochrückiger Karpfenfisch mit kleinem, leicht oberständigem Maul. Der Ansatz der Rückenflosse liegt hinter dem Ansatz der Bauchflossen. **VORKOMMEN** In Seen und langsam fließenden Gewässern mit vielen Unterwasser- und Schwimmblattpflanzen. **LEBENSWEISE** Die Schwarmfische gehen gerne nahe der Wasseroberfläche auf Nahrungssuche. Sie fressen Kleintiere, Algen und Wasserpflanzen. **WISSENSWERTES** Die Rotfeder ist die einzige einheimische Fischart, die sich überwiegend vegetarisch ernährt.

1

2

3

4

1 Moderlieschen (S, F)
Leucaspius delineatus

› klein und gesellig
› Mundspalte steil nach oben gerichtet

MERKMALE 6–12 cm langer, schlanker Karpfenfisch mit oberständigem Maul und sehr kurzer Seitenlinie. Silbrige Flanken mit bläulichem Längsstreifen. **VORKOMMEN** Im Uferbereich stehender und langsam fließenden Gewässer. **LEBENSWEISE** Die kleinen Schwarmfische halten sich gerne oberflächennah in sonnigen Wasserpflanzenbeständen auf. Sie fressen kleine Wassertiere und Anflugnahrung. **WISSENSWERTES** Die Männchen betreiben Brutpflege: Sie bewachen die Eier und fächeln ihnen mit den Flossen Frischwasser zu.

2 Elritze (S, F)
Phoxinus phoxinus

› kleiner Schwarmfisch
› Seitenlinie bis zur Körpermitte

MERKMALE Bis 14 cm langer Karpfenfisch mit dunklen Querbinden auf den Flanken und goldglänzendem Längsband oberhalb der verkürzten Seitenlinie. Männchen zur Laichzeit mit rotem Bauch. **VORKOMMEN** In klaren, sauerstoffreichen Bächen, Flüssen und Seen. **LEBENSWEISE** Elritzen schwimmen oft in großen Schwärmen nahe der Wasseroberfläche und ernähren sich von kleinen Wassertieren. **WISSENSWERTES** Während der Laichzeit im Frühling führen Elritzen kurze Wanderungen bachaufwärts bzw. an die Ufer der Seen durch.

3 Gründling (S, F, M)
Gobio gobio

› 2 Barteln am Maul
› häufiger Grundfisch

MERKMALE 8–20 cm langer, fast drehrunder Karpfenfisch mit großen Schuppen und unterständigem Maul. Flanken hellgrau mit bläulich schimmernden, dunkleren Flecken. **VORKOMMEN** In Bächen, Flüssen, Weihern und Seen mit sandig-kiesigem Untergrund. Auch im Brackwasser. **LEBENSWEISE** Der am Gewässergrund lebende Schwarmfisch frisst bodenlebende Kleintiere, Laich und Aas. **WISSENSWERTES** Während der Laichzeit im Mai und Juni tragen die Männchen einen feinkörnigen Laichausschlag an Kopf und Vorderkörper. Die Weibchen legen ihre Eier klumpenweise an Steinen und Wasserpflanzen ab.

4 Bitterling (S, F)
Rhodeus amarus,
syn. *Rhodeus sericeus*

› kleinster heimischer Karpfenfisch
› lebt mit Muscheln zusammen

MERKMALE 5–9 cm langer, hochrückiger Fisch mit sehr kurzer Seitenlinie. Flanken silbern glänzend mit blaugrünem Längsband von der Körpermitte bis zur Schwanzwurzel. **VORKOMMEN** Pflanzenreiche, stehende und langsam fließende Gewässer. **LEBENSWEISE** Die Schwarmfische benötigen zur Fortpflanzung Fluss- oder Teichmuscheln. Die Weibchen bringen ihre Eier mit einer mehrere Zentimeter langen Legeröhre in den Kiemenraum der Muscheln ein. **WISSENSWERTES** Die Jungfische verlassen die Muscheln nach 4–5 Wochen.

1

2

3

4

1 Bachschmerle (S, F)

Barbatula barbatula

› am Boden lebender Kleinfisch
› dämmerungs- und nachtaktiv

MERKMALE Bis 16 cm langer, dunkel marmorierter, auch kurz Schmerle oder Bartgrundel genannter Bodenfisch mit walzenförmigem Körper, deutlich sichtbarer Seitenlinie und sechs Barteln an der Oberlippe. **VORKOMMEN** In schnell fließenden Bächen und Flüssen der Forellen-, Äschen und Barbenregion sowie in klaren Seen mit Kiesgrund. **LEBENSWEISE** Bachschmerlen verstecken sich tagsüber unter Steinen. In der Dämmerung und nachts suchen sie den Gewässerboden nach kleinen Wassertieren ab. **WISSENSWERTES** Die Männchen bewachen die Eier bis zum Schlüpfen der Larven.

2 Groppe (S, F)

Cottus gobio

› nachtaktiver Bodenfisch
› „krabbelt" mit Brustflossen

MERKMALE 10–18 cm langer, auch Mühlkoppe genannter Bodenfisch mit keulenförmigem, schuppenlosem Körper, großem Kopf, breitem Maul und großen Brustflossen. **VORKOMMEN** In sauerstoffreichen, schnell fließenden Bächen und Flüssen sowie in der Uferregion sauberer Seen. **LEBENSWEISE** Lebt versteckt am Grund unter großen Steinen. Frisst in der Dämmerung und nachts bodenbewohnende Wirbellose, Froschlaich und Kleinfische. **WISSENSWERTES** Die Männchen betreiben Brutpflege: Sie bewachen die Eier und fächeln ihnen mit der Brustflosse Frischwasser zu.

3 Dreistachliger Stichling (S, F, M)

Gasterosteus aculeatus

› 3 Rückenstacheln
› Männchen betreiben Brutpflege

MERKMALE 4–11 cm langer, schuppenloser Kleinfisch mit 3 beweglichen Rückenstacheln und seitlichen Knochenplatten. Kehle, Brust und Bauch sind beim Männchen zur Paarungszeit rot. **VORKOMMEN** In stehenden und langsam fließenden Gewässern, Brackwasser und Meer. **LEBENSWEISE** Bei den in Ufernähe lebenden Dreistachligen Stichlingen bauen die Männchen Bodennester und werben mit einem Zick-Zack-Tanz um die Weibchen. **WISSENSWERTES** Das Nest und die frisch geschlüpften Jungen werden vom Männchen bewacht.

4 Zwergstichling (S, F, M)

Pungitius pungitius

› meist 9 Rückenstacheln
› kleinster heimischer Süßwasserfisch

MERKMALE 4–7 cm langer, schuppenloser, auch Neunstachliger Stichling genannter Kleinfisch mit 8–11 aufrichtbaren Rückenstacheln. Schwanzstiel mit ca. 10 Knochenplatten. Flanken und Rücken dunkel marmoriert. **VORKOMMEN** Im Flachwasserbereich kleiner, stehender Gewässer, seltener in Seen und Flüssen. Auch im Brackwasser. **LEBENSWEISE** Zwergstichlinge verstecken sich gerne in Bodennähe zwischen Wasserpflanzen. Sie fressen wirbellose Kleintiere und Fischbrut. **WISSENSWERTES** Als Schutz vor Fressfeinden stellen Stichlinge ihre Rückenstacheln auf.

1

2

3

4

1 | Wels, Waller (S, F, M)
Silurus glanis

› größter heimischer Süßwasserfisch
› 6 Barteln

MERKMALE 100–300 cm langer, schuppenloser Raubfisch. Großes Maul mit vielen Bürstenzähnen. Am Oberkiefer sitzen zwei sehr lange Bartfäden, an der Kopfunterseite vier kürzere. **VORKOMMEN** In größeren Seen und langsam fließenden, tiefen Flüssen. Auch im Brackwasser und in der Ostsee. **LEBENSWEISE** Der Bodenfisch versteckt sich tagsüber und geht in der Dämmerung im Flachwasser auf Beutejagd (Fische, Amphibien, Wasservögel, Kleinsäuger). **WISSENSWERTES** Welse sind einzelgängerische, standorttreue Fische.

2 | Kaulbarsch (S, F, M)
Gymnocephalus cernua

› geselliger Grundfisch
› Kiemendeckel mit langem Dorn

MERKMALE 10–25 cm langer Barsch mit großem Kopf, stumpfer Schnauze und großen Augen. Bräunlich mit dunklen Flecken. **VORKOMMEN** In langsam fließenden Flüssen, Seen und im Brackwasser der Mündungsgebiete (Kaulbarsch-Flunder-Region). **LEBENSWEISE** Die Schwarmfische halten sich meist nahe am Gewässergrund auf. Sie fressen bodenlebende Wirbellose, Fischlaich und Jungfische. **WISSENSWERTES** In nährstoffreichen Gewässern neigen Kaulbarsche zur Massenvermehrung und bleiben kleinwüchsig (Verbuttung).

3 | Flussbarsch (S, F, M)
Perca fluviatilis

› Rückenflosse zweigeteilt
› Bauch-, After- und Schwanzflosse rötlich

MERKMALE 15–60 cm langer, im Alter zunehmend hochrückig werdender Raubfisch mit 5–9 dunklen Querbinden. Vordere Rückenflosse mit Stachelstrahlen. Spitzer Dorn am Kiemendeckel. **VORKOMMEN** Weit verbreitet in allen Gewässertypen, auch im Brackwasser der Ostsee. **LEBENSWEISE** Junge Flussbarsche sind ausgeprägte Schwarmfische, die sich gerne in Ufernähe aufhalten. Ältere Barsche werden zu räuberischen Einzelgängern. **WISSENSWERTES** Flussbarsche wachsen langsam, können dafür aber 20 Jahre alt werden.

4 | Zander (S, F, M)
Sander lucioperca

› größte einheimische Barschart
› Fangzähne im Ober- und Unterkiefer

MERKMALE 40–120 cm langer Raubfisch mit spindelförmigem Körper, zugespitztem Kopf und weiter Maulspalte. Zwei getrennte Rückenflossen mit zahlreichen dunklen Flecken. **VORKOMMEN** In warmen, sommertrüben Seen, größeren Flüssen und im Brackwasser. **LEBENSWEISE** Tagsüber halten sich Zander in tieferen Wasserschichten auf. In der Dämmerung und nachts jagen sie im Freiwasser kleine Beutefische. **WISSENSWERTES** Nach der Eiablage bleibt das Männchen am Nest zurück und bewacht es, bis die Larven schlüpfen.

1

2

3

4

1 Kleingefleckter Katzenhai (M)
Scyliorhinus canicula

› kleiner Bodenhai
› Nasenlappen nicht geteilt

MERKMALE 50–100 cm langer, schlanker Hai mit kurzer, abgerundeter Schnauze und vielen kleinen, dunklen Flecken. **VORKOMMEN** Auf sandigen Böden in küstennahen Gebieten von Nordsee und Atlantik. **LEBENSWEISE** Der dämmerungs- und nachtaktive Hai jagt am Meeresgrund Krebse, Weichtiere und Fische. **WISSENSWERTES** Am Strand lassen sich oft die schlanken, 6 cm langen Eikapseln („Nixentaschen") finden. Der ähnliche, bis zu 1,6 m lange **Großgefleckte Katzenhai** *(Scyliorhinus stellaris)* hat geteilte Nasenlappen und bevorzugt steinige oder felsige Meeresböden.

2 Hering (M)
Clupea harengus

› silberglänzender Schwarmfisch
› wichtiger Speisefisch

MERKMALE 20–40 cm langer, schlanker Meeresfisch mit silbernen Flanken. Der Ansatz der Bauchflosse setzt hinter dem Ansatz der Rückenflosse an. Keine Seitenlinie. Kiemendeckel mit glatter Oberfläche. **VORKOMMEN** Im Freiwasser bis in 250 m Tiefe in Nordsee, Ostsee und Nordatlantik. **LEBENSWEISE** Heringe filtern mit ihren reusenartigen Kiemen Plankton (Kleinkrebse, Flügelschnecken, Fischlarven) aus dem Wasser. **WISSENSWERTES** Große Heringsschwärme können sich aus mehreren Millionen Tieren zusammensetzen.

3 Hornhecht (M)
Belone belone

› pfeilschnelle Schwimmer
› springen aus dem Wasser

MERKMALE 40–90 cm langer, sehr schlanker Meeresfisch mit großen Augen, silbrigen Flanken und schnabelartig verlängertem Maul. Zahlreiche, scharfe Zähne. **VORKOMMEN** Im Nordostatlantik, Mittelmeer, Nord- und Ostsee. **LEBENSWEISE** Die in Schwärmen lebenden Hornhechte jagen meist nahe der Wasseroberfläche Heringe, Sprotten, Sandaale und andere Kleinfische. **WISSENSWERTES** Zur Laichzeit im Frühjahr sammeln sich Hornhechte in Küstennähe im Flachwasser. Der gute Speisefisch hat grün gefärbte Gräten. Zur Laichzeit im Frühjahr sammeln sich Hornhechte im küstennahen, flachen Wasser.

4 Dorsch, Kabeljau (M)
Gadus morhua

› Bartfaden am Kinn
› überfischte Bestände

MERKMALE 40–150 cm langer, bräunlicher Meeresfisch mit unterständigem Maul und langem Bartfaden am Kinn. Helle Seitenline. 3 Rücken- und 2 Afterflossen. **VORKOMMEN** In bis zu 600 m Tiefe in Nord- und Ostsee sowie im Nordatlantik. **LEBENSWEISE** Dorsche sind in Grundnähe lebende Schwarmfische, die sich von Würmern, Muscheln, Schnecken, Krebsen und Fischen ernähren. **WISSENSWERTES** Bis zu einer Größe von 5 cm halten sich Jungdorsche im Freiwasser auf und fressen Zooplankton. Der Dorsch ist ein wichtiger Speisefisch.

1

2

3

4

1 Makrele (M)
Scomber scombrus

› Schwarm- und Wanderfisch
› grünblau mit Tigermuster

MERKMALE 30–50 cm langer, torpedoförmiger Meeresfisch mit großen Augen und einer tiefen Maulspalte. Je 5 Flösselchen auf dem Schwanzstiel hinter After- und 2. Rückenflosse. **VORKOMMEN** In Nord- und Ostsee, Nordatlantik und Mittelmeer. **LEBENSWEISE** Makrelen leben in großen Schwärmen im Freiwasser nahe der Wasseroberfläche, wo sie sich von Zooplankton und Fischen ernähren. Sie überwintern in bis zu 250 m Tiefe. **WISSENSWERTES** Da sie keine Schwimmblase besitzen, müssen Makrelen unentwegt schwimmen. Als „Portionslaicher" geben sie ihre Eier in Etappen ins Wasser ab.

2 Dicklippige Meeräsche (M)
Chelon labrosus

› wohlschmeckender Schwarmfisch
› dicke Oberlippe mit kleinen Warzen

MERKMALE 30–75 cm langer, torpedoförmiger Meeresfisch mit abgeflachtem Kopf. Die Flanken sind silbergrau mit mehreren schmalen, dunklen Längsstreifen. **VORKOMMEN** In Nord- und Ostsee (bis zur Beltsee), im Nordostatlantik und im Mittelmeer. **LEBENSWEISE** Die weit umherwandernden Schwarmfische bewohnen flache Küstenregionen und dringen auch ins Brackwasser der Flussmündungen vor. Sie fressen Algen und Plankton, Detritus und kleine Bodentiere. **WISSENSWERTES** Die Fische breiten sich stetig weiter nach Norden aus.

3 Aalmutter (M)
Zoarces viviparus

› lebendgebärender Bodenfisch
› sehr ortstreu

MERKMALE 20–50 cm langer Meeresfisch mit aalähnlichem Körper, schleimiger Haut und unterständigem Maul. Sehr lange, am Ende eingekerbte Rückenflosse. **VORKOMMEN** In flachen Küstengewässern von Nordsee, Ostsee und Nordostatlantik. Auch in Flussmündungen. **LEBENSWEISE** Aalmuttern sind sehr standorttreu und bewohnen Seegraswiesen sowie algenreiche Fels- und Sandböden. Sie fressen wirbellose Bodentiere und Fische. **WISSENSWERTES** Die Weibchen bringen 30–400 voll entwickelte, lebende Junge zur Welt.

4 Butterfisch (M)
Pholis gunnellus

› schwarze, weiß umrandete Flecken
› häufig in Gezeitentümpeln

MERKMALE 20–30 cm langer, aalartig schlanker Meeresfisch mit kleinem Kopf und schleimiger Haut. 9–13 Augenflecken entlang der Basis der sehr langen Rückenflosse. **VORKOMMEN** Küstennah in Nordsee, Ostsee und Nordostatlantik. **LEBENSWEISE** Die Bodenfische leben von der Gezeitenzone bis in 30 m Tiefe im Algen- und Seegrasgürtel und ernähren sich von kleinen Bodentieren. **WISSENSWERTES** Butterfische betreiben Brutpflege und bewachen die zwischen Steinen abgelaichten Eier bis die Fischlarven schlüpfen.

1

2

3

4

1 Strandgrundel (M)
Pomatoschistus microps

› vorderer Rücken und Brust schuppenlos
› im Wattenmeer in Prielen

MERKMALE 5–7 cm langer, sandfarbener, auch Schlammgrundel genannter Fisch mit keulenförmigem Körper. Männchen mit schwarzem Fleck auf der ersten Rückenflosse. **VORKOMMEN** In Nordostatlantik, Nord- und Ostsee. Auch in Lagunen und Flussmündungen. **LEBENSWEISE** Der kleine Bodenfisch bevorzugt flache Uferabschnitte mit sandigen und schlickigen Böden. **WISSENSWERTES** Wie bei allen Grundeln sind die Bauchflossen zu einer Saugscheibe verwachsen. Die ähnliche, bis zu 11 cm lange **Sandgrundel** *(Pomatoschistus minutus)* ist komplett beschuppt.

2 Tobiasfisch (M)
Ammodytes tobianus

› vergräbt sich im Sand
› mehrere ähnliche Arten

MERKMALE 15–20 cm langer, aalartiger Meeresfisch mit spitzer Schnauze und vorstehendem Unterkiefer. Röhrenartig vorstülpbares Maul. Anders als beim sehr ähnlichen **Kleinen Sandaal** *(Ammodytes marinus)* ist der Ansatz der Schwanzflosse beschuppt. **VORKOMMEN** Küstennah in Nordsee, Ostsee und Nordostatlantik. Auch in der Gezeitenzone und im Brackwasser. **LEBENSWEISE** Die Schwarmfische filtern mit ihren Kiemen Plankton aus dem Wasser. Bei Gefahr graben sie sich blitzschnell im Sand ein. **WISSENSWERTES** Sandaale sind eine wichtige Nahrungsquelle für Meeresfische und Seevögel.

3 Steinpicker (M)
Agonus cataphractus

› zahlreiche Bartfäden am Kopf
› lebt auf weichen Böden

MERKMALE 12–20 cm langer Meeresfisch mit unten abgeflachtem, mit Knochenplatten gepanzertem Körper. Breiter Kopf mit zahlreichen Bartfäden um das unterständige Maul. Schnauzenspitze mit 4 Stacheln und 2 Barteln. **VORKOMMEN** Küstennah in Nordsee, Ostsee und Nordostatlantik. **LEBENSWEISE** Der Bodenfisch ernährt sich von Krebsen und anderen Wirbellosen, die er mit seinen Bartfäden im Untergrund aufspürt. **WISSENSWERTES** Die gelblichen Eiklumpen des Steinpickers werden häufig an Stränden angespült.

4 Seeskorpion (M)
Myoxocephalus scorpius

› großer Kopf mit Dornen
› breites Maul

MERKMALE 25–60 cm langer, keulenförmiger Meeresfisch. Dunkelbraun mit hellen Flecken an den Flanken. 2 Stacheln am Vorkiemendeckel, der längere erreicht den Hinterrand des Kiemendeckels nicht. **VORKOMMEN** Vom Flachwasser bis in 200 m Tiefe in Nordsee, Ostsee und Nordostatlantik. **LEBENSWEISE** Der räuberische Bodenfisch lebt in Seegraswiesen und Algenwäldern. Er frisst Krebse und Fische. **WISSENSWERTES** Während der winterlichen Paarungszeit bekommen die Männchen des Seeskorpions einen weißgefleckten, roten Bauch.

1

2

3

4

1 | Scholle (M)
Pleuronectes platessa

› orangerote Flecken auf der Oberseite
› Knochenhöcker hinter den Augen

MERKMALE 25–100 cm langer, ovaler, auch Goldbutt genannter Plattfisch. Die Augen liegen auf der rechten Körperseite, die Mundspalte reicht bis zum vorderen Augendrittel. **VORKOMMEN** Küstennah in Nordsee, Ostsee, Nordostatlantik und Mittelmeer. **LEBENSWEISE** Die schwarmbildenden Bodenfische leben über Sand- und Schlickgrund und ernähren sich von wirbellosen Meerestieren. **WISSENSWERTES** Die frisch geschlüpften Larven sind symmetrisch gebaut. Im Alter von 1–2 Monaten beginnt die Umwandlung zum asymmetrischen Plattfisch.

2 | Flunder (M, F)
Platichthys flesus

› Raue Oberfläche und Hautwarzen
› lebt auch im Süßwasser

MERKMALE 20–60 cm langer, ovaler Plattfisch mit dornigen Hautwarzen entlang der Seitenlinie, längs der Flossensäume und im Kopfbereich. Beide Augen liegen auf einer Körperseite. **VORKOMMEN** In europäischen Küstengewässern und Flussmündungen. Steigt teils weit in die Flüsse auf. **LEBENSWEISE** Die gesellig lebenden Bodenfische vergraben sich tagsüber gerne im Sand. Nachts gehen sie im Flachwasser auf Nahrungssuche **WISSENSWERTES** Flundern sind in der Lage, sich farblich an den Untergrund anzupassen.

3 | Steinbutt (M)
Scophthalmus maximus

› linksäugiger Plattfisch
› guter Speisefisch

MERKMALE 25–100 cm langer, dunkler, fast kreisrunder Plattfisch mit spitzer Schnauze. Die Augen liegen auf der linken Körperseite. Der Ansatz der Rückenflosse beginnt beim Steinbutt vor dem oberen Auge. **VORKOMMEN** Küstennah in Nordsee, Ostsee, Nordostatlantik und Mittelmeer bis 70 m Tiefe. **LEBENSWEISE** Der räuberisch am Gewässergrund lebende Bodenfisch ernährt sich vor allem von Grundeln und Sandaalen. **WISSENSWERTES** Die Weibchen legen während der Laichzeit (April–August) bis zu 15 Millionen Eier ab. Die Larven leben zunächst pelagisch. Ab 25 mm Länge gehen sie zum Bodenleben über.

4 | Seezunge (M)
Solea solea

› rechtsäugiger Plattfisch
› Brustflosse mit schwarzem Fleck

MERKMALE 30–60 cm langer, längsovaler Plattfisch mit runder Schnauze und gebogener Maulspalte. Die Augen liegen auf der rechten Körperseite. Variabel gefärbt mit dunklen Flecken. **VORKOMMEN** Küstennah in Nordsee, Ostsee, Ostatlantik und Mittelmeer. **LEBENSWEISE** Der nachtaktive Bodenfisch lebt auf weichen, sandigen Böden und frisst Würmer, Krebse, Muscheln und Fische. **WISSENSWERTES** Seezungen sind begehrte Speisefische, die mit schweren, den Meeresboden schädigenden, Schleppnetzen gefangen werden.

1

2

3

4

1 Geweihschwamm (S, F)
Spongilla lacustris

› häufigster einheimischer Süßwasserschwamm
› riecht unangenehm nach Iod

MERKMALE Bis zu 0,5 m² großer, geweih- oder klumpenförmiger Schwamm, der als grüner, gelblicher oder grauer Belag Äste, Wasserpflanzen und Steine überzieht. **VORKOMMEN** In stehenden und langsam fließenden Gewässern. **LEBENSWEISE** Die festsitzenden Tiere erzeugen mit zahllosen Geißeln im Körperinneren einen beständigen Wasserstrom, mit dem sie Einzeller und Bakterien herbeistrudeln. **WISSENSWERTES** Die kalte Jahreszeit übersteht der Schwamm als kaum stecknadelkopfgroßer Überwinterungskörper *(Gemmulae)*.

2 Brotkrumenschwamm (M)
Halichondria panicea

› zäh und fest
› unregelmäßig gelappt

MERKMALE Bis zu 2 cm dicker und 30 cm breiter Meeresschwamm mit deutlich hervorstehenden Ausströmöffnungen. Durch symbiotische Algen gelb, grün, grau, braun oder orange gefärbt. **VORKOMMEN** Auf Felsen, Pfählen, Muscheln, Krebsen und Tangen in Nordsee, westlicher Ostsee, Atlantikküste und Mittelmeer. **LEBENSWEISE** Die festsitzenden Tiere filtern Plankton und Bakterien aus dem Wasser. **WISSENSWERTES** Am Strand angespülte, abgestorbene Brotkrummenschämme zerkrümeln zwischen den Fingern wie trockenes Brot (daher auch der Name).

3 Bohrschwamm (M)
Cliona celata

› nur Papillen sichtbar
› bohrt verzweigtes Röhrensystem

MERKMALE Vom Schwammgewebe sind nur 1–3 mm große, runde, kontraktile Wärzchen (Papillen) sichtbar, die gelb, grün, blau oder braun gefärbt sind. Restkörper in Bohrlöchern. **VORKOMMEN** In der Dauerflutzone von Nordsee, westlicher Ostsee, Atlantikküste und Mittelmeer. **LEBENSWEISE** Der Meeresschwamm bohrt mit „Ätzzellen" ein verzweigtes Röhrengeflecht in Kalksteine, Muschel- und Schneckenschalen. **WISSENSWERTES** Am Strand lassen sich oft vollständig durchlöcherte Kalksteine und Austernschalen finden.

4 Gallertschwamm (M)
Halisarca dujardini

› weich, glatt, schleimig
› mag es wellen- und lichtgeschützt

MERKMALE Flacher, bis zu 10 cm breiter, von einer gallertartigen Substanz überzogener Meeresschwamm. Bildet schmutzig weiße, gelbe oder braune Krusten. Ohne Kieselnadeln. **VORKOMMEN** In der Nordsee, der westlichen Ostsee, an der Atlantikküste und im Mittelmeer von der oberen Dauerflutzone bis in 300 m Tiefe. **LEBENSWEISE** Wächst auf Steinen, Molluskenschalen, Krebspanzern und Tangen an schattigen Standorten. **WISSENSWERTES** Die Gallertschicht schützt den Schwamm bei Niedrigwasser vor schneller Austrocknung.

1

2

3

4

1 Süßwasserpolyp (S, F)
Hydra sp.

› jagt mit giftgetränkten Nesselkapseln
› mehrere Arten im Süßwasser

MERKMALE Bis 2 cm lange, grasgrün, graubraun oder weißlich gefärbte Tiere mit Fußscheibe, hohlem Rumpf und einer Mundöffnung, die von mehreren Fangarmen (Tentakeln) umstellt ist. **VORKOMMEN** In stehenden und langsam fließenden Gewässern. **LEBENSWEISE** Süßwasserpolypen verankern sich mit ihrer Fußscheibe auf einer festen Unterlage. Sie fressen Wasserflöhe und Insektenlarven. **WISSENSWERTES** Bei Berührung schleudern Nesselzellen in den Tentakeln giftgetränkte Nesselkapseln aus, die das Opfer lähmen.

2 Stachelpolyp (M)
Hydractinia echinata

› Kolonie aus verschiedenen Polypen
› Symbiose mit Einsiedlerkrebsen

MERKMALE Die weißroten Kolonien bestehen aus 4 Polypentypen und 3 mm langen Stacheln. Sie bilden raue, flache Polster auf Schneckenhäusern, die von Einsiedlerkrebsen bewohnt werden. **VORKOMMEN** In der Nordsee, der westlichen Ostsee und im Atlantik. **LEBENSWEISE** In der Kolonie herrscht Arbeitsteilung: Es gibt Fang-, Fress-, Wehr- und Geschlechtspolypen. **WISSENSWERTES** Stachelpolypen lassen sich von Einsiedlerkrebsen zu neuen Nahrungsquellen tragen. Als Gegenleistung bieten sie Schutz durch ihre Nesselwirkung.

3 Zypressenmoos (M)
Sertularia cupressina

› aufrecht und fächerförmig
› erinnert an Algenbüschel

MERKMALE Bis zu 60 cm hohe, braun, grün, weiß oder rosa gefärbte Polypenkolonie. Hauptstamm und Äste bestehen jeweils aus einer Doppelreihe wechselständig angeordneter Polypen. **VORKOMMEN** Von der Dauerflutzone abwärts in Nordsee, westlicher Ostsee und Atlantik. **LEBENSWEISE** Das Seemoos wächst auf Steinen, Muschelschalen und Krebspanzern. Die Polypen fischen mit ihren Tentakeln Plankton aus dem Wasser. **WISSENSWERTES** Abgestorbene Tierstöcke des auch Seemoos genannten Zypressenmooses werden häufig am Strand angespült.

4 Süßwasserqualle (S, F)
Craspedacusta sowerbii

› einzige heimische Süßwasserqualle
› 2 Lebensformen: Meduse und Polyp

MERKMALE Meduse mit bis zu 2 cm Schirmdurchmesser und bis zu 400 mit Nesselkapseln besetzten Fangarmen (Tentakeln). Glockenförmig, durchscheinend. **VORKOMMEN** In stehenden und langsam fließenden Gewässern. **LEBENSWEISE** Die Süßwasserqualle (auch: Süßwassermeduse) schwebt im Wasser auf und ab und fängt mit ihren Tentakeln Einzeller, Kleinkrebse und Rädertiere. **WISSENSWERTES** Die Meduse (Qualle) entsteht als Geschlechtsform durch Knospung aus einem 0,5–2 mm kleinen, tentakellosen Polypen. Wohl aus Ostasien eingeschleppt.

1

2

3

4

1 Seestachelbeere (M)
Pleurobrachia pileus

- schwimmt aktiv mit Wimpernbändern
- einziehbare, lange Fangarme
- nesselt nicht

MERKMALE Bis zu 3 cm lange, stachelbeerförmige Qualle mit durchscheinendem Körper und 8 bewimperten Längsrippen. Seitlich je eine Tasche mit einem bis zu 70 cm langen, gefiederten und einziehbaren Fangarm. **VORKOMMEN** Auf dem offenen Meer und in Küstengewässern von Atlantik, Nordsee und westlicher Ostsee. Oft weit verdriftet und an Stränden angespült. **LEBENSWEISE** Seestachelbeeren ernähren sich von Plankton, das an ihren mit Klebzellen ausgestatteten Tentakeln hängen bleibt und zur Mundöffnung befördert wird. **WISSENSWERTES** Die zu den Rippenquallen gehörenden, auch Stachelbeerqualle genannten Tiere bewegen sich mithilfe ihrer mit schlagenden Wimpern besetzten Längsrippen durchs Wasser. Sie schwimmen dabei mit dem Mund voran. Seestachelbeeren bestehen zu über 99 % aus Wasser.

2 Ohrenqualle (M)
Aurelia aurita

- häufigste heimische Qualle
- durchsichtig mit 4 Ringen
- für Badende ungefährlich

MERKMALE Flach gewölbter Schirm mit 10–40 cm Durchmesser und 4 ohrenförmigen Geschlechtsorganen (Männchen weiß-orange, Weibchen rotviolett). Zahlreiche kurze Tentakel am Schirmrand. Die Mundöffnung auf der Unterseite hat 4 faltige Arme. **VORKOMMEN** Häufig in den Küstengewässern von Nordsee, Ostsee und Atlantik. **LEBENSWEISE** Die Medusen (2 a+b) treiben im Meer und ernähren sich von Plankton. Die unscheinbare Polypengeneration wächst im Flachwasser heran. **WISSENSWERTES** Ohrenquallen werden häufig an Stränden angespült und trocknen dann sehr schnell aus – wie alle Quallen bestehen sie zu mehr als 95 % aus Wasser. Für Menschen sind sie ungefährlich, denn ihre Nesselkapseln können unsere Haut nicht durchdringen. Ohrenquallen leben in allen Meeren vom Äquator bis in Polnähe, sind also weltweit verbreitet.

3 Gelbe Haarqualle (M)
Cyanea capillata

- weiche, puddingartige Konsistenz
- meterlange Fangfäden
- führt bei Berührung zu Verbrennungen

MERKMALE Flacher, leicht gewölbter Schirm mit 20–50 cm Durchmesser und bis zu 10 m langen, in 8 Gruppen stehenden Tentakeln. Der gelb bis rotorange gefärbte Schirm hat 32 Randlappen. **VORKOMMEN** In Küstengewässern von Nordsee, westlicher Ostsee und Atlantik. **LEBENSWEISE** Die Gelbe Haarqualle (auch: Feuerqualle) frisst Plankton und kleine Fische, die sie zunächst mit dem Gift in den Nesselkapseln ihrer Tentakel betäuben. **WISSENSWERTES** Vorsicht beim Baden: Die Nesselkapseln der meterlangen Tentakel können mühelos menschliche Haut durchschlagen und zu schweren Verbrennungen führen. Auch am Strand angeschwemmte Tiere nesseln noch mehrere Stunden lang. Nahe verwandt ist die kleinere **Blaue Nesselqualle** *(Cyanea lamarckii)*.

1

2a

2b

3

1 Wurzelmundqualle (M)
Rhizostoma octopus

› größte heimische Qualle
› nesselt nicht

MERKMALE Helmartiger, bläulicher oder milchig-weißer Schirm mit 30–90 cm Durchmesser und bis zu 100 lilafarbenen Randlappen. 8 an der Basis verwachsene Mundlappen mit gelblichen, blumenkohlartigen Krausen (daher auch der Beiname Blumenkohlqualle). Keine Fangarme. **VORKOMMEN** In Küstengewässern von Nordsee, Ostsee und Atlantik. **LEBENSWEISE** Wurzelmundquallen schwimmen mit gleichmäßigen Glockenbewegungen und ernähren sich von Mikroplankton. **WISSENSWERTES** Die Warmwasserart erreicht vor unseren Küsten ihre nördliche Verbreitungsgrenze.

2 Kompassqualle (M)
Chrysaora hysoscella

› Schirm fest mit Kompasszeichnung
› nesselt kaum

MERKMALE Flacher, durchsichtiger Schirm mit 20–30 cm Durchmesser und braunroter Streifenzeichnung (Kompassrose). Am Schirmrand 24 bis zu 2 m lange, kräftige Tentakel. 4 gekräuselte, fahnenartige Mundlappen. **VORKOMMEN** In Atlantik und Mittelmeer, in der Nordsee im Spätsommer und Herbst. **LEBENSWEISE** Die Hochseetiere bewegen sich mit pulsierenden Schwimmbewegungen. Mit ihren Nesselfäden erbeuten sie Plankton. **WISSENSWERTES** Kompassquallen ändern ihr Geschlecht von männlich über zwittrig zu weiblich.

3 Pferdeaktinie (M)
Actinia equina

› kann Tentakel einziehen
› nesselt bei Berührung

MERKMALE 3–6 cm hoher, zylinderförmiger Körper mit bis zu 200 spitz zulaufenden Tentakeln rund um das mittig sitzende Mundfeld. Einfarbig rot, braun oder olivgrün. **VORKOMMEN** Auf festem Untergrund in der Gezeitenzone der europäischen Atlantikküste und der Nordsee. **LEBENSWEISE** Die auch Purpurrose genannte Pferdeaktinie fängt mit ihren stark nesselnden Fangarmen Krebse und Fische. **WISSENSWERTES** Bei Ebbe zieht die Pferdeaktinie ihre Tentakel vollständig ein und erträgt so Hitze, Regen und mehrstündige Trockenheit.

4 Dickhörnige Seerose (M)
Urticina felina

› Kaltwasserart
› tarnt sich mit Kleinmaterial

MERKMALE Bis zu 20 cm hoher, zylinderförmiger Körper mit bis zu 160 kräftigen, stumpf endenden Tentakeln. Zahlreiche, mit Steinchen und Muschelstückchen besetzte Haftwarzen am Körper. Färbung variabel, häufig gebändert. **VORKOMMEN** In Nordsee, westlicher Ostsee und Atlantik auf Felsböden und in Hafenanlagen von der Gezeitenzone an abwärts. **LEBENSWEISE** Die auch Seedahlie genannte Seerose fängt mit ihren Fangarmen vor allem nachts Krebse und kleine Fische. **WISSENSWERTES** Im Ruhezustand zieht die Dickhörnige Seerose ihre Fangarme ein.

1

4

3

2

1 Flache Seerinde (M)
Membranipora membranacea

› gitterartige Struktur auf Tangen
› Kammern mauersteinartig versetzt

MERKMALE Bis zu 150 cm lange und 20 cm breite Moostierchen-Kolonien, die netzartige, weißliche Krusten auf Tangen bilden. Die winzigen Einzeltiere sitzen in flachen, rechteckigen Kalkgehäusen und sind oberseits nur durch eine dünne Membran geschützt. **VORKOMMEN** In der Dauerflutzone von Nordsee, westlicher Ostsee, Atlantik und Mittelmeer. **LEBENSWEISE** Die Einzeltiere filtern mit ihren Tentakelkronen Plankton aus dem Wasser. **WISSENSWERTES** Großflächige Kolonien können aus Millionen Individuen bestehen.

2 Blättermoostierchen (M)
Flustra foliacea

› Oberfläche matt und rau
› ähnelt Algenbüscheln

MERKMALE Bis zu 20 cm hohe, graubraune Moostierchen-Kolonie mit runden, blattartigen Lappen. Mit Fußscheibe am Untergrund (Felsen, Steine, Muschelschalen) befestigt. Die 0,5 mm großen Einzeltiere sitzen in kästchenförmigen, dornigen Gehäusen. **VORKOMMEN** Im Flachwasser von Nordsee, westlicher Ostsee, Atlantik und Mittelmeer. **LEBENSWEISE** Die Blättermoostierchen filtern mit ihren Tentakelkronen kleine Nahrungspartikel aus dem Wasser. **WISSENSWERTES** Nach Stürmen werden die Blättermoostierchenkolonien häufig am Strand angespült.

3 Dreieckskopf-Strudelwurm (F)
Dugesia gonocephala

› abgeplatteter Körper
› pfeilförmiger Kopf

MERKMALE Bis 30 mm langer Plattwurm mit dreieckigem Kopf und abgesetzten „Öhrchen". 2 schwarze, hell umrandete Augen. Oberseits graubraun oder braun, unterseits blasser. **VORKOMMEN** In sauberen, kühlen Quellen und Bächen mit festem Grund. **LEBENSWEISE** Der auch Dreieckstrudelwurm oder Europäische Bachplanarie genannte Strudelwurm versteckt sich tagsüber gern unter Steinen. Er ernährt sich von Bachflohkrebsen und Insektenlarven. **WISSENSWERTES** Strudelwürmer bewegen sich am Gewässergrund mit Hilfe ihres dichten Wimpernkleids auf der Körperunterseite fort.

4 Milchweißer Strudelwurm (S, F)
Dendrocoelum lacteum

› weiß wie Milch
› rötlich durchscheinender Darm

MERKMALE Bis 30 mm langer, weißlicher Plattwurm mit zwei kleinen, beweglichen Seitenlappen am Kopf und weit auseinander stehenden, schwarzen Augen. **VORKOMMEN** In stehenden und langsam fließenden Gewässern. **LEBENSWEISE** Der Strudelwurm bewegt sich schnell genug, um Wasserasseln und Insektenlarven zu erbeuten. Er umhüllt sie mit klebrigem Schleim und saugt sie dann aus. **WISSENSWERTES** Der Milchweiße Strudelwurm ist erstaunlich regenerationsfähig. Selbst aus kleinen Bruchstücken wachsen neue Tiere heran.

1
2
3
4

1 Schlammröhrenwurm (S, F)

Tubifex sp.

› Körper gleichmäßig geringelt
› hämoglobinhaltiges, rotes Blut

MERKMALE 15–70 mm lange, rötlich gefärbte Würmer mit Segmenten, gürtelartigem Wulst (Clitellum) und Haarborsten. **VORKOMMEN** In stehenden und langsam fließenden Gewässern mit Schlamm- oder Sandböden. **LEBENSWEISE** Die am Boden lebenden Würmer stecken mit ihrem Vorderende in Wohnröhren und graben nach organische Schlammteilchen. Das Hinterende ragt aus der Röhre heraus und pendelt unentwegt im Wasser. **WISSENSWERTES** In organisch belasteten Gewässern zeigen Massenvorkommen schlechte Gewässergüte an.

2 Grüner Seeringelwurm (M)

Alitta virens, syn. *Neanthes virens*

› sehr großer Wurm
› glänzende, schillernde Haut

MERKMALE 30–90 cm langer, aus rund 200 Segmenten bestehender Wurm mit großen, blattförmigen Anhängen an den Stummelfüßen. Grün bis blau oder braun bis kupferfarben (s. Abb.). **VORKOMMEN** In der Gezeitenzone und tiefer in Nordsee, Ostsee und Atlantik. **LEBENSWEISE** Der räuberisch lebende Grüne Seeringelwurm baut sich ein verzweigtes Gangsystem in Sand- und Schlickböden. Nachts kriecht er aus den Gängen und erbeutet mit seinen kräftigen Kiefern marine Kleintiere und Aas. **WISSENSWERTES** Größter Seeringelwurm an Europas Küsten.

3 Kotpillenwurm (M)

Heteromastus filiformis

› Dehnbar wie ein Gummiband
› typische Kothäufchen

MERKMALE Bis zu 18 cm langer, fadendünner (deshalb auch Fadenwurm genannter) Wurm aus bis zu 150 Segmenten. Vorderkörper rot, Hinterkörper rotgrün oder gelblich. **VORKOMMEN** Ab der Gezeitenzone in Nordsee, Ostsee, Atlantik und Mittelmeer. **LEBENSWEISE** Die Würmer graben weitverzweigte Gangsysteme in Schlickböden, die über Röhren mit der Oberfläche in Verbindung stehen. Sie fressen Sand und verdauen die darin enthaltenen Nahrungspartikel. **WISSENSWERTES** Im Watt verraten schwarze, pillenförmige Kothäufchen die Anwesenheit der Würmer.

4 Bäumchenröhrenwurm (M)

Lanice conchilega

› lange, weiße Tentakel
› baumartige Wohnröhre

MERKMALE 5–50 cm langer Wurm mit roten Kiemenbüscheln und vielen Tentakeln im Kopfbereich. Körper gelb, rosa oder braun, mit spitzem Hinterende. **VORKOMMEN** In der Gezeiten- und oberen Dauerflutzone von Nordsee, Ostsee und Atlantik. **LEBENSWEISE** Der Bäumchenröhrenwurm wohnt in senkrecht im Sandboden stehenden Röhren, die außen mit Muschelschill bedeckt sind und am oberen Ende eine Bäumchenkrone tragen. **WISSENSWERTES** Bei der Nahrungssuche nutzt der Bäumchenröhrenwurm die Äste der Krone als Stütze für seine Tentakeln.

1

2

4

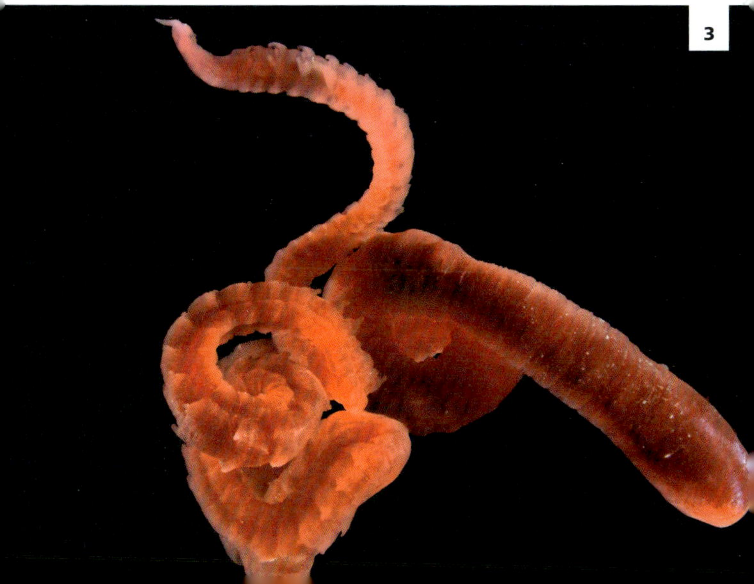
3

1 Wattwurm (M)
Arenicola marina

› drei unterschiedliche Körperabschnitte
› Symboltier des Wattenmeeres
› erzeugt Trichter und Sandkringel

MERKMALE 5–30 cm langer, auch (Sand-)Pierwurm oder Prielwurm genannter Wurm mit dreigeteiltem Körper: vorne walzenförmig verdickt, in der Mitte mit 13 Paar roter Kiemenbüschel, hinten schlank und ohne Anhänge. Fleischfarben, rotbraun bis fast schwarz (1b). **VORKOMMEN** In Sand- und Schlickböden von Nordsee, Ostsee und Atlantik. **LEBENSWEISE** Wattwürmer graben bis zu 30 cm tiefe, U-förmige Röhren in den Sand. Der Wurm hält sich im waagrechten Teil der Röhre auf und frisst den mit Nahrungspartikeln angereicherten Sand. Über dem Fressplatz entsteht so ein Einsturztricher (1a). Auf der anderen Seite der Röhre scheidet der Wurm den verdauten Sand als Kotkringel wieder aus. **WISSENSWERTES** Im Laufe eines Jahres wandern bis zu 25 kg Sand durch den Körper.

2 Köcherwurm (M)
Lagis koreni, syn. *Pectinaria koreni*

› lebt kopfüber in der obersten Bodenschicht
› kunstvolle Wohnröhre
› standortteu

MERKMALE 2–5 cm langer, weißlich bis rosa gefärbter Wurm mit roten Kiemen. Goldfarbener Borstenkamm und Tentakeln im Kopfbereich. Lebt in einer bis zu 8 cm langen, köcherförmigen, beiderseits offenen, aus körpereigenem Schleim mit kleinen Sandkörnern gefertigten Wohnröhre. **VORKOMMEN** In Sand- und Schlickböden der Gezeitenzone bis in 500 m Tiefe. Nordsee, westliche Ostsee, Atlantik und Mittelmeer. **LEBENSWEISE** Der Köcherwurm steckt mit seiner Röhre kopfabwärts im Boden, nur die dünnere Röhrenspitze ragt heraus. Mit dem Borstenkamm lockert er das Sediment rund um seinen Kopf. Er frisst kleine Organismen im Sandlückenraum, die er mit seinen Tentakeln ertastet. **WISSENSWERTES** Die leeren Wohnröhren finden sich am Strand oft im angespülten Schlamm und Schlick.

3 Posthörnchenwurm (M)
Spirorbis spirorbis

› weiß leuchtende Wohnröhren
› rechtsgewunden
› oft massenhaft auf derben Tangen

MERKMALE Bis 6,5 mm langer, blassgrüner, mariner Ringelwurm aus bis zu 35 Segmenten. Zweigeteilte, gefiederte Tentakelkrone im Kopfbereich. Lebt in einer verkalkten, an ein Posthorn (daher auch der Name) erinnernde Wohnröhre mit 3–4 mm Durchmesser. Gestielter Verschlussdeckel. **VORKOMMEN** In der Gezeiten- und oberen Dauerflutzone von Atlantik, Nord- und westliche Ostsee. **LEBENSWEISE** Die weißen Wohnröhren finden sich vor allem auf Tangen, seltener auf Muschelschalen, Krebspanzern, Felsen oder Holz. Die winzigen Posthörnchenwürmer erzeugen mit ihrer bewimperten Tentakelkrone einen beständigen Wasserstrom zur Nahrungsfiltration. **WISSENSWERTES** Bei Störung ziehen sich die Würmer in ihr Gehäuse zurück und verschließen es mit einem Deckel.

1a

1b

2

3

1 | Medizinischer Blutegel (S)
Hirudo medicinalis

› saugt Blut
› wird medizinisch verwendet

MERKMALE 10–15 cm langer, oberseits bräunlicher Egel mit 6 orangeroten Längsbändern. Bauch gelbgrün. Mundöffnung mit 3 sternartig angeordneten Kiefern. Vorne und hinten mit Saugnapf. **VORKOMMEN** In pflanzenreichen Mooren, Sümpfen, Teichen und Seen. **LEBENSWEISE** Junge Medizinische Blutegel leben zunächst räuberisch, später saugen sie an Amphibien und Fischen. Erwachsene Egel ernähren sich von Säugetierblut. **WISSENSWERTES** Der Medizinische Blutegel wird bis zu 27 Jahre alt und kann von einer Blutmahlzeit bis zu 2 Jahre leben.

2 | Gemeiner Fischegel (S, F, M)
Piscicola geometra

› saugt Blut an Fischen
› mehrere ähnliche Arten

MERKMALE Bis zu 7 cm langer, sehr schlanker, drehrunder Egel mit zwei stark verbreiterten Saugnäpfen. Der vordere Saugnapf mit Mund und 4 Augen. Grünlich braun gescheckt. **VORKOMMEN** In fischreichen Binnengewässern und in der Ostsee. **LEBENSWEISE** Der Gemeine Fischegel ist ein guter Schwimmer und lauert an Wasserpflanzen befestigt auf vorbeischwimmende Fische. Er heftet sich an Körper, Kiemen oder Flossen an und beginnt mit dem vorderen Mundsaugnapf Blut zu saugen. **WISSENSWERTES** Der Parasit bleibt mehrere Tage lang auf dem Fisch.

3 | Hundeegel (S, F)
Erpobdella octoculata

› lebt räuberisch
› mehrere ähnliche Arten

MERKMALE 3–6 cm langer, fast drehrunder Egel mit 8 Augen am Vorderende, weshalb er auch Achtäugiger Schlundegel oder Rollegel genannt wird. Variabel gefärbt, meist braun mit helleren, gelblichen Flecken. Rücken glatt. **VORKOMMEN** Weit verbreitet in Binnengewässern aller Art. **LEBENSWEISE** Der Hundeegel ist ein guter Schwimmer. Er saugt nicht an Beutetieren, sondern verschlingt kleine Wasserlebewesen wie zum Beispiel Insektenlarven, Würmer und Kleinkrebse. **WISSENSWERTES** Die Hundeegel bewegen sich fort, indem sie sich auf einer Unterlage festsaugen und dann den Körper nachschieben.

4 | Großer Schneckenegel (S, F)
Glossiphonia complanata

› sehr flacher, bunter Egel
› betreibt Brutpflege

MERKMALE 10–30 mm langer, grauer oder grünlicher Egel mit festem Körper und 3 hintereinander liegenden Augenpaaren. 2 dunkle Längsbänder und 6 Längsreihen mit gelblichen Warzen auf jedem 3. Körperring. **VORKOMMEN** Häufig in Binnengewässern aller Art, meist unter Steinen oder an Wasserpflanzen. **LEBENSWEISE** Der Egel saugt an Muscheln, Schnecken, Würmern, Insektenlarven und Fischlaich. Bei Gefahr rollt er sich kugelartig zusammen. **WISSENSWERTES** Jungtiere heften sich in den ersten Lebenswochen an die Alttiere und werden von diesen getragen.

1

2

3

4

1 Rändel-Käferschnecke (M)
Lepidochitona cinerea

- kein festes Gehäuse
- 8 verkalkte Rückenschilder
- saugt sich mit dem Fuß am Boden fest

MERKMALE 10–22 mm langes Weichtier mit 8 quer liegenden, fein geschuppten Rückenplatten, die dachziegelartig übereinander passen. Die Platten sind variabel gefärbt, häufig mit Mustern und Streifen. Rundum verläuft ein fleischiger, am Rand gelappter und gestreifter Mantelrand. **VORKOMMEN** In Nordsee, Ostsee und im Atlantik von der Gezeitenzone bis in 180 m Tiefe. Auf Felsböden, Muschelschalen und in Hafenanlagen. **LEBENSWEISE** In der Gezeitenzone haften Käferschnecken während der Ebbe mit ihrer Fußsohle sehr fest am Untergrund. Bei Flut weiden sie mit ihrer Raspelzunge Algenbeläge ab. **WISSENSWERTES** Festgesaugte Rändel-Käferschnecken lassen sich nur mit einiger Gewalt lösen und krümmen sich wie Kellerasseln. Sobald die Tiere trockenfallen, suchen sie trockene Standorte auf, um den Wasserverlust zu verringern.

2 Spitze Sumpfdeckelschnecke (S)
Viviparus contectus

- Gehäuse dünnwandig mit scharfer Spitze
- größte heimische Vorderkiemer-Schnecke
- bringt lebende Junge zur Welt

MERKMALE Bis 40 mm hohes und 30 mm breites, rundlich-kegelförmiges, braungrünes Gehäuse mit stark gewölbten, stufig abgesetzten Windungen sowie 3 rotbraunen Bändern. Dünner, spitzer Apex (Gehäusespitze). **VORKOMMEN** In stehenden, pflanzenreichen Gewässern wie Teichen, Gräben und Altarmen. Vor allem im Tiefland. **LEBENSWEISE** Die Süßwasserschnecke lebt im Schlamm des Gewässerbodens und ernährt sich von organischen Überresten und Algen. Bei Gefahr zieht sie sich in ihr Gehäuse zurück und verschließt es mit einem passgenauen Deckel, den sie auf ihrem Kriechfuß mit sich trägt. **WISSENSWERTES** Die Gehäuse der etwas kleineren **Stumpfen Sumpfdeckelschnecke** (*Viviparus viviparus*) enden in einer stumpfen Spitze.

3 Gemeine Schnauzenschnecke (S, F, M)
Bithynia tentaculata

- Gehäuse mit spitzovaler Mündung
- manche mit dunklen Flecken
- rüsselartig verlängerte Schnauze

MERKMALE 8–15 mm hohes und 6–9 mm breites, kegelig-eiförmiges, hell bräunliches bis hornfarbenes Gehäuse. Mündung und Deckel sind oben spitz, wobei der verkalkte Deckel kreisförmige Ringe aufweist. Rüsselartiger Kopf mit fadenförmigen Fühlern. **VORKOMMEN** In stehenden und langsam fließenden Gewässern. **LEBENSWEISE** Die Schnecke ernährt sich von Detritus, Algen und eingestrudelten Partikeln. Ihre 20–70 Eier legt sie in gallertigen Bändern auf Steinen oder Pflanzenteilen ab. **WISSENSWERTES** Die Süßwasserschnecke zählt zu unseren häufigsten Wasserschnecken und kommt bis in 60 m Wassertiefe vor. Sie dringt auch ins Brackwasser ein und erträgt in Bodden und Haffen bis zu 12 ‰ Salzgehalt.

1

2

3

1 | Spitzschlammschnecke (S, F, M)
Lymnaea stagnalis

› dreieckige Fühler
› größte heimische Lungenschnecke

MERKMALE 48–60 mm hohes und 22–30 mm breites, hornfarbenes Gehäuse mit langem, spitz ausgezogenem Gewinde. Letzter Umgang bauchig aufgeblasen. Mündung ohrförmig. **VORKOMMEN** In pflanzenreichen, stehenden und langsam fließenden Gewässern. Auch im Brackwasser. **LEBENSWEISE** Schlammschnecken ernähren sich von Algenaufwuchs, den sie mit ihrer Raspelzunge abweiden. Sie fressen auch Aas, Detritus und Kleinlebewesen. **WISSENSWERTES** Die Schnecke „hängt" bei der Nahrungssuche oft unter der Wasseroberfläche.

2 | Posthornschnecke (S, F)
Planorbarius corneus

› großes, flaches Gehäuse mit Querrillen
› lange, dünne Fühler

MERKMALE 11–13 mm hohes und 27–33 mm breites, dunkelbraunes, an ein Posthorn erinnerndes Gehäuse. Lebende Tiere mit Hautfalte am linken Gehäuserand. **VORKOMMEN** In ruhigen, pflanzenreichen Gewässern. **LEBENSWEISE** Lebt am schlammigen Gewässerboden und ernährt sich von Algen, Detritus, Wasserpflanzen und Aas. Die Eier werden in tellerförmigen Laichballen abgelegt, aus denen nach 2–3 Wochen 60–70 Jungschnecken schlüpfen. **WISSENSWERTES** Posthornschnecken überwintern im Schlammgrund ihrer Wohngewässer.

3 | Gemeine Tellerschnecke (S, F, M)
Planorbis planorbis

› flaches, tellerförmiges Gehäuse
› Körper schwärzlich

MERKMALE 3–4 mm hohes und 14–17 mm breites, scheibenförmiges, bräunliches Gehäuse mit fadenförmigem Kiel nahe der Unterseite. 5–6 Umgänge, oberseits stärker gewölbt als unten. **VORKOMMEN** In schlammigen, stehenden und langsam fließenden Gewässern. Im Brackwasser bis zu 5 ‰ Salzgehalt. **LEBENSWEISE** Weidet Algen und Detritus von Wasserpflanzen ab. **WISSENSWERTES** Wie alle Lungenschnecken muss die Gemeine Tellerschnecke regelmäßig an die Wasseroberfläche kommen, um ihren Luftvorrat aufzufrischen.

4 | Eiförmige Schlammschnecke (S, F, M)
Radix balthica, syn. *Radix ovata*

› große Gehäusemündung
› mehrere, ähnliche Arten

MERKMALE 19–23 mm hohes und 13–15 mm breites, hornfarbenes Gehäuse mit großer, eiförmiger, spitz zulaufender Mündung. Das spitzkegelige Gewinde nimmt etwa ¼ der Gehäusehöhe ein. **VORKOMMEN** In Bächen, Flüssen, Weihern und Seen. Verträgt bis zu 15 ‰ Salzgehalt. **LEBENSWEISE** Die Allesfresserin weidet Pflanzen, Steine und den Gewässergrund ab. **WISSENSWERTES** Die Gehäuseform der Eiförmigen Schlammschnecke ist sehr variabel und lässt sich teilweise nur schwer von anderen *Radix*-Arten unterscheiden.

1

2

3

4

1 Flussnapfschnecke (F, S)

Ancylus fluviatilis

› mützenförmiges Gehäuse
› bewegt sich sehr langsam

MERKMALE 5–7 mm langes und 2–3 mm hohes, mützenförmiges, dünnwandiges Gehäuse ohne Gewinde. Die stumpfe Spitze ist nach hinten gebogen. Rotbraun bis gelblich. **VORKOMMEN** In sauerstoffreichen, sauberen Fließgewässern, Karstquellen und der Brandungszone von Seen. **LEBENSWEISE** Um nicht von der Strömung fortgetragen zu werden, saugt sich die Flussnapfschnecke mit ihrer Fußscheibe an Steinen fest. Sie frisst Algen und Detritus. **WISSENSWERTES** Die auch Mützenschnecke genannte Flussnapfschnecke atmet ausschließlich über die Haut.

2 Teichnapfschnecke (S, F)

Acroloxus lacustris

› extrem flaches Gehäuse
› ohne Spiralwindung

MERKMALE 5–7 mm langes und etwa 1,5 mm hohes, länglich-schildförmiges Gehäuse mit kleiner, nach hinten gebogener Spitze. **VORKOMMEN** In pflanzenreichen, stehenden und langsam fließenden Gewässern. **LEBENSWEISE** Die Teichnapfschnecke sitzt auf Wasserpflanzenstängeln und der Unterseite von Schwimmblättern. Dort weidet sie den Algenbewuchs ab. **WISSENSWERTES** Die Teichnapfschnecke wird auch Schilflaus genannt. Das Gehäuse der Teichnapfschnecke ist flacher, durchscheinender und dünnwandiger als das der Flussnapfschnecke.

3 Gewöhnliche Napfschnecke (M)

Patella vulgata

› napf- oder kappenförmiges Gehäuse
› kehren zu Ruheplatz zurück

MERKMALE Bis zu 7 cm langes, dickes, kegelförmiges Gehäuse mit groben, strahlenförmigen Rippen auf der grünen bis braunen Außenseite. Innenseite glatt und perlmuttglänzend. **VORKOMMEN** An Felsküsten und Molen in der Gezeitenzone von Atlantik und Nordsee. **LEBENSWEISE** Die nachtaktiven Napfschnecken weiden mit ihrer Raspelzunge Algen und kleine, festsitzende Tiere von harten Unterlagen ab. **WISSENSWERTES** Bei Tagesanbruch wandern die Tiere auf ihrer eigenen Schleimspur zu ihrem Ruheplatz zurück.

4 Aschgraue Kreiselschnecke (M)

Steromphala cineraria,
syn. *Gibbula cineraria*

› häufigste heimische Kreiselschnecke
› bewohnt Felsküsten

MERKMALE Bis 20 mm hohes, kegelförmiges, hellgraues Gehäuse mit 6 leicht gewölbten Umgängen. Außen fein spiralig gerippt, innen perlmuttglänzend. Schräge, aschgraue oder rotbraune Streifen. **VORKOMMEN** An Felsküsten des europäischen Atlantiks und der Nordsee. Häufig im Helgoländer Felswatt. **LEBENSWEISE** Die auch Friesenkopf genannte Schnecke lebt auf Hartböden und großen Tangen. Sie ernährt sich von Algen und Detritus. **WISSENSWERTES** Die Tiere leben von der Gezeitenzone abwärts bis in 140 m Tiefe.

1

3

2

4

1 Gewöhnliche Strandschnecke (M)

Littorina littorea

› häufig und weit verbreitet
› kräftiges Gehäuse ohne Nabel
› Speiseschnecke

MERKMALE 15–40 mm hohes, dickschaliges, rundlich-kegelförmiges Gehäuse mit deutlich ausgeprägter Spitze und feinen Zuwachsstreifen. 6–7 wenig gewölbte Umgänge, der letzte besonders groß. Gehäuseaußenseite matt mit variabler, häufig graubrauner Färbung, Innenseite glatt. Mündung schief eiförmig. **VORKOMMEN** Von der Gezeitenzone bis in 60 m Tiefe in Nordsee, westlicher Ostsee und Atlantik. **LEBENSWEISE** Die Gewöhnliche Strandschnecke besiedelt Steine, Felsen, Tange, Hafenanlagen und den Wattboden. Sie weidet mit ihrer Raspelzunge (Radula) Algenbeläge ab. **WISSENSWERTES** Die Gewöhnliche Strandschnecke kann ihr Gehäuse mit einem Deckel (Operculum) verschließen und so mehrere Tage außerhalb des Wassers überdauern.

2 Raue Strandschnecke (M)

Littorina saxatilis

› sehr variable Gehäuseform und -größe
› grau, braun, rot oder gelb
› lebendgebärend

MERKMALE 6–15 mm hohes, bauchiges bis spitzkegeliges Gehäuse mit kräftigen Spiralrippen und Zuwachsstreifen. 5–6 deutlich gewölbte Umgänge. Mündung rundlich oval. Die Außenlippe stößt oben fast senkrecht auf die Endwindung. Sehr variabel gefärbt. **VORKOMMEN** Von der mittleren Gezeitenzone bis in die Spritzwasserzone in Nordsee, Ostsee und Atlantik. An Felsküsten und in Hafenanlagen. **LEBENSWEISE** Die Raue Strandschnecke ernährt sich von Algen, Flechten und Bakterien. Die Weibchen bringen voll entwickelte Jungschnecken zur Welt. **WISSENSWERTES** Es kommen zwei Varietäten vor: die kleinere, zartwandigere *Littorina saxatilis saxatilis* und die größere, stärker skulpturierte *Littorina saxatilis rudis*. Die Raue Strandschnecke wird manchmal auch als Kleine Strandschnecke bezeichnet.

3 Flache Strandschnecke (M)

Littorina fabalis, syn. *L. mariae*

› sehr flaches Gewinde
› lebt auf Braunalgen
› oft sehr bunt

MERKMALE Bis 14 mm hohes, sehr dickschaliges, fast kugelförmiges Gehäuse mit flacher, stumpfer Spitze. 5 Umgänge. Bis auf einige Zuwachsstreifen ist das Gehäuse außen glatt. Mündung gleichmäßig eiförmig. Sehr variabel gefärbt (dunkelbraun, olivgrün, rötlich, gelblich), teils auch gebändert oder fein gemustert. **VORKOMMEN** Vor allem auf Säge-, Blasen- und Knotentang in Nordsee (Helgoland), westlicher Ostsee und Atlantik. **LEBENSWEISE** Die Schnecke weidet den Aufwuchs auf den besiedelten Algen ab und frisst an Jungtrieben. **WISSENSWERTES** Die Weibchen heften ihre nierenförmigen Eigelege häufig an Tange. Aus ihnen schlüpfen nach einem Monat vollständig entwickelte, kleine Schnecken. Die sehr ähnliche **Stumpfe Strandschnecke** *(Littorina obtusata)* lässt sich anhand der Gehäusemerkmale kaum von der Flachen Strandschnecke unterscheiden.

1

2

3

1 Wellhornschnecke (M)
Buccinum undatum

› großes, geripptes Gehäuse
› Räuber und Aasfresser

MERKMALE 8–12 cm hohes, kräftiges, graugelbes Gehäuse mit 7–8 Umgängen und wellenförmigen Axialrippen (1a). Weite, rundovale Mündung mit kurzer, weiter Siphonalrinne. **VORKOMMEN** In Nordsee, westlicher Ostsee, Nordatlantik und Mittelmeer von 0–2000 m Tiefe. **LEBENSWEISE** Mit ihrem langen, an der Spitze mit einer Raspelzunge bewehrten Rüssel knackt die Wellhornschnecke Krebspanzer und Schneckenhäuser auf. **WISSENSWERTES** Die aus zusammengeklebten Eikapseln bestehenden Laichballen (1b) werden oft an Stränden angespült.

2 Netzreusenschnecke (M)
Nassarius reticulatus

› gitternetzartig skulpturiert
› oft am Strand angespült

MERKMALE 20–35 mm hohes, dickschaliges, konisch eiförmiges Gehäuse mit kräftigen Längsfalten und Spiralreifen. Mündung eiförmig. Außenlippe mit stumpfen Zähnchen. Gelb bis graubraun. **VORKOMMEN** In der Dauerflutzone von Nordsee, westlicher Ostsee, Atlantik und Mittelmeer. **LEBENSWEISE** Die räuberische Schnecke lebt von Würmern, Weichtieren und Aas, die sie mit Geschmackszellen in ihrem langen Rüssel aufspürt. **WISSENSWERTES** Auf Nahrungssuche dringt die Netzreusenschnecke in Fischreusen ein – so erklärt sich auch ihr Name.

3 Pantoffelschnecke (M)
Crepidula fornicata

› pantoffelförmiges Gehäuse
› aus Nordamerika eingeschleppt

MERKMALE Bis 47 mm langes und 20 mm hohes, graubraunes, gewölbtes Gehäuse mit lediglich 1 ½ Windungen und sehr weiter Mündung. Oberseits mit feinen Zuwachsstreifen, innen mit heller Scheidewand. **VORKOMMEN** Im Flachwasser auf Muschelschalen, Molen und Felsen in Nordsee und Atlantik. **LEBENSWEISE** Die festsitzende, standorttreue Pantoffelschnecke filtriert Plankton aus dem Atemwasser. **WISSENSWERTES** Pantoffelschnecken von der Ostküste der USA wurden ab dem Jahr 1880 zusammen mit Zuchtaustern nach Europa eingeschleppt.

4 Glänzende Nabelschnecke (M)
Euspira nitida, syn. *E. pulchella*

› glatte, glänzende Oberfläche
› spiralige Fleckenzeichnung

MERKMALE Bis 18 mm hohes, rundlich ovales Gehäuse mit 7 Umgängen, der letzte mit 4–5 Spiralbändern mit dunklen, hakenförmigen Flecken. Hellgelb bis braun. **VORKOMMEN** Von der oberen Dauerflutzone bis in 2300 m Tiefe in Nordsee, Atlantik, Mittelmeer. **LEBENSWEISE** Die räuberische Schnecke bohrt mit ihrer spitzen Raspelzunge kreisrunde Löcher in Muschelschalen und Schneckengehäuse hinein, dann frisst sie die Weichkörper. **WISSENSWERTES** Auf ihrer Suche nach einer Beute gräbt sich die Glänzende Nabelschnecke durch den Meeresboden.

1a

1b

2

3

4

1 Glatte Wattschnecke (M)
Peringia ulvae, syn. Hydrobia ulvae

› sehr kleine Meeresschnecke
› massenhaft im Angespül

MERKMALE 4–6 mm hohes, spitz konisches Gehäuse mit 6–7 Umgängen und abgerundeter Spitze. Hornfarben bis braun. Mündungsöffnung rundlich oval. Schnecke mit schwarzen Querbinden hinter der Tentakelspitze. **VORKOMMEN** Von der Gezeitenzone bis in 20 m Tiefe in Nordsee, Ostsee und Atlantik. **LEBENSWEISE** Wattschnecken weiden den Algenbelag von Sand- und Schlickböden ab. **WISSENSWERTES** Im Wattenmeer leben bis zu 100 000 Tiere pro m^2. Die Glatte Wattschnecke ist eine wichtige Nahrungsquelle für Zugvögel und marine Wassertiere.

2 Pelikanfuß (M)
Aporrhais pespelecani

› Gehäuse ähnelt Vogelfuß
› Mündung mit großer Lippe

MERKMALE 3–5 cm hohes, dickschaliges Gehäuse. Bei jungen Tieren turmförmig, bei Alttieren ist der äußere Mundsaum mit 3–5 Fortsätzen flügelartig erweitert. 10–12 Umgänge mit Höckern. Gelblich bis rotbraun. **VORKOMMEN** Unterhalb der Gezeitenzone in Nordsee, westlicher Ostsee, Atlantik und Mittelmeer. **LEBENSWEISE** Die Schnecke gräbt sich oberflächlich im Sandboden ein und ernährt sich als Strudler von kleinen Nahrungspartikeln. **WISSENSWERTES** Pelikanfüße zählen zu den begehrtesten Funden, die man an Stränden machen kann.

3 Gemeine Turmschnecke (M)
Turritella communis

› turmförmiges Gehäuse
› Umgänge mit Spiralstreifen

MERKMALE Bis 55 mm hohes, spindelförmiges Gehäuse mit bis zu 19 flach gewölbten Umgängen und spiralig gerippter Oberfläche. Mündungsöffnung klein und rundlich. Gelbbraun bis rostfarben. **VORKOMMEN** In der Dauerflutzone von Nordsee, westlicher Ostsee und Atlantik. **LEBENSWEISE** Die Turmschnecke vergräbt sich mit der Spitze nach unten im Sand oder Schlick. Sie strudelt mit Flimmerhärchen Wasser durch ihre Kiemen, an denen kleine Nahrungspartikel hängen bleiben. **WISSENSWERTES** Die Gemeine Turmschnecke findet sich im Angespül.

4 Unechte Wendeltreppe (M)
Epitonium clathrus

› ernährt sich von Seeanemonen
› mehrere ähnliche Arten

MERKMALE 3–4 cm hohes, turmförmiges Gehäuse mit bis zu 15 Umgängen und 9 kräftigen, breiten axialen Rippen. Fleischfarben mit braunen Binden. **VORKOMMEN** Auf Sand- und Schlickböden in 15–70 m Tiefe in Nordsee, Atlantik und Mittelmeer. **LEBENSWEISE** Die räuberischen Schnecken fressen mit ihrer an einem Rüssel sitzenden Raspelzunge Seeanemonen und andere Nesseltiere an. **WISSENSWERTES** In jeder Fortpflanzungsperiode wechseln die Tiere ihr Geschlecht. Die Unechten Wendeltreppen sind zunächst männlich, dann weiblich.

1

2

3

4

1 Gemeine Teichmuschel (S, F)

Anodonta anatina

› Schale dick und schwer
› filtert und reinigt das Wasser
› mehrere ähnliche Arten

MERKMALE 8–15 cm lange, 5–6 cm hohe und 2,5–3,5 cm dicke, grünlichgelbe, rhombisch-ovale Schale. Innenseite stumpf weißgrau. Der Unterrand der Schale ist innen wulstig verdickt (fühlbar bei leeren Schalen!). Schloss ohne Zähne. **VORKOMMEN** In stehenden und langsam fließenden Gewässern. **LEBENSWEISE** Gemeine Teichmuscheln strudeln ständig frisches Wasser ein und filtern mit ihren Kiemen Plankton und organische Abfallstoffe heraus. Sie werden auch Entenmuschel genannt. Durch den hohen Wasserdurchsatz tragen sie viel zur Reinigung ihrer Wohngewässer bei. **WISSENSWERTES** Die bis zu 20 cm lange **Große Teichmuschel** *(Anodonta cygnea)* ist dünnschaliger, leichter und glänzt innen perlmuttartig. Leere Schalen sind am Unterrand nicht wulstig verdickt. Große Muschelarten wie die Teichmuscheln filtrieren in einer Stunde etwa 40 Liter Wasser.

2 Kleine Flussmuschel (F)

Unio crassus

› Larven parasitieren an Fischen
› kann über 30 Jahre alt werden

MERKMALE 5–6 cm lange, 3–3,5 cm hohe und 2,5–3,5 cm dicke, braunschwarze, eiförmige Schale. Dickwandig und nicht ganz doppelt so lang wie hoch. Schloss mit kräftigen Zähnen. **VORKOMMEN** In klaren, schnell fließenden Bächen und Flüssen mit Sand- oder Kiesgrund. **LEBENSWEISE** In den Kiemen der Muschelweibchen entwickeln sich rund 200.000 parasitische Larven (Glochidien). Nach Verlassen des Muttertiers leben die Kleinen Flussmuscheln (auch: Bachmuscheln) für einige Wochen parasitisch auf den Kiemen von Wirtsfischen, ehe sie sich für 1–3 Jahre ins Sediment eingraben. **WISSENSWERTES** Die bis zu 9 cm lange, keilförmige **Große Flussmuschel** *(Unio tumidus)* ist etwa doppelt so lang wie hoch und lebt im ruhigen Wasser von Seen und Flüssen. Ihre Schale hat oft radiäre, grünliche Streifen.

3 Malermuschel (S, F)

Unio pictorum

› schlanke, langgestreckte Schalen
› Larven parasitieren an Fischen
› „Pflugspuren" am Gewässerboden

MERKMALE 7–10 cm lange, 3–4 cm hohe und 2–3 cm dicke, schmal zungenförmige Schale mit stark verlängertem Hinterteil. Immer mehr als doppelt so lang wie hoch. Schale gelblichgrün mit dunklen Wachstumsstreifen. Schloss mit starken Zähnen. **VORKOMMEN** In stehenden und langsam fließenden Gewässern. **LEBENSWEISE** Die Muscheln graben sich zu etwa ein Drittel in den Gewässerboden und strudeln Plankton ein. Wenn sie vorwärts kriechen durchpflügen sie den Untergrund und hinterlassen entsprechende Spuren. Ihre Larven parasitieren mehrere Wochen an den Kiemen von Wirtsfischen. **WISSENSWERTES** Früher wurden die Schalen der Malermuschel von Künstlern zum Anrühren und Mischen ihrer Farben genutzt, so erklärt sich auch ihr Name.

1

2

3

1 Flussperlmuschel (F)
Margaritifera margaritifera

› vom Aussterben bedroht
› erzeugt echte Perlen

MERKMALE 10–15 cm lange, 5–7 cm hohe und 3–4,5 cm dicke, nierenförmige, schwarze Schale. Dickwandig und schwer. Innen mit bläulich weißer Perlmuttschicht. Schloss nur mit Hauptzähnen. **VORKOMMEN** Die Flussperlmuschel findet man in klaren, schnell fließenden Bächen und Flüssen. **LEBENSWEISE** Flussperlmuscheln leben nur in kalkarmen Fließgewässern. Sie werden erst mit 15–20 Jahren fortpflanzungsreif, können aber über 100 Jahre alt werden. **WISSENSWERTES** Die Flussperlmuschellarven parasitieren 10 Monate lang in den Kiemen von Bachforellen.

2 Gemeine Kugelmuschel (S, F)
Sphaerium corneum

› lebendgebärend
› mehrere, ähnliche Arten

MERKMALE Bis 12 mm lange, 10 mm hohe und 8 mm dicke, hoch aufgewölbte, dünnwandige, kreisförmig gestreifte Schale. Hornfarben mit kirschkernförmigem Umriss. **VORKOMMEN** In stehenden und langsam fließenden Gewässern. **LEBENSWEISE** Die Gemeine Kugelmuschel frisst Mikroorganismen und organische Abfallstoffe, die sie aus dem Wasser filtert. **WISSENSWERTES** Die Eier und Larven der Gemeinen Kugelmuschel entwickeln sich in Bruttaschen zwischen den Kiemen zu fertigen Jungmuscheln, die erst im Alter von etwa einem Jahr ausgestoßen werden.

3 Dreikantmuschel (S, F, M)
Dreissena polymorpha

› bildet Massenbestände
› wichtige Wasservogelnahrung

MERKMALE Bis 50 mm lange, 18 mm hohe und 20 mm dicke, dreikantige, vorne zugespitzte Schale. Braungelb mit bräunlichen oder bläulichen Zickzackstreifen. **VORKOMMEN** In Seen, Flüssen und Kanälen, auch im Brackwasser. **LEBENSWEISE** Dreikantmuscheln (auch: Wandermuscheln) spinnen sich mit stabilen Byssusfäden an Steinen, Artgenossen und anderen Unterlagen fest. Ihre Larven schwimmen frei im Plankton. **WISSENSWERTES** Die Dreikantmuschel stammt aus Zuflüssen des Schwarzen und Kaspischen Meers und wurde nach Mitteleuropa verschleppt.

4 Grobgerippte Körbchenmuschel (S, F)
Corbicula fluminea

› Schale sehr stark gerippt
› Neubürger aus Ostasien

MERKMALE Bis 36 mm lange, 33 mm hohe und 22 mm dicke rundlich-dreieckige, dickwandige, grob gerippte Schale. Gelblich dunkelbraun, Innenseiten weiß bis blassbläulich. **VORKOMMEN** In Seen, Flüssen und Baggerseen. **LEBENSWEISE** Die Muschel lebt auf sandigen und schlammigen Böden und filtert Plankton und organische Abfallstoffe aus dem Wasser. **WISSENSWERTES** Die Muschel stammt aus Ostasien, wurde in den 1980er-Jahren in Deutschland eingeschleppt und breitet sich stark aus. Seit 2003 im Bodensee.

1

2

3

4

1 Miesmuschel (M)

Mytilus edulis

- begehrte Speisemuschel
- bildet große Miesmuschelbänke
- in Form und Größe sehr variabel

MERKMALE 4–10 cm lange, vorne zugespitzte, hinten abgerundete, langgestreckte Muschel (1a) mit konzentrischen Wachstumsstreifen. Außen blauschwarz, innen bläulich-weiß mit Perlmuttglanz (1b). **VORKOMMEN** Von der Gezeitenzone bis in 50 m Tiefe in der Nordsee, der Ostsee, dem Atlantik und im Mittelmeer. **LEBENSWEISE** Miesmuscheln heften sich mit klebrigen Byssusfäden am Untergrund oder an Artgenossen fest. Auf diese Weise bilden sie dichte Kolonien (Muschelbänke), in denen teilweise 2000 Tiere pro m^2 leben. Mit geöffneten Schalen filtern die Miesmuscheln Plankton und Detritus aus dem Wasser. **WISSENSWERTES** Da Miesmuscheln durch ihre Filtriertätigkeit im Wasser gelöste, giftige Schwermetalle anreichern können, sollte man sie nicht zu häufig essen.

2 Pazifische Auster (M)

Crassostrea gigas,
syn. *Magallana gigas*

- unregelmäßig geformtes Gehäuse
- wird in Austernfarmen gezüchtet
- invasive Art aus Südostasien

MERKMALE 10–30 cm lange, stark gewölbte, längliche Schalen mit grober Wellen- und Zickzackskulptur. Unsymmetrische Schalenhälften. Außen cremefarben mit rosavioletten Mustern, innen glänzend weiß. **VORKOMMEN** In Küstengewässern von Nordsee, Atlantik und Mittelmeer. Ursprünglich für die Austernzucht eingeführt, gibt es heute vielerorts Wildbestände. **LEBENSWEISE** Die untere Schalenhälfte verwächst mit dem Untergrund und bindet das Tier lebenslang an seinen Standort. **WISSENSWERTES** Die **Europäische Auster** *(Ostrea edulis)* mit ihren flacheren, rundlicheren Schalen ist in der Nordsee durch Überfischung seit den 1920er-Jahren nahezu ausgestorben. Leere Gehäuse lassen sich allerdings noch regelmäßig finden.

3 Islandmuschel (M)

Arctica islandica

- Schalen sehr dick und schwer
- Kaltwasserart
- seltener Fund am Strand

MERKMALE 6–12 cm lange, kräftige, stark gewölbte, rundliche Schalen mit feinen Wachstumsringen. Außenseite schwarzbraun mit Hornhaut, vielfach abgeblättert, Innenseite kalkig weiß. Schloss mit kräftigen Zähnen und festem Band. **VORKOMMEN** In der Dauerflutzone auf Sand- und Schlickböden in Nordsee, Ostsee und Atlantik. **LEBENSWEISE** Die Islandmuscheln leben auf dem Meeresgrund oder graben sich oberflächennah ins Sediment ein. Wie die meisten Muscheln filtern sie ihre Nahrung aus dem Wasser heraus. **WISSENSWERTES** Islandmuscheln können erstaunlich alt werden. Ein vor Island lebendes Tier war 400–500 Jahre alt. Auch in der Nordsee erreichen die Tiere regelmäßig ein Alter von mehr als 100 Jahren. Sie leben bis in 500 m Tiefe und sind in der Lage, ihren Stoffwechselhaushalt für längere Zeit zu verlangsamen.

1a

1b

2

3

1 Bunte Kammmuschel (M)
Mimachlamys varia, syn. *Chlamys varia*

› Klappen höher als breit
› oft bunt gemustert

MERKMALE Bis zu 7 cm lange Schalen mit 25–33 kräftigen, konzentrischen Rippen und 2 unterschiedlich großen, dreieckigen „Ohren" am Schloss. Variabel gefärbt, meist gelbgrau bis rötlich. **VORKOMMEN** Unterhalb der Gezeitenzone in Nordsee, Atlantik und Mittelmeer. **LEBENSWEISE** Die Muschel haftet sich zeitweise mit Byssusfäden am Untergrund fest, kann aber auch aktiv schwimmen. **WISSENSWERTES** Vor Fressfeinden flieht sie, indem sie ruckartig die Klappen schließt und Wasser auspresst (Rückstoßprinzip).

2 Baltische Plattmuschel (M)
Limecola balthica

› bunt gestreifte, runde Schale
› mehrere ähnliche Arten

MERKMALE 2–3 cm lange, rundlich dreieckige, glänzende, kräftig gewölbte Schalen mit konzentrischen Farbstreifen. Weißlich, gelblich oder rosa. Innen weiß bis rosa. **VORKOMMEN** In Nordsee, Ostsee und Atlantik. Häufig im Wattenmeer. **LEBENSWEISE** Die auch Rote Bohne bzw. Nordische oder Baltische Tellmuschel genannte Muschel gräbt sich 3–5 cm in Sand- und Schlickböden ein und hält über 2 Schläuche (Siphone) Kontakt zum Wasser. Einer dient als Einstrom- und Nahrungsöffnung, der andere als Ausstromöffnung. **WISSENSWERTES** Nahrungsquelle für Wasservögel und Meeresfische.

3 Dickschalige Trogmuschel (M)
Spisula solida

› dicke, feste Schalen
› mehrere ähnliche Arten

MERKMALE 4–6 cm lange, rundlich elliptische, weißliche bis bräunliche, zum Teil gestreifte Schalen mit konzentrischen Wachstumsringen. Weiße Innenseiten glatt mit deutlichen Muskelabdrücken. **VORKOMMEN** In der Gezeiten- und Dauerflutzone von Nordsee, Atlantik und Mittelmeer. **LEBENSWEISE** Die Dickschalige Trogmuschel gräbt sich in Sandböden ein. Über lange Siphone hält sie Kontakt zum Meerwasser. Sie nimmt Atemwasser auf und filtert Nahrung heraus. **WISSENSWERTES** Die Dickschalige Trogmuschel ist ein eine wichtige Nahrungsquelle für bodenlebende Plattfische.

4 Strahlenkörbchen (M)
Mactra stultorum

› Schalen dünn, zerbrechlich
› hübsche Strahlenzeichnung

MERKMALE 4–6 cm lange, stark gewölbte, breit dreieckige, glänzende Schalen. Außenseite weiß bis gelbbraun, mit hellen oder braunen radialen Streifen (Name!). Die glatte Innenseite ist weißlich bis violett. **VORKOMMEN** Von der Gezeitenzone an abwärts in Nordsee, Atlantik und Mittelmeer. **LEBENSWEISE** Die Strahlenkörbchenmuschel lebt flach eingegraben in sandigen und schlickigen Böden. **WISSENSWERTES** Aus befruchteten Eiern schlüpfen frei schwimmende Larven, die sich nach dem Absinken zu jungen Strahlenkörbchenmuscheln entwickeln.

1

2

3

4

1 Große Pfeffermuschel (M)
Scrobicularia plana

› Schalen dünn, zerbrechlich
› vom Aussterben bedroht

MERKMALE 4–6 cm lange, nahezu runde, seitlich abgeflachte Schalen mit konzentrischen Streifen und einzelnen Anwachsmarken. Außen weiß bis dunkelgrau, innen weiß. **VORKOMMEN** In Sand- und Schlickböden der Gezeitenzone von Nordsee, westlicher Ostsee, Atlantik und Mittelmeer. **LEBENSWEISE** Die Große Pfeffermuschel gräbt sich bis zu 12 cm tief im Sediment ein und lebt in wassergefüllten Höhlen. Sie hält mit ihren beiden sehr langen Atemschläuchen den Kontakt zur Oberfläche. **WISSENSWERTES** Eine typische Muschel im Wattenmeer.

2 Gestreifte Venusmuschel (M)
Chamelea striatula, syn. *C. gallina*

› Schale mit vielen Rippen
› hoch geschätztes Muschelfleisch

MERKMALE 2–4 cm lange, kräftige, schief-dreieckige, deutlich gewölbte Schalen mit zahlreichen, dichtstehenden, konzentrischen Rippen. Außen gelblich bis bräunlich mit braunen Radiärstreifen, innen weiß und glatt. **VORKOMMEN** Vom Flachwasser bis in 100 m Tiefe in Nordsee, Atlantik und Mittelmeer. **LEBENSWEISE** Die Gestreifte Venusmuschel lebt, eingegraben im Sand oder Schlick, dicht unter der Sedimentoberfläche und strudeln über kurze Atemschläuche Nahrung ein. **WISSENSWERTES** Eine beliebte Speisemuschel („Vongola").

3 Getupfte Teppichmuschel (M)
Venerupis corrugata

› kräftige, ungleichseitige Schalen
› zahlreiche, feine Rippen

MERKMALE Bis 6,5 cm lange, am Hinterrand schräg abgestutzte Schalen mit konzentrischen und radiären Linien. Außen gelbbraun, oft mit bräunlicher Fleckenzeichnung. Innen weiß, porzellanartig. **VORKOMMEN** Von der Gezeitenzone bis in 50 m Tiefe in Nordsee, Atlantik und Mittelmeer. **LEBENSWEISE** Die Getupfte Teppichmuschel lebt dicht unter der Oberfläche in grobsandigen, stark überströmten Böden oder heftet sich mit Byssusfäden an Steinen fest. **WISSENSWERTES** Weitere, ähnliche Teppichmuschelarten findet man an der Atlantikküste.

4 Sägezähnchen (M)
Donax vittatus

› unterer Schalenrand mit Zähnchen
› beliebter Strandfund

MERKMALE 2–4 cm lange, kräftige, länglich dreieckige nur wenig gewölbte Schalen mit fein gezähntem Außenrand. Innenseite glatt. Außen weiß bis gelbbraun, innen weiß bis violett. **VORKOMMEN** Von der Gezeitenzone bis in 50 m Tiefe in Nordsee, Atlantik und Mittelmeer. **LEBENSWEISE** Sägezähnchen besiedeln die Brandungszone. Sie leben auf stark überströmten Sandböden direkt unter der Oberfläche. **WISSENSWERTES** Mit ihrem großen Fuß können sich die Tiere in Sekundenschnelle im Sand eingraben.

1

2

3

4

1 Essbare Herzmuschel (M)

Cerastoderma edule,
syn. *Cardium edule*

- seitlich betrachtet mit herzförmigem Umriss
- häufiger Strandfund
- mehrere ähnliche Arten

MERKMALE 3–5 cm lange, kräftige, gewölbte Schalen mit konzentrischen Wachstumsstreifen und 21–27 breiten, flach gerundeten, radiären Rippen. Außenseite meist weiß-gelblich, hinten auch dunkler. Innenseite glatt. Schalenrand grob gezähnt. **VORKOMMEN** Von der Gezeitenzone bis in 10 m Tiefe in Nordsee, Ostsee, Atlantik und Mittelmeer. **LEBENSWEISE** Die Essbare Herzmuschel (auch: Gemeine Herzmuschel) lebt 1–3 cm tief eingegraben im Sandboden. Über zwei kurze Siphone (Ein- und Ausstromschlauch) gelangt sie an Atemwasser und Nahrung. Pro Tag filtriert eine Herzmuschel bis zu 10 l Wasser. **WISSENSWERTES** Im Wattenmeer können mehrere hundert Tiere pro m^2 leben. Die Essbaren Herzmuscheln sind eine wichtige Nahrungsquelle für Wasservögel und Fische.

2 Amerikanische Schwert- oder Scheidenmuschel (M)

Ensis directus,
syn. *E. leei, E. americanus*

- aus Amerika eingeschleppt
- häufig im Angespül
- mehrere ähnliche Arten

MERKMALE Bis 17 cm lange, leicht gebogene, schwertförmige Schalen (Verhältnis Länge zu Höhe ca. 6 zu 1). Außenseite mit glänzend brauner Hornhaut. **VORKOMMEN** Von der Gezeitenzone bis in 40 m Tiefe in Nordsee und Atlantik. Die Art wurde in den 1970er Jahren mit Ballastwasser aus Nordamerika eingeschleppt. Massenvorkommen im Wattenmeer. **LEBENSWEISE** Schwertmuscheln graben sich senkrecht im Boden ein. Sie können schwimmen, indem sie die Schalenklappen ruckartig öffnen und schließen. **WISSENSWERTES** Die ähnliche **Gewöhnliche Schwertmuschel** bzw. **Schwertförmige Messerscheide** (*Ensis ensis*) wird bis zu 13 cm lang (Verhältnis Länge zu Höhe ca. 8 zu 1). Die heimische Art wird nur selten angespült.

3 Sandklaffmuschel (M)

Mya arenaria

- größte Muschel im Watt
- weißlich bis cremefarben
- „Steckmuscheln" gefährden Wattwanderer

MERKMALE 10–15 cm lange, kräftige, ovale Schalen, die hinten spitz-eiförmig zulaufen (3b) und aufklaffen (so erklärt sich auch ihr Name). Außenseite mit konzentrischen Zuwachsstreifen, Innenseite glatt. **VORKOMMEN** Von der Gezeitenzone bis in 70 m Tiefe in Nordsee, westlicher Ostsee und Atlantik. **LEBENSWEISE** Die Sandklaffmuscheln graben sich bis zu 30 cm tief in Sand- und Schlickböden ein (3a) und gelangen über ihre beiden langen, miteinander verwachsenen Atemschläuche an Nahrung. **WISSENSWERTES** Erwachsene Sandklaffmuscheln leben ortsgebunden. Werden die Tiere freigespült oder übersandet, sterben sie. Ihre scharfkantigen Schalen stellen für barfuß gehende Wattwanderer eine Gefährdung dar. Die kleinere **Gestutzte Klaffmuschel** *(Mya truncata)* ist hinten fast senkrecht abgeschnitten.

1

2

3a

3b

1 | Schiffsbohrwurm (M)
Teredo navalis

- Muschel mit wurmförmigem Körper
- bohrt Löcher in untergetauchtes Holz
- zerstört hölzerne Uferbauwerke und Schiffe

MERKMALE Bohrmuschel mit bis zu 30 cm langem, wurmartig gestrecktem Weichkörper. Die stark reduzierten, bis zu 1 cm großen Schalenklappen sind zu einem Bohrorgan umfunktioniert. Klappen so breit wie hoch, ohne Schloss und Schlossband. **VORKOMMEN** Weltweit in Holzpfählen, Buhnen, Holzschiffrümpfen und Treibholz. Nordsee, westliche Ostsee (braucht mindestens 9 ‰ Salzgehalt!). **LEBENSWEISE** Die Muschel raspelt mit ihren Schalenklappen 20–50 cm lange Bohrgänge ins Holz und kleidet sie mit einer weißen Kalkschicht aus. Sie ernährt sich von Holzspänen und strudelt Plankton ein. **WISSENSWERTES** Der Schiffsbohrwurm (auch: Pfahlwurm, Schiffsbohrmuschel) übersteht längeres Trockenfallen, indem er seine Wohnröhre mit Kalkplatten verschließt.

2 | Krause Bohrmuschel (M)
Zirfaea crispata

- breite, beidseitig klaffende Schalen
- bohrt sich in weiches Gestein
- häufiger Strandfund

MERKMALE 8–9 cm lange, hinten abgerundete, vorne zugespitzte, beidseitig weit auseinanderklaffende Schalen. Nach innen gerichteter Dornfortsatz. Außenseite weiß bis cremefarben, mit zahlreichen Stachelrippen im vorderen Bereich. Schale weniger als zweimal so lang wie hoch. **VORKOMMEN** Von der oberen Dauerflutzone bis in 16 m Tiefe in Nordsee, westlicher Ostsee und Nordatlantik. **LEBENSWEISE** Die Krause Bohrmuschel (auch: Raue Bohrmuschel) bohrt sich in Ton, Mergel, Kreide, Torf und Holz, indem sie ihre Raspelschalen am Untergrund ansetzt und sich um die eigene Längsachse dreht. Es entstehen kreisrunde, bis zu 30 cm lange Gänge. **WISSENSWERTES** In angespülten Kreide- oder Mergelstücken finden sich häufig Bohrlöcher und leere Muschelschalen.

3 | Weiße Bohrmuschel (M)
Barnea candida

- vorderer, oberer Schalenrand umgeschlagen
- Schale mit raspelartiger Oberfläche
- mehrere ähnliche Bohrmuscheln

MERKMALE 5–6 cm lange, dünnwandige, vorne und hinten gerundete, wenig klaffende, weiße Schalen. Außenseite mit konzentrischen und radiären Rippen, im vorderen Bereich stachelig. Nach innen gerichteter Dornfortsatz. Schale mehr als doppelt so lang wie hoch. **VORKOMMEN** Von der oberen Dauerflutzone bis in 35 Meter Tiefe in Nordsee, westlicher Ostsee, Atlantik und Mittelmeer. **LEBENSWEISE** Die Weiße Bohrmuschel bohrt mit ihren Raspelschalen bis zu 15 cm lange Gänge in Kreide, Mergel, Ton, Torf und Holz. **WISSENSWERTES** Die der Weißen Bohrmuschel ähnliche, Ende des 19. Jahrhunderts mit Austerntransporten eingeschleppte **Amerikanische Bohrmuschel** *(Petricolaria pholadiformis),* hat weder einen Dornfortsatz noch einen umgeschlagenen Schalenrand.

1

2

3

1 Gemeiner Tintenfisch (M)
Sepia officinalis

› 10 Arme mit Saugnäpfen
› Lauerjäger

MERKMALE Ohne Fangarme bis 30 cm lang. Zweigeteilter Körper aus Rumpf mit Flossensaum und Kopf mit 8 Greifarmen und 2 langen Fangarmen. Die Farbe ändert sich je nach Untergrund und Stimmung des Tiers. **VORKOMMEN** In der Dauerflutzone von Nordsee, Atlantik und Mittelmeer. **LEBENSWEISE** Der Tintenfisch (auch: Sepia) gräbt sich oberflächlich im Sand ein und erbeutet mit seinen langen Fangarmen Fische und Krebse. **WISSENSWERTES** Die kalkige, poröse Rückenstütze („Schulp") des Gemeinen Tintenfisches wird häufig an Stränden angespült.

2 Essbarer Seeigel (M)
Echinus esculentus

› größter heimischer Seeigel
› gefürchtete Stacheln

MERKMALE Bis 16 cm großes, kugelförmiges, unten abgeflachtes, rotviolettes Gehäuse mit vielen, beweglichen Stacheln. Diese rot mit heller Spitze. **VORKOMMEN** Auf Felsböden und in Algenwäldern in Nordsee und Atlantik. **LEBENSWEISE** Die Essbaren Seeigel bewegen sich mit Saugnapffüßchen auf der Körperunterseite und weiden mit ihrem fünfstrahligen Kieferapparat Pflanzen, Seepocken und andere kleine Tiere vom Untergrund ab. **WISSENSWERTES** In Südeuropa gelten die Geschlechtsorgane (Gonaden) des Stachelhäuters als eine Delikatesse.

3 Strandseeigel (M)
Psammechinus miliaris

› läuft mit Saugfüßchen
› beliebter Strandfund

MERKMALE Bis 4 cm großes, kuppelförmiges, oberseits und vor allem unterseits abgeflachtes, grünliches Gehäuse. Dunkelgrüne Stacheln mit weißer Spitze. **VORKOMMEN** Auf Felsböden, Seetang, Schiffswracks, in Seegraswiesen und Hafenanlagen in der Nordsee, der westlichen Ostsee und im Atlantik. **LEBENSWEISE** Der Strandseeigel (auch: Kleiner Strandigel) weidet Algen und kleine Tiere vom Untergrund ab. Er tarnt sich mit Algen und Muschelschalen, die er mit seinen Saugfüßchen ergreift. **WISSENSWERTES** Der Strandseeigel ist der am häufigste in Küstennähe gefundene Seeigel (daher auch der Name).

4 Kleiner Herzigel (M)
Echinocardium cordatum

› herzförmiges, zerbrechliches Gehäuse
› Schalen im Angespül

MERKMALE 5–9 cm großes, ovales bis herzförmiges, weißgraues Gehäuse mit dichtem, braunem Stachelkleid. Abgeflachte Unterseite mit schlitzförmigem, breiten Mund und kleiner Afteröffnung. **VORKOMMEN** In weichen Sandböden von Nordsee, Atlantik und Mittelmeer. **LEBENSWEISE** Der Kleine Herzigel (auch: Herzseeigel oder Herzigel) gräbt sich mit seinen beweglichen Stacheln 15–20 cm tief in den Boden ein und lebt in einer Wohnhöhle. Über eine Sandröhre hält er die Verbindung zur Oberfläche. **WISSENSWERTES** Sammelt mit seinen langen Saugfüßchen Nahrung ein.

1

2

3

4

1 Zwergseeigel (M)
Echinocyamus pusillus

› Mund und After auf Unterseite
› angespülte Schalen weißlich

MERKMALE Bis zu 15 mm langes, sehr flaches Gehäuse mit dichtem, kurzem Stachelkleid. Gehäuse grau, Stacheln grünlich. Gehäuserückseite mit 5 sternförmig auseinanderweichenden Porenleisten. **VORKOMMEN** In Schlick-, Sand- und Kiesböden von Nordsee, westlicher Ostsee, Atlantik und Mittelmeer. **LEBENSWEISE** Der kleine Seeigel lebt oberflächlich eingegraben im Boden und ernährt sich von kleinen Bodentieren und Pflanzenresten. **WISSENSWERTES** Angespülte Zwergseeigel haben ihre Stacheln meist schon verloren.

2 Gewöhnlicher Seestern (M)
Asterias rubens

› sternförmiger, fünfarmiger Körper
› bestachelte Oberseite

MERKMALE Bis 30 cm lang, mit 5 sternförmig angeordneten Armen und kleiner Körperscheibe. Orange bis dunkelviolett. Saugfüßchen auf der Unterseite der Arme. **VORKOMMEN** In Nordsee, westlicher Ostsee und Atlantik. **LEBENSWEISE** Die Gewöhnlichen Seesterne sind Räuber, die Muscheln und Schnecken fressen. **WISSENSWERTES** Sie heften sich mit ihren Saugfüßchen an Muschelschalen und ziehen sie mit ihren kräftigen Armen auseinander. Gibt die Muschel nach, schiebt der Seestern seinen Magen hinein und verdaut den Weichkörper.

3 Heller Schlangenstern (M)
Ophiura albida

› halbmondförmige, helle Flecken
› fünf bewegliche Arme

MERKMALE Bis zu 1,5 cm breite, rotbraune, oft mit einem Rosettenmuster verzierte Körperscheibe (3a+b). Helle Kalkplatten an den Basen der bis zu 6 cm langen, kurz bestachelten Arme. **VORKOMMEN** Auf Weichböden in Nordsee, westlicher Ostsee, Atlantik und Mittelmeer. **LEBENSWEISE** Der Helle Schlangenstern kriecht mit seinen beweglichen Armen über den Boden und frisst Kleinlebewesen. **WISSENSWERTES** Es kommen weitere, ähnliche Arten vor wie der kräftig bestachelte **Zerbrechliche Schlangenstern** *(Ophiothrix fragilis)*.

4 Schlauch-Seescheide (M)
Ciona intestinalis

› milchig durchscheinende Körper
› mit Ein- und Ausstromöffnung

MERKMALE 5–15 cm hohes Tier mit schlauchförmigem Körper. An der Spitze eine Einstromöffnung mit 8, etwas tiefer eine Ausstromöffnung mit 6 Randlappen, dazwischen orange und gelbe Sinnenknospen. **VORKOMMEN** Auf Felsböden, Algen, Schiffen, Muscheln und in Häfen in Nordsee, westlicher Ostsee, Atlantik und Mittelmeer. **LEBENSWEISE** Die geselligen, festsitzenden Tiere filtern mit ihrem Kiemendarm Plankton aus dem Wasser. **WISSENSWERTES** Der Körper der Schlauch-Seescheide ist von einem dichten, robusten „Mantel“ umhüllt.

1
2
3a
3b
4

1 Karpfenlaus (S, F)
Argulus foliaceus

› fast durchsichtig
› saugt Blut an Fischen

MERKMALE Bis 9 mm langer, von oben nach unten (dorsoventral) stark abgeflachter Kleinkrebs, der von einer schildförmigen Schale (Carapax) umgeben ist. Auf der Bauchseite hat die Karpfenlaus paarige Saugnäpfe unterhalb der dunklen Augen. **VORKOMMEN** In fischreichen Gewässern aller Art, häufig in Fischteichen. **LEBENSWEISE** Die Karpfenlaus lebt als Außenparasit an Süßwasserfischen. Sie heftet sich mit ihren Saugnäpfen an, durchbohrt die Haut und saugt Blut. **WISSENSWERTES** Karpfenläuse sind gute Schwimmer, die ihren Wirt jederzeit verlassen können.

2 Wasserfloh (S, F)
Daphnia sp.

› Weibchen mit großen Eiern im Körper
› mehrere, ähnliche Arten

MERKMALE 1–6 mm lange, durchsichtige Kleinkrebse mit 2-klappiger Schale, die den Rumpf einhüllt, den Kopf aber ausspart. Lange Antennen und ein großes, bewegliches Komplexauge (2a+b). **VORKOMMEN** In stehenden und mäßig fließenden Gewässern aller Art. **LEBENSWEISE** Wasserflöhe schwimmen hüpfend. Die flohähnliche Bewegung kommt durch ruckartige Schläge der 2-ästigen Antennen zustande. **WISSENSWERTES** Die Kleinkrebse können sich sowohl ungeschlechtlich durch unbefruchtete Eier als auch geschlechtlich vermehren.

3 Ruderfußkrebse (S, F, M)
Copepoda

› bewegen sich „hüpfend" im Wasser
› formenreiche Gruppe

MERKMALE 1–6 mm lange, tropfenförmige Kleinkrebse mit Schwanzgabel und vorne mittig am Kopf sitzendem Einzelauge. 6 Brustsegmente mit 5 Brustbeinpaaren, die als Ruderorgane dienen. **VORKOMMEN** In stehenden und langsam fließenden Gewässern. Es gibt auch viele im Meer lebende Arten. **LEBENSWEISE** Ruderfußkrebse sind ein wesentlicher Bestandteil des tierischen Planktons. Unter ihnen gibt es Räuber, Pflanzen- und Aasfresser. **WISSENSWERTES** Beim Schwimmen machen sie ruckartige Sprünge im Wasser. Aus diesem Grund werden sie auch Hüpferlinge genannt.

4 Muschelkrebse (S, F, M)
Ostracoda

› sehen wie winzige Muscheln aus
› unsegmentiert

MERKMALE 0,5–3 mm lange Kleinkrebse, deren Körper vollständig in einer 2-klappigen Schale eingeschlossen ist. 7 paarige Körperanhänge: 2 Antennenpaare, 3 Mundteilpaare, 2 Laufbeinpaare. **VORKOMMEN** In stehenden und fließenden Gewässern. Es gibt auch viele Arten im Meer. **LEBENSWEISE** Viele Muschelkrebse bewohnen den Gewässerboden. Wegen ihrer mit Schwimmborsten ausgestatteten Antennen können sie auch recht gut schwimmen. **WISSENSWERTES** In mitteleuropäischen Binnengewässern kommen ca. 200 verschiedene Arten von Muschelkrebsen vor.

1

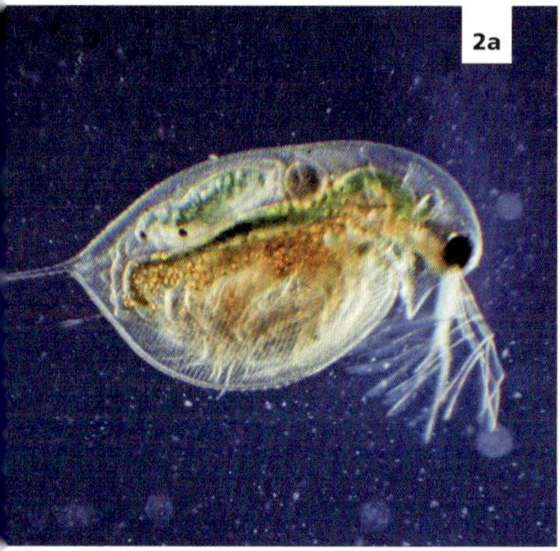
2a

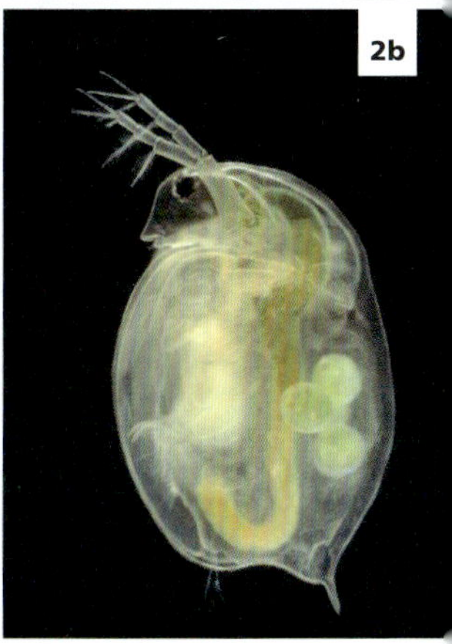
2b

3

4

1 Gewöhnliche Seepocke (M)
Semibalanus balanoides

› stark abgewandelter Krebs
› sitzt in einem Kalkgehäuse fest
› mehrere, ähnliche Arten

MERKMALE Festsitzender Rankenfußkrebs *(Cirripedia)* in einem weißgrauen, bis zu 2 cm breitem Kalkgehäuse aus 6 stark gerunzelten Mauerplatten und zwei Paar Verschlussklappen. Öffnung rhombisch. Die Gemeine Seepocke ist über eine membranöse Grundplatte mit dem Untergrund verkittet. **VORKOMMEN** Von der unteren Spritzwasserzone bis zur oberen Dauerflutzone in Nordsee, westlicher Ostsee und Atlantik. **LEBENSWEISE** Die Seepocken leben auf Steinen, Muscheln, Krebspanzern, Treibgut, Schiffsrümpfen und in Hafenanlagen. Unter Wasser strecken sie ihre gefiederten Fangarme aus der Öffnung und filtrieren mit rhythmischen Schlägen Plankton ab. **WISSENSWERTES** Fallen die Krebse während der Ebbe trocken, verschließen sie ihr Gehäuse. In diesem Zustand können sie tagelang ohne Wasser ausharren.

2 Meeres-Klippenassel (M)
Ligia oceanica

› größte Landassel Mitteleuropas
› kleiner Kopf mit großen seitlichen Augen
› klettert flink und geschickt

MERKMALE 15–30 mm lange, bräunliche oder grünliche Assel mit verwaschener Fleckung. Stark abgeflachter, aus mehreren Segmenten aufgebauter Körper. 1. Antennenpaar winzig, 2. Antennenpaar lang und kräftig mit 11–15-gliedriger Geißel. 7 Rumpfbeinpaare. Hinterende mit zwei Spaltbeinen (Uropoden). **VORKOMMEN** Besiedelt die Spritzwasser- und obere Gezeitenzone an felsigen, rauen Meeresküsten und in Hafenanlagen von der Nordsee, der Ostsee und dem Atlantik. **LEBENSWEISE** Die dämmerungs- und nachtaktive Meeres-Klippenassel versteckt sich tagsüber in Ritzen und Spalten. Sie ernährt sich von Algen und Kleintieren. **WISSENSWERTES** Meeres-Klippenasseln leben amphibisch direkt an der Wasserlinie. Bei Gefahr flüchten sich diese Tiere ins Wasser.

3 Wasserassel (S, F, M)
Asellus aquaticus

› typische, abgeflachte „Asselgestalt"
› Detritusfresser am Gewässergrund
› Männchen deutlich größer als Weibchen

MERKMALE 8–12 mm lange, aquatisch lebende, graubraune, hell gefleckte Assel. Häufig mit 2 hellen Kopfstreifen, die durch ein dunkel pigmentiertes Band getrennt sind. Augen vorhanden. **VORKOMMEN** In stehenden und langsam fließenden, oberirdischen Gewässern; auch im Brackwasser. **LEBENSWEISE** Wasserasseln leben am Gewässergrund zwischen Steinen, Wasserpflanzen und Falllaub. Sie ernähren sich hauptsächlich von abgestorbenen Pflanzen- und Tierresten. **WISSENSWERTES** Die Eier entwickeln sich in einem Brutraum, der bauchseits zwischen den Laufbeinen des Weibchens liegt. Nach dem Schlüpfen bleiben die Jungasseln noch 3–6 Wochen lang vor Ort und werden während dieser Zeit von der Mutter mit herumgetragen.

1

2

3

1 | Gewöhnlicher Flohkrebs (F, S)
Gammarus pulex

› gekrümmte Körperhaltung
› mehrere, ähnliche Arten

MERKMALE Bis 20 mm langer Krebs mit seitlich zusammengedrücktem Körper und unterschiedlich ausgerichteten vorderen und hinteren Brustbeinen. Kopf mit nierenförmigen Augen und 2 langen Antennenpaaren. **VORKOMMEN** In Fließgewässern und an Brandungsufern von Seen. **LEBENSWEISE** Läuft auf der Seite liegend über den Gewässerboden und schwimmt durch abwechselndes Krümmen und Strecken des Hinterleibs. **WISSENSWERTES** Bei der Fortpflanzung klammern sich die größeren Männchen des auch Bachflohkrebs genannten Tieres tagelang an den Weibchen fest.

2 | Flussflohkrebs (S, F)
Gammarus roeselii

› oft mit roten Querstreifen am Hinterkörper
› liegt auf der Seite

MERKMALE Bis 20 mm langer, grau- bis gelbbrauner Flohkrebs. Unterscheidet sich vom Gewöhnlichen Flohkrebs durch die scharf gekielten Segmente des Hinterkörpers, die in Dornen auslaufen. **VORKOMMEN** In stehenden und größeren, langsam fließenden Gewässern. **LEBENSWEISE** Flohkrebse leben am Gewässergrund zwischen Wasserpflanzen und unter Steinen. Sie ernähren sich von abgestorbenen Pflanzenteilen und Aas. **WISSENSWERTES** Der Flussflohkrebs erträgt hohe Wassertemperaturen besser als andere heimische Flohkrebse.

3 | Strandfloh (M)
Talitrus saltator

› nachtaktiver Strandbewohner
› kriecht mit dem Rücken nach oben

MERKMALE Bis 18 mm langer, weißlicher bis graubrauner Flohkrebs mit seitlich abgeflachtem Körper. 1. Antennenpaar kurz, 2. Paar lang. Hinterleib mit je 3 großen, nach hinten gerichteten Sprung- und Schwimmbeinpaaren. **VORKOMMEN** An sandigen Küsten von Nordsee, Ostsee, Atlantik und Mittelmeer. **LEBENSWEISE** Versteckt sich tagsüber im Sand und geht nachts im Angespül auf Nahrungssuche. **WISSENSWERTES** Sandflöhe springen bis zu 30 cm weit, indem sie den untergeschlagenen Hinterleib blitzartig strecken.

4 | Schlickkrebs (M)
Corophium volutator

› massenhaft im Wattenmeer
› mehrere ähnliche Arten

MERKMALE Bis 9 mm langer, schlanker Flohkrebs mit abgeflachtem Körper und einem kräftigen 2. Antennenpaar (beim Männchen körperlang!). Blaugrau mit brauner Zeichnung. **VORKOMMEN** In Feinsand- und Schlickböden von Nordsee, westlicher Ostsee und Atlantik. **LEBENSWEISE** Die Schlickkrebse leben in U-förmigen, 4–8 cm tiefen Röhren. Mit ihrem fein beborsteten Antennen sammeln diese Krebse Kieselalgen und andere Kleinorganismen von der Bodenoberfläche. **WISSENSWERTES** Rund um den Röhreneingang entstehen sternförmige Kratzspuren.

1

2

3

4

1 Edelkrebs (S, F)

Astacus astacus

- › groß mit kräftigen, gedrungenen Scheren
- › wird bis zu 20 Jahre alt
- › selten und bedroht

MERKMALE 10–20 cm langer, olivgrüner bis brauner, auch Europäischer Flusskrebs genannter Krebs mit weitgehend glattem Rückenpanzer (Carapax). 5 Schreitbeinpaare, wobei das vorderste vor allem beim Männchen mächtige, stark gekörnte Scheren trägt. Scherenunterseite rot, Scherengelenk leuchtend rot gefärbt. **VORKOMMEN** In klaren, sauberen Bächen und Flüssen, auch in Seen und Teichen. **LEBENSWEISE** Der einzelgängerisch veranlagte Edelkrebs verbringt den Tag in einer selbst gegrabenen Uferhöhle und geht nachts auf Nahrungssuche. Er frisst kleine Wassertiere, Wasserpflanzen und Aas. **WISSENSWERTES** Die früher weit verbreiteten Tiere sind heute stark gefährdet. Eine um das Jahr 1870 aus Nordamerika eingeschleppte Pilzerkrankung („Krebspest") bedroht die Bestände.

2 Kamberkrebs (S, F)

Faxonius limosus, syn. *Orconectes limosus*

- › orangegelbe Scherenspitzen
- › immun gegen Krebspest
- › aus Nordamerika eingeschleppt

MERKMALE 10–12 cm langer, olivgrüner bis brauner, auch Amerikanischer Flusskrebs genannter Krebs mit rostroten Querstreifen auf dem Hinterleib. Rückenpanzer (Carapax) mit vielen Dornen und Höckern. Relativ kleine Scheren mit orangegelben Spitzen und beiger bis oranger Unterseite. **VORKOMMEN** In stehenden und fließenden Gewässern. **LEBENSWEISE** Die tag- und nachtaktiven Tiere leben einzelgängerisch und verteidigen ihr Revier. Sie ernähren sich von kleinen Wassertieren, Wasserpflanzen und von Aas. **WISSENSWERTES** Der aus Nordamerika stammende Krebs ist immun gegen die oben erwähnte Krebspest. Er wurde deshalb ab dem Jahr 1890 in vielen europäischen Gewässern als Ersatz für den durch die Pilzerkrankung fast ausgestorbenen heimischen Edelkrebs ausgesetzt.

3 Steinkrebs (F)

Austropotamobius torrentium

- › kleine Ausgabe des Edelkrebses
- › kein heller Fleck am Scherengelenk
- › liebt klare Bäche mit starker Strömung

MERKMALE 8–10 cm langer, graugrüner bis braungrüner, auch Bachkrebs genannter Krebs mit glattem Rückenpanzer (Carapax) und einteiliger Leiste hinter jedem Auge. Die breiten, großen, oberseits gekörnten Scheren sind auf der Unterseite weißlich. **VORKOMMEN** In klaren, kiesigen Bächen der Forellen- und Äschenregion. In Deutschland südlich der Mainlinie. **LEBENSWEISE** Steinkrebse verstecken sich gerne unter Steinen und ernähren sich sowohl von pflanzlicher als auch von tierischer Kost. Wie alle Flusskrebse schwimmen sie stoßweise rückwärts. **WISSENSWERTES** Durch die Verbauung und Verschmutzung der Gewässer sowie durch die im 19. Jahrhundert eingeschleppte Krebspest sind die Bestände vielerorts drastisch zurückgegangen.

1

2

3

1 Nordseegarnele (M)
Crangon crangon

- „Nordseekrabben"
- wird mit Schleppnetzen gefangen
- massenhaft im Wattenmeer

MERKMALE 4–8 cm langer, milchig weißer bis graubrauner Krebs mit gestrecktem Körper, 4 dünnen Laufbeinpaaren, 2 Antennenpaare und endständigem Schwanzfächer. Das 1. Laufbeinpaar mit schlanken Scheren. **VORKOMMEN** Auf Sand- und Schlickböden in der Gezeiten- und Flachwasserzone von Nordsee, Ostsee, Atlantik und Mittelmeer. **LEBENSWEISE** Die nachtaktiven Garnelen (auch: Sand- oder Strandgarnele, Granat, Porre, Knat, Graue Krabbe) graben sich tagsüber im Boden ein und passen sich mit Pigmentzellen an die Untergrundfarbe an. Nachts jagen sie Würmer, Schnecken und kleine Krebse. **WISSENSWERTES** Die Garnelenfischerei hat an der Nordseeküste große wirtschaftliche Bedeutung. Die Tiere werden mit Schleppnetzen von Kuttern aus gefangen und als „Nordseekrabben" verkauft.

2 Einsiedlerkrebs (M)
Pagurus bernhardus

- lebt in Schneckenhäusern
- linke Greif- und rechte Knackschere
- ausgewachsen im Gehäuse der Wellhornschnecke

MERKMALE Bis 10 cm langer Krebs mit weichem, ungepanzertem Hinterleib, der – um keinem Fressfeind eine Angriffsfläche zu bieten – stets in einem leeren Schneckenhaus steckt. Zwei Antennenpaare. Die Schere am 1. Laufbein ist rechts deutlich länger und breiter als links. 4. und 5. Laufbeinpaar viel kürzer als die vorderen Paare. Gelb, braun oder rot. **VORKOMMEN** Von der unteren Gezeitenzone an abwärts in Nordsee, Ostsee, Mittelmeer und Atlantik. **LEBENSWEISE** Die Einsiedlerkrebse fressen Würmer, Muscheln, Garnelen, Stachelhäuter und Detritus. **WISSENSWERTES** Einsiedlerkrebse ziehen sich bei Gefahr vollkommen in ihr Schneckenhaus zurück und verschließen es mit ihren beiden Scherenfüßen. Nach Häutungen im Laufe ihres Wachstums müssen die Tiere regelmäßig in größere Gehäuse umziehen.

3 Gewöhnliche Strandkrabbe (M)
Carcinus maenas

- läuft seitwärts („Dwarslöper")
- breiter, fünfeckiger Rückenpanzer
- Laufbeine ohne blattartige Erweiterung

MERKMALE Bis 6 cm langer und 8 cm breiter, annähernd fünfeckiger Rückenpanzer mit gesägtem Vorderrand (3a+b). Typische Krabbengestalt mit untergeschlagenem Schwanz. Kurze Antennen, 1 Paar Kneifscheren, 4 Laufbeinpaare. Erwachsene oben graugrün gefleckt, Jungtiere hell und kontrastreich gemustert. **VORKOMMEN** In der Gezeiten- und Flachwasserzone von Nordsee, Ostsee und Atlantik. **LEBENSWEISE** Die auch Dwarslöper genannten Strandkrabben verstecken sich während der Ebbe in Felsspalten oder vergraben sich im Sand. Bei Flut gehen sie auf Nahrungssuche. Mit der linken Greifschere packen sie zu, mit der größeren rechten Knackschere knacken sie Muscheln und Schnecken auf. **WISSENSWERTES** Bei Gefahr drohen sie mit aufgerichteten Scheren.

1

2

3a

3b

1 Gewöhnliche Schwimmkrabbe (M)
Liocarcinus holsatus

- kann gut schwimmen
- mit „Paddel“ am hintersten Beinpaar
- spitze, fein gezähnte Kneifscheren

MERKMALE Bis 3 cm langer und 4 cm breiter, glatter, fast fünfeckiger Rückenpanzer mit gesägtem Vorderrand. Grau bis hellbraun gefärbte Krabbe. Stirnrand zwischen den Augen mit 3 gleich hohen Höckern. Das hinterste Beinpaar mit abgeflachtem, verbreitertem Endglied. **VORKOMMEN** Von der Gezeitenzone an abwärts in Nordsee, Atlantik und Mittelmeer. **LEBENSWEISE** Mit ihren paddelähnlichen Ruderbeinen können die Krabben gut schwimmen. Sie fressen Muscheln, Schnecken, Garnelen und Würmer, die sie mit ihren an der Spitze gekreuzten Scheren ergreifen und zerteilen. **WISSENSWERTES** Die Gewöhnlichen Schwimmkrabben kommen in der Ostsee nur bis ins Kattegat vor. Weiter östlich ist der Salzgehalt für sie zu gering.

2 Taschenkrebs (M)
Cancer pagurus

- großer Krebs mit mächtigen Scheren
- Panzer viel breiter als lang
- als „Knieper“ auf der Speisekarte

MERKMALE Bis 10 cm langer und 30 cm breiter, fein gekörnter Rückenpanzer mit zahlreichen Kerben am Rand. Der rotbraune Krebs hat gestielte Augen, kurze Antennen, 4 Laufbeinpaare und sehr kräftige Scheren mit schwarzen Spitzen. **VORKOMMEN** Auf Stein- und Sandböden in 6–40 m Tiefe in der Nordsee, im Atlantik und im Mittelmeer. **LEBENSWEISE** Die räuberisch lebenden Taschenkrebse verstecken sich tagsüber in Höhlen und gehen dann nachts auf Beutefang. Mit ihren kräftigen Zangen knacken sie Muschelschalen, Schneckengehäuse und Krebspanzer auf. **WISSENSWERTES** Das eiweißreiche Fleisch der Scheren („Knieper“) des Taschenkrebses gilt auf Helgoland als Delikatesse. Die Tiere werden mit Fleischködern angelockt und in Hummerkörben gefangen.

3 Chinesische Wollhandkrabbe (F, M)
Eriocheir sinensis

- Scheren mit „Pelz“
- pflanzt sich im Brack- und Meerwasser fort
- eingeschleppt aus Ostasien

MERKMALE Bis 7,5 cm großer, fast quadratischer Rückenpanzer mit spitzen Seiten- und Stirnzacken. Das kräftige Scherenpaar ist vor allem beim Männchen stark behaart (so erklärt sich auch der Name). Graugrün bis bräunlich. **VORKOMMEN** In Flüssen, Kanälen, Flussmündungen und küstennahen Meeresregionen. **LEBENSWEISE** Die erwachsenen Tiere leben im Süßwasser, wandern aber zur Fortpflanzung in Richtung Meer. Die Weibchen setzen ihre Eier ins Salzwasser ab. Es schlüpfen planktisch lebende Larven, die nach mehreren Häutungen als Jungkrabben die Flussläufe wieder hinauf wandern. **WISSENSWERTES** Die Larven der Wollhandkrabbe wurde Anfang des 20. Jahrhunderts wohl mit dem Ballastwasser von Handelsschiffen nach Europa eingeschleppt.

1 Wasser-Springschwanz (S, F)
Podura aquatica

› winziges, flügelloses Insekt
› lebt gesellig auf der Wasseroberfläche

MERKMALE 1–2 mm langes, blaugraues, flügelloses Insekt mit gegliedertem Körper und Sprunggabel (Furca) am Hinterleib. **VORKOMMEN** In stehenden und langsam fließenden Gewässern. **LEBENSWEISE** Die winzigen Insekten leben ganzjährig auf der Wasseroberfläche. Sie ernähren sich von Mikroorganismen, angewehten Pollen und pflanzlichem Detritus. **WISSENSWERTES** Bei Störungen klappen die Wasser-Springschwänze blitzschnell ihre unter dem Hinterleib eingehakte Sprunggabel aus. Sie werden dann regelrecht wegkatapultiert.

2 Gemeine Eintagsfliege (S, F)
Ephemera vulgata

› Larven leben am Gewässergrund
› schwärmende Männchen am Wasser

MERKMALE 15–25 mm lange Larve mit dornartig verlängertem Oberkiefer, 7 Paar federförmigen Tracheenkiemen auf dem Rücken des Hinterleibs und 3 kurzen, bewimperten Schwanzanhängen. **VORKOMMEN** In Seen und größeren Fließgewässern. **LEBENSWEISE** Die Larve gräbt Wohnröhren und ernährt sich von Detritus. **WISSENSWERTES** Die geflügelten, erwachsenen Tiere (auch: Maifliege) sind ca. 20 mm lang und haben fast doppelt so lange Schwanzanhänge. Sie leben nur 2–4 Tage. Sehr ähnlich ist die **Dänische Eintagsfliege** *(Ephemera danica)*.

3 Glashaft, Eintagsfliege (F)
Baetis sp.

› zarte, spindelförmige Larven
› mehrere, ähnliche Arten

MERKMALE 5–9 mm lange Eintagsfliegenlarven mit hochgewölbtem Vorderkörper. 3 Schwanzfäden, der mittlere kürzer als die äußeren. 7 Paar seitliche Tracheenkiemenblättchen. **VORKOMMEN** in Fließgewässern aller Art. **LEBENSWEISE** Die Larven leben unter Steinen oder zwischen Wasserpflanzen und sind gute Schwimmer. **WISSENSWERTES** Erwachsene Glashafte haben glasklare Vorderflügel – so erklärt sich auch ihr Name – und sehr lange Schwanzanhänge. Eintagsfliegenlarven häuten sich je nach Art 20–30-mal, ehe sie das Wasser verlassen.

4 Aderhaft, Eintagsfliege (F)
Ecdyonurus sp.

› Flache, keilförmige Larven
› mehrere, ähnliche Arten

MERKMALE 9–18 mm lange, stark abgeflachte Larven mit breitem Kopf und großen Augen. 7 Paar seitliche Tracheenkiemen, 3 Schwanzanhänge. Erwachsene Tiere mit 2 überlangen Schwanzfäden. **VORKOMMEN** In schnell fließenden Bächen und Flüssen. **LEBENSWEISE** Die Larve dieser Eintagsfliegenart lebt auf der Unterseite von Steinen. Beim Schlupf steigt sie zur Wasseroberfläche und häutet sich in Sekundenschnelle zum flugfähigen Insekt. **WISSENSWERTES** Der abgeflachte Körper der Fliege verringert die Gefahr, von der Strömung mitgerissen zu werden.

1

3

2

4

1 Blauflügel-Prachtlibelle (F)
Calopteryx virgo

› metallisch schillernde Körper
› stabförmige Larve mit langen Beinen

MERKMALE 45–49 mm lange Kleinlibelle mit metallisch blauem (Männchen) oder grünlichem (Weibchen) Körper. Weibchen mit hellbraunen, Männchen mit blauschwarz schillernden Flügeln. Flugzeit Mai bis August. **VORKOMMEN** An schnell fließenden Bächen und kleinen Flüssen. **LEBENSWEISE** Die Männchen besetzen Reviere und werben mit kunstvollen Balztänzen um die Weibchen. **WISSENSWERTES** Die im Wasser lebenden Larven haben wie alle Kleinlibellenlarven 3 blattförmige Anhänge (Tracheenkiemen) am Hinterleib.

2 Gebänderte Prachtlibelle (F)
Calopteryx splendens

› flatterhafter Flug
› Männchen fliegen Patrouille

MERKMALE 45–48 mm lange Kleinlibelle. Männchen mit metallisch blauem Körper und breiter, blauer Flügelbinde. Weibchen mit metallisch grünem Körper und grünlichen, durchsichtigen Flügeln. Flugzeit Mai bis September. **VORKOMMEN** An langsam fließenden, pflanzenreichen Bächen und kleinen Flüssen. **LEBENSWEISE** Die dämmerungs- und nachtaktiven Larven der Gebänderten Prachtlibelle jagen kleine Wassertiere. Sie leben 1–2 Jahre im Wasser, ehe die Imagos schlüpfen. **WISSENSWERTES** Die erwachsenen Tiere leben nur 3–4 Wochen lang.

3 Gemeine Binsenjungfer (S)
Lestes sponsa

› Eiablage im „Tandem"
› mehrere, ähnliche Arten

MERKMALE 35–39 mm lange, grünmetallische Kleinlibelle. Bei ausgefärbten Männchen sind die Hinterleibsegmente 1–2 und 8–10 blau bereift. Flugzeit der Gemeinen Binsenjungfer von Juni bis Oktober. **VORKOMMEN** An mit Schilf und Binsen bestandenen, stehenden Gewässern. **LEBENSWEISE** Männchen und Weibchen fliegen nach der Paarung im Tandem zu einem aus dem Wasser ragenden Pflanzenstängel. Das Weibchen sticht mit ihrem Legebohrer hinein und legt die Eier ab. **WISSENSWERTES** Ruhende Binsenjungfern spreizen ihre Flügel schräg ab.

4 Blaue Federlibelle (S, F)
Platycnemis pennipes

› weißliche, federartige Beine
› Larven mit fadenförmig ausgezogenen Kiemenblättchen

MERKMALE 35–37 mm lange Kleinlibelle mit verbreiterten, durch Borsten federartig wirkenden Beinschienen. Männchen mit hellblauer, Weibchen mit cremefarbener oder hellgrüner Grundfärbung. Flugzeit der Blauen Federlibelle von Mai bis September. **VORKOMMEN** An pflanzenreichen, stehenden und langsam fließenden Gewässern. **LEBENSWEISE** Männchen bewachen die Eiablage, indem sie sich am Hals der Partnerin festklammern und steif aufrecht über ihr stehen. **WISSENSWERTES** Am Wasser bilden sich oft größere Trupps eierlegender Tandems.

2

1

3

4

1 Frühe Adonislibelle (S, F)
Pyrrhosoma nymphula

› fliegt früh im Jahr
› schwarze Beine, roter Körper

MERKMALE 33–36 mm lange Kleinlibelle. Hinterleib leuchtend rot mit schwarzer Zeichnung, Beine schwarz. Roter Längsstreifen auf den Brustsegmenten. Flugzeit der Frühen Adonislibelle von April bis August. **VORKOMMEN** An kleinen Stillgewässern, langsam fließenden Bächen, Moor- und Wiesengräben. **LEBENSWEISE** Die Larven leben 1–3 Jahre im Wasser und lauern als Ansitzjäger auf Kleinkrebse und Insektenlarven. **WISSENSWERTES** Die Eiablage in Tandemstellung erfolgt an der Wasseroberfläche. Manchmal taucht das Paar dabei komplett unter.

2 Große Pechlibelle (S, F)
Ischnura elegans

› blaues „Schlusslicht"
› häufig und weit verbreitet

MERKMALE 30–34 mm lange, dunkle, schlanke Kleinlibelle mit zweifarbigen Flügelmalen. Hinterleib oberseits pechschwarz mit blauem „Schlusslicht" am 8. Segment, unterseits gelblich. Flugzeit Mai bis September. **VORKOMMEN** An stehenden und langsam fließenden Gewässern. **LEBENSWEISE** Wie bei allen Libellen leben die Larven und erwachsenen Tiere der Großen Pechlibelle Tiere räuberisch. **WISSENSWERTES** Die ähnliche **Kleine Pechlibelle** *(Ischnura pumilio)* bleibt deutlich kleiner. Männchen mit blauem Schlusslicht am 9. Segment, Weibchen ohne.

3 Gemeine Becherjungfer (S, F)
Enallagma cyathigerum

› Männchen mit schwarzem „Becher"
› mag größere, freie Wasserflächen

MERKMALE 29–36 mm lange Kleinlibelle. Männchen (3a+b) hellblau mit schwarzer Zeichnung. Typisch ist der „gestielte Becher" auf dem 2. Hinterleibssegment. Weibchen (3b) bräunlich, bläulich oder grünlich mit torpedoförmigen Mustern. Flugzeit Mai bis September. **VORKOMMEN** An stehenden und langsam fließenden Gewässern. **LEBENSWEISE** Die Eiablage erfolgt im Tandemflug an Schwimmpflanzen. **WISSENSWERTES** Die auch Becher-Azurjungfer genannte Libelle lässt sich auch fernab der Gewässer beobachten. Auf ihren Jagdflügen fängt sie kleine Beutetiere.

4 Hufeisen-Azurjungfer (S, F)
Coenagrion puella

› Männchen mit schwarzem U („Hufeisen")
› häufig an Gartenteichen

MERKMALE 33–35 mm lange Kleinlibelle. Männchen hellblau mit hufeisenförmiger schwarzer Zeichnung auf dem 2. Hinterleibssegment. Weibchen blau oder grün, Hinterleib oberseits schwarz. Flugzeit Mai bis September. **VORKOMMEN** An pflanzenreichen, stehenden und langsam fließenden Gewässern. **LEBENSWEISE** Die Eiablage erfolgt oft gesellig in größeren Gruppen. **WISSENSWERTES** Es gibt mehrere Azurjungfer-Arten mit hellblau gefärbten Männchen. Sie lassen sich an der schwarzen Hinterleibszeichnung unterscheiden.

1

2

3a

3b

4

1 Großes Granatauge (S, F)
Erythromma najas

- Männchen mit knallroten Augen
- sitzt häufig auf Schwimmblättern
- recht scheu

MERKMALE 30–36 mm lange, schwarzbeinige Kleinlibelle. Männchen mit leuchtend roten Augen und hellblauer Grundfärbung. Segmente 1, 9 und 10 des Hinterleibs sind leuchtend hellblau, die anderen oberseits schwarz. Weibchen mit gelbgrünem Körper und rotbraunen Augen. Flugzeit Mai bis August. **VORKOMMEN** An Gewässern mit Schwimmblattpflanzen. **LEBENSWEISE** Die Männchen sitzen häufig auf Schwimmblättern von See- und Teichrosen und starten von dort aus kurze Jagdflüge über der Wasseroberfläche. Die Weibchen legen ihre Eier unter Wasser in die Stängel von Schwimmblattpflanzen ab. **WISSENSWERTES** Das dem Großen Granatauge ähnliche **Kleine Granatauge** *(Erythromma viridulum)* wird 26–32 mm lang und hat helle Beinunterseiten.

2 Blaugrüne Mosaikjungfer (S)
Aeshna cyanea

- bis 11 cm Flügelspannweite
- lebhafte, apfelgrüne und himmelblaue Zeichnung
- sehr anpassungsfähig

MERKMALE 67–76 mm lange Großlibelle mit breiten, grünen Schrägstreifen an den Brustseiten und mosaikartiger Hinterleibzeichnung. Diese Hinterleibzeichnung ist beim Männchen blau, grün und schwarz, beim Weibchen grün und dunkelbraun. Flugzeit Juni bis Anfang November. **VORKOMMEN** An stehenden Gewässern aller Art. Oft an Gartenteichen. **LEBENSWEISE** Die Männchen der Blaugrünen Mosaikjungfer patrouillieren regelmäßig an den Ufern entlang, um Ausschau nach paarungsbereiten Weibchen zu halten. Sie verteidigen ihr Revier dabei aggressiv gegen männliche Artgenossen. **WISSENSWERTES** Die Blaugrüne Mosaikjungfer jagt im Tiefflug in 1–2 m Höhe. Dabei entfernt sich die Libelle teils weit vom Gewässer und lässt sich an Waldrändern, Gebüschsäumen und in Gärten beobachten.

3 Große Königslibelle (S)
Anax imperator

- sehr große Libelle
- Weibchen legen Eier ohne männliche Begleitung ab
- Larven leben 1–2 Jahre im Wasser

MERKMALE 66–84 mm lange Großlibelle mit einfarbig grüner Brust ohne Seitenstreifen und schwarzem Fünfeck an der Stirnbasis. Hinterleib beim Männchen blau mit schwarzem Rückenstreifen, beim Weibchen grün oder bläulich mit dunklem Längsstreifen. Flugzeit der Großen Königslibelle von Juni bis September. **VORKOMMEN** An pflanzenreichen, größeren stehenden Gewässern. **LEBENSWEISE** Große Königslibellen sind ausdauernde Flieger, die sich bei sonnigem Wetter nur selten setzen. Die Eiablage erfolgt weit entfernt vom Ufer in schwimmende Pflanzenteile. **WISSENSWERTES** Wie alle Großlibellenarten breiten auch die sitzenden Königslibellen ihrer 2 Flügelpaare waagrecht aus. Im Gegensatz dazu klappen ruhende Kleinlibellen ihre Flügel über dem Rücken zusammen.

1

2

3

1 Großer Blaupfeil (S)
Orthetrum cancellatum

› fliegt pfeilschnell übers Wasser
› Männchen mit blauem Hinterleib

MERKMALE 44–50 mm lange Großlibelle ohne schwarze Flecken an der Flügelbasis. Männchen mit blau bereiftem Hinterleib, die letzten Segmente sind schwarz. Weibchen zunächst gelbschwarz, später braunschwarz. Flugzeit Mai bis September. **VORKOMMEN** An größeren stehenden Gewässern mit vegetationsarmen Ufern. **LEBENSWEISE** Das Weibchen fliegt dicht über die Wasseroberfläche und legt seine Eier mit wippendem Hinterleib ins Wasser. **WISSENSWERTES** Männchen sonnen sich gerne auf sandigen oder kiesigen Böden.

2 Kleine Moosjungfer (S)
Leucorrhinia dubia

› lebt im Moor
› ruht in dichter Vegetation

MERKMALE 30–40 mm lange Großlibelle mit weißem Gesicht und dunklem Körper. Weibchen (2b) mit gelben, Männchen (2a) mit tiefroten Flecken auf den schwarzen Körpern. Flugzeit April bis September. **VORKOMMEN** Bewohnt saure Gewässer in Hoch- und Übergangsmooren. **LEBENSWEISE** Die räuberischen Larven verbringen 2–5 Jahre im Wasser. Erwachsene Tiere lassen sich in Gewässernähe bei ihrem unsteten Flug beobachten. **WISSENSWERTES** Die Weibchen der Kleinen Moosjungfer legen ihre Eier an sonnigen Uferstellen und zwischen überfluteten Torfmoosen ab.

3 Gemeine Heidelibelle (S)
Sympetrum vulgatum

› Männchen mit rotem Hinterleib
› Ansitzjägerin

MERKMALE 35–40 mm lange Großlibelle mit brauner Brust, außen gelb gestreiften Beinen und herablaufender schwarzer Stirnzeichnung. Hinterleib beim Männchen leuchtend rot, beim Weibchen gelb oder bräunlich. Flugzeit Juni bis November. **VORKOMMEN** An stehenden Gewässern aller Art. **LEBENSWEISE** Die Gemeine Heidelibelle steigt von einem Ansitz aus zu kurzen Jagdflügen auf. Häufig kehrt sie danach wieder zu ihrer Sitzwarte zurück. **WISSENSWERTES** Es gibt mehrere, schwer voneinander zu unterscheidende Heidelibellenarten.

4 Vierfleck-Libelle (S)
Libellula quadrimaculata

› sitzt gerne an exponierten Halmen
› Hinterflügel mit schwarzem Basalfleck

MERKMALE 40–48 mm lange, bräunliche Großlibelle mit je 2 dunklen Flügelmalen am Vorderrand jedes Flügels. Flugzeit Mai bis August. **VORKOMMEN** Häufig an stehenden Gewässern aller Art. **LEBENSWEISE** Wie alle Großlibellen ist auch die Vierfleck-Libelle eine wahre Luftakrobatin, die ihre Opfer im Flug erbeutet. Sie jagt mit bis zu 40 Stundenkilometern durch die Luft, kann wie ein Hubschrauber auf der Stelle schweben oder kurze Strecken rückwärts fliegen. **WISSENSWERTES** Schwärme dieser Art wandern bis zu 50 Kilometer weit.

1

2a

2b

3

4

1 Plattbauch-Libelle (S)
Libellula depressa

› flacher, breiter Hinterleib
› Pionierart am Gartenteich

MERKMALE 39–48 mm lange Großlibelle mit großen, schwarzen Basalflecken an den Flügeln. Der breite Hinterleib der Plattbauch-Libelle ist beim Männchen (1a) blau mit gelben Seitenflecken, beim Weibchen (1b) gelbbraun mit gelben Seitenflecken. Flugzeit Mai bis August. **VORKOMMEN** Häufig an kleinen, stehenden Gewässern. **LEBENSWEISE** Die Männchen verteidigen ihre Uferreviere gegen männliche Artgenossen. **WISSENSWERTES** Mit ihrer Vorliebe für sonnige und vegetationsarme Kleingewässer zählt die Plattbauch-Libelle zu den Erstbesiedlern neu angelegter Teiche.

2 Falkenlibelle (S)
Cordulia aenea

› metallisch dunkelgrün glänzend
› mehrere ähnliche Arten

MERKMALE 47–55 mm lange, auch Gemeine Smaragdlibelle genannte Großlibelle mit smaragdgrünen Augen und ungefleckter Stirn. Männchen mit keulenförmig verdicktem Ende des Hinterleibs. Flugzeit April bis August. **VORKOMMEN** An Tümpeln, Teichen, kleineren Seen und in Mooren. **LEBENSWEISE** Falkenlibellen sind wendige und ausdauernde Flieger, die sich nur selten absetzen. **WISSENSWERTES** Die ähnliche **Glänzende Smaragdlibelle** *(Somatochlora metallica)* hat eine gefleckte Stirn. Beim Männchen ist der Hinterleib in der Mitte keulenförmig verdickt.

3 Gemeine Keiljungfer (F, S)
Gomphus vulgatissimus

› dickes Hinterleibsende
› Augen berühren sich nicht

MERKMALE 45–50 mm lange Großlibelle mit keulenförmigem Hinterleib und einfarbig schwarzen Beinen. Weibchen und junge Männchen gelb-schwarz, ältere Männchen grün-schwarz gezeichnet. Flugzeit der Gemeinen Keiljungfer von Mai bis Juli. **VORKOMMEN** An Mittel- und Unterläufen von Bächen und Flüssen und an Brandungsufern von Seen. **LEBENSWEISE** Die Larven der Gemeinen Keiljungfer leben 2–3 Jahre im Wasser. Erwachsene Tiere sitzen gerne in der Uferböschung auf Pflanzen oder Steinen. **WISSENSWERTES** Weitere heimische Keiljungferarten haben zweifarbige Beine.

4 Zweigestreifte Quelljungfer (F)
Cordulegaster boltonii

› größte heimische Libelle
› Flügelspannweite bis 11 cm

MERKMALE 74–80 mm lange, schwarze Großlibelle mit gelben Streifen auf Brust und Hinterleib. Je 2 gelbe Querstreifen auf den mittleren Hinterleibsringen. Flugzeit der Zweigestreiften Quelljungfer von Mai bis August. **VORKOMMEN** An Gebirgsbächen, kleinen Flüssen und Quellmooren. **LEBENSWEISE** Die räuberischen Larven brauchen 3–5 Jahre für ihre Entwicklung. Erwachsene Männchen fliegen die Ufer auf und ab. **WISSENSWERTES** Die **Gestreifte Quelljungfer** *(Cordulegaster bidentata)* hat je 1 gelben Querstreifen auf den mittleren Hinterleibsringen.

1a

1b

2

3

4

1 Uferfliege, Steinfliege (F)
Nemoura sp.

- mit 2 Schwanzanhängen (Cerci)
- Schlechte Flieger
- mehrere sehr ähnliche Arten

MERKMALE Bis zu 9 mm lange, dunkelbraune Larven (1b) ohne Tracheenkiemen, bei denen die nach hinten gestreckten Hinterbeine den Hinterleib deutlich überragen. Fühler und Schwanzanhänge der Uferfliege ungefähr gleich lang. Erwachsene Tiere (1a) schwärzlich und 6–9 mm lang. **VORKOMMEN** In Quellen, Bächen und Gräben. **LEBENSWEISE** Die Larven entwickeln sich ein Jahr lang als Detritusfresser im Wasser – das heißt, sie ernähren sich von zerkleinerter organischer Substanz, dem Detritus – ehe sie ans Ufer klettern und die erwachsenen Tiere schlüpfen. **WISSENSWERTES** Steinfliegenlarven haben 2 Schwanzanhänge, die Larven der Eintagsfliegen mit Ausnahme der Gattung *Epeorus* immer 3. In Ruhe tragen erwachsene Steinfliegen ihre Flügel flach auf dem Rücken, Eintagsfliegen halten sie aufrecht über dem Körper.

2 Großer Uferbold, Gerandete Steinfliege (F)
Perla marginata

- große, räuberische Larve
- frisst und wächst auch im Winter
- nur in Fließgewässern

MERKMALE Bis 30 mm lange Steinfliegenlarve (2b) mit seitlich stark abgespreizten Beinen und Tracheenkiemenbüscheln an den Beinansätzen. Dunkelbraun mit gelben Flecken. Erwachsene Tiere (2a) 15–25 mm lang. Flugzeit Mai bis Juli. **VORKOMMEN** In sauberen Bächen und Flussoberläufen. **LEBENSWEISE** Die räuberischen Larven der auch Großer Uferbold genannten Art leben, gut geschützt vor der starken Strömung, zwischen und unter Steinen. Sie fressen die Larven anderer Wasserinsekten. **WISSENSWERTES** Die Entwicklung vom Ei zum erwachsenen Tier dauert 3 Jahre. Oft lassen sich an Steinen in Ufernähe die leeren Larvenhäute (Exuvien) des letzten Larvenstadiums finden. Die frisch geschlüpften erwachsenen Tiere haben eine Lebenserwartung von 2–4 Wochen.

3 Uferbold, Steinfliege (F)
Isoperla sp.

- Larven ohne Tracheenkiemen
- mehrere ähnliche Arten
- Indikatoren für gute Wasserqualität

MERKMALE Bis 15 mm lange, gelbliche, auch Uferbold genannte Steinfliegenlarve (3b) mit bräunlicher Zeichnung und 2 Schwanzanhängen. Erwachsene Tiere (3a) 10 bis 15 mm lang mit dunkler, hufeisenförmiger Scheitelzeichnung. **VORKOMMEN** In rasch strömenden Bächen und Flüssen. **LEBENSWEISE** Die jungen Larven leben zwischen Wasserpflanzen, die älteren an Steinen. Die räuberischen Tiere ernähren sich von den Larven anderer Wasserinsekten. **WISSENSWERTES** Erwachsene Steinfliegen leben nur wenige Wochen. Da sie verkümmerte Mundwerkzeuge haben, können sie in dieser Zeit auch keine Nahrung mehr aufnehmen. Weil die Larven nur in sauberen, sauerstoffreichen Fließgewässern vorkommen, sind sie wichtige Indikatorarten für die Gewässergüte. Die Larven der Gattung *Isoperla* haben keine Tracheenkiemen und atmen nur über die Haut.

1a

1b

2a

2b

3a

3b

1 | Gemeiner Wasserläufer (S, F)
Gerris lacustris

› läuft ruckartig übers Wasser
› mehrere, ähnliche Arten

MERKMALE 8–10 mm lange, schlanke Wanze mit dreieckigem Kopf, großen Facettenaugen und dünnen, langen Mittel- und Hinterbeinen. Wasserabstoßende Härchen an Beinen und Körper. **VORKOMMEN** Auf der Oberfläche stehender und langsam fließender Gewässer. **LEBENSWEISE** Die räuberischen Wasserläufer bewegen sich ruckartig über die Wasseroberfläche, jagen Insekten und saugen sie mit ihrem Stechrüssel aus. **WISSENSWERTES** Wie alle Wanzen klappt auch der Gemeine Wasserläufer seinen Saugrüssel in der Ruhestellung unter den Kopf.

2 | Großer Bachläufer (F)
Velia caprai

› gedrungener Körperbau
› läuft stoßweise übers Wasser

MERKMALE 6–8 mm lange, kompakt gebaute Wanze mit schwarzem Kopf und schwarz-rotem Hinterleibsrand. 2 weiße Flecke auf dem 1. Brustsegment. Meist flügellos. **VORKOMMEN** An der Oberfläche ruhiger, ufernaher Bereiche kleiner Fließgewässer. **LEBENSWEISE** Der gesellige, auch Stoßwasserläufer genannte Große Bachläufer bewegt sich schnell und stoßartig über die Wasseroberfläche. Er lebt räuberisch, kann tauchen und verankert sich gerne an Wasserpflanzen. **WISSENSWERTES** Abgetriebene Bachläufer kehren oft wieder an ihren alten Standplatz zurück.

3 | Gemeiner Teichläufer (S, F)
Hydrometra stagnorum

› stelzt übers Wasser
› eine weitere ähnliche Art

MERKMALE 9–12 mm lange, schwärzliche Wanze mit nadeldünnem Körper und stelzenartigen Beinen. Der stark verlängerte Kopf des Gemeinen Teichläufers ist vor den Augen etwa doppelt so lang wie hinter den Augen. **VORKOMMEN** Auf der Oberfläche stehender und langsam fließender Gewässer. **LEBENSWEISE** Stakst wie auf Stelzen mit abwechselnden Beinbewegungen über die Wasseroberfläche und ernährt sich räuberisch von kleinen Wasserinsekten. Meist saugt er seine Opfer an Land aus. **WISSENSWERTES** Teichläufer stellen sich bei einer Störung tot.

4 | Stabwanze (S, F)
Ranatra linearis

› Lauerjägerin
› Körper als Halm getarnt

MERKMALE 30–40 mm lange, stabförmige Wanze mit etwa körperlangem Atemrohr am Hinterleibsende. Die Vorderbeine sind als winklig geknickte Fangbeine ausgebildet. **VORKOMMEN** Im Uferbereich stehender und langsam fließender Gewässer. **LEBENSWEISE** Die auch Wassernadel genannten Stabwanzen lauern mit halbgeöffneten Fangbeinen regungslos auf Beute. Insektenlarven, Kaulquappen und kleine Fische werden blitzschnell ergriffen, mit einem Giftstich des Rüssels getötet und anschließend ausgesaugt. **WISSENSWERTES** Die Stabwanze kann gut fliegen.

1

4

2

3

1 Wasserskorpion (S, F)
Nepa cinerea, syn. Nepa rubra

› unverwechselbare Wasserwanze
› kann schmerzhaft stechen

MERKMALE 12–23 mm lange, breite Wanze mit spitzem Rüssel und einem langen, zweiteiligen Atemrohr am Hinterleibsende. Die Vorderbeine sind als skorpionsähnliche Fangbeine ausgebildet, daher auch der Name. **VORKOMMEN** Lebt im flachen Uferbereich stehender und langsam fließender Gewässer. **LEBENSWEISE** Wasserskorpione lauern im Flachwasser mit ausgebreiteten Fangarmen auf vorbeischwimmende Kleintiere. **WISSENSWERTES** Das Atemrohr dient als Schnorchel. Es durchbricht die Wasseroberfläche und versorgt das Tier mit Luft.

2 Große Ruderwanze (S, F)
Corixa punctata

› schwimmt auf dem Bauch
› mehrere ähnliche Arten

MERKMALE Bis 16 mm lange, oberseits abgeflachte Wanze mit dunklem Halsschild, das 15–20 gelbe Querlinien aufweist. Flügeldecken gelb-schwarz marmoriert. Die dicht behaarten Hinterbeine der Großen Ruderwanze dienen als Schwimmbeine. **VORKOMMEN** In stehenden und langsam fließenden Gewässern. **LEBENSWEISE** Die geschickten Schwimmer nutzen ihre Hinterbeine als Ruder. Mit ihren schaufelförmigen Vorderbeinen sammeln sie Detritus, Algen und Kleintiere am Boden ein. **WISSENSWERTES** Die Männchen erzeugen unter Wasser Zirpgeräusche.

3 Schwimmwanze (S, F)
Ilyocoris cimicoides

› schwimmt schnell und geschickt
› lebt räuberisch

MERKMALE 12–16 mm lange, breit-ovale, oberseits abgeflachte, dunkelbraune Wanze. Die Vorderbeine sind als kräftige Fangbeine ausgebildet, die behaarten Hinterbeine als Schwimmbeine. **VORKOMMEN** In pflanzenreichen stehenden und langsam fließenden Gewässern. **LEBENSWEISE** Mit ihren klappmesserartig einschlagbaren Fangbeinen erbeuten Schwimmwanzen Wasserinsekten, Kaulquappen und kleine Jungfische. **WISSENSWERTES** Schwimmwanzen können mit ihrem stechend-saugenden Rüssel auch Menschen schmerzhaft stechen.

4 Rückenschwimmer (S, F)
Notonecta glauca

› schwimmt auf dem Rücken
› mehrere heimische Arten

MERKMALE 13–16 mm lange, rotbraune Wanze mit kielartigem Rücken und abgeflachter Bauchseite. Das Halsschild ist vorne hell, hinten dunkel. Mit Schwimmborsten besetzte Hinterbeine. **VORKOMMEN** In stehenden und langsam fließenden Gewässern. **LEBENSWEISE** Die räuberisch lebende Wanze schwimmt meist auf dem Rücken, daher auch der Name. In Lauerstellung und beim Luftschöpfen hängt sie oft direkt unter der Wasseroberfläche. **WISSENSWERTES** Rückenschwimmer können nicht nur schwimmen, sondern auch gut fliegen und sehr schmerzhaft stechen („Wasserbiene").

1

2

3

4

1 Schlammfliege (S, F)
Sialis sp.

› räuberische Larven leben im Wasser
› dachförmige, kräftig geäderte Flügel
› mehrere, heimische Arten

MERKMALE Bis 40 mm lange, gelbliche Larven mit brauner Zeichnung und 7 Paar beinähnlicher, gefiederter Tracheenkiemen am Hinterleib (1b). Langer, gefiederter Schwanzanhang. Die schwarzen, bis zu 30 mm langen, erwachsenen Schlammfliegen (1a) legen ihre stark geäderten Flügel dachartig zusammen. Flugzeit April bis Juni. **VORKOMMEN** In und an stehenden und langsam fließenden Gewässern. **LEBENSWEISE** Die räuberischen Larven der Schlammfliege erbeuten mit ihren kräftigen, dolchartigen Mundwerkzeugen Würmer und Insektenlarven. Sie überwintern 2-mal, ehe sie das Gewässer verlassen, um sich an Land in lockerer Erde zu verpuppen. **WISSENSWERTES** Die trägen, erwachsenen Tiere sind schlechte Flieger und krabbeln meist durch die Ufervegetation.

2 Europäischer Bachhaft (F)
Osmylus fulvicephalus

› transparente, stark geäderte Flügel
› 40–50 mm Flügelspannweite
› räuberische Larve lebt amphibisch

MERKMALE 15–20 mm lange, schwarzbraune Larve mit 2 etwas nach außen gebogenen Saugzangen. Schlanker Körper mit starren Borsten. Erwachsene Tiere werden 12–17 mm lang. Sie haben einen rotbraunen Kopf und große, durchsichtige Vorderflügel mit zahlreichen Queradern und dunkelbraunen Flecken. Dachartige Flügelstellung. Flugzeit Mai bis August. **VORKOMMEN** An schattigen Bach- und Flussufern. **LEBENSWEISE** Die Larve des früher auch Wasserameisenlöwen-Jungfer genannten Europäischen Bachhafts lebt am Ufer, jagt aber im Wasser. Sie erbeutet Zuckmückenlarven und andere kleine Wasserinsekten, schleppt sie an Land und saugt sie aus. **WISSENSWERTES** Die erwachsenen Tiere leben in der Ufervegetation und ernähren sich von anderen Uferinsekten wie Stein-, Köcher- und Eintagsfliegen.

3 Gelbrandkäfer (S, F)
Dytiscus marginalis

› gelb umrandeter Körper
› schwimmt und fliegt gut
› kommt nur zur Verpuppung an Land

MERKMALE 27–35 mm langer Schwimmkäfer mit gelb umrandetem Halsschild und schwarzbraunen, grün schimmernden Deckflügeln mit gelben Seitenstreifen. Deckflügel beim Weibchen gefurcht, beim Männchen glatt. Die 50–60 mm lange Larve des auch Gemeiner Gelbrand genannten Gelbrandkäfers hat einen breiten Kopf und dolchartige Mundwerkzeuge. **VORKOMMEN** In Weihern, Teichen und Gräben. **LEBENSWEISE** Die räuberische Larve lauert unter Wasser auf Insektenlarven, Kaulquappen und kleine Fische. Sie bohrt ihre sichelförmigen Oberkiefer in die Beute und injiziert ein lähmendes und verdauungsförderndes Gift. Die erwachsenen Gelbrandkäfer leben ebenfalls als Räuber. **WISSENSWERTES** Zum Luftholen hängen sich Käfer und Larven mit dem Hinterende an die Wasseroberfläche.

1a

1b

2

3

1 Gemeiner Furchenschwimmer (S)
Acilius sulcatus

› ein gelbes V auf der Stirn
› sehr guter Schwimmer

MERKMALE 16–18 mm langer Schwimmkäfer mit gelber Grundfärbung. Halsschild mit 2 schwarzen Querbinden. Männchen oberseits mit schwärzlicher Punktierung, Weibchen mit 3–4 glatten Längsrippen. Die buckligen, bis zu 30 mm langen Larven haben einen schmalem Kopf. **VORKOMMEN** In stehenden Gewässern. **LEBENSWEISE** Sowohl Larven als auch erwachsene Käfer schwimmen hervorragend und leben räuberisch. Sie jagen Insektenlarven, Kleinkrebse und Kaulquappen. **WISSENSWERTES** Verpuppt sich am Ufer in einer Erdhöhle.

2 Glatter Kugelschwimmer (S, F)
Hyphydrus ovatus

› kugelig gewölbter Körper
› kleiner Räuber

MERKMALE 4–5 mm langer, fast kugeliger, rostroter Schwimmkäfer. Die etwa 7–8 mm lange, dunkle Larve des Glatten Kugelschwimmers mit gelblichen Querbinden an Vorderbrust, 1. und 2. sowie 7. und 8. Hinterleibssegment. **VORKOMMEN** In kleineren, stehenden Gewässern, ruhig strömenden Fließgewässerabschnitten und im Brackwasser. **LEBENSWEISE** Larven und erwachsene Tiere sind gute Schwimmer, die Insektenlarven, Kleinkrebse und Wasserasseln fressen. **WISSENSWERTES** Die erwachsenen Käfer tragen am Hinterende stets eine Luftblase mit sich.

3 Gewöhnlicher Taumelkäfer (S, F)
Gyrinus substriatus

› kreiselt auf der Wasseroberfläche
› mehrere ähnliche Arten

MERKMALE 5–7 mm langer, schwarz glänzender, oberseits kahler Wasserkäfer mit zweigeteilten Augen. Bis zu 11 Punktreihen auf den Flügeldecken. Larve bis zu 18 mm lang mit 10 Paar Tracheenkiemen am Hinterleib. **VORKOMMEN** Auf der Oberfläche von stehenden und langsam fließenden Gewässern. **LEBENSWEISE** Der Gemeine Taumelkäfer nimmt Beute mit Hilfe seiner Fühler wahr, die Bewegungen auf der Wasseroberfläche registrieren. **WISSENSWERTES** Die geselligen Käfer schwimmen schnell kreiselnd auf der Wasseroberfläche umher.

4 Großer Kolbenwasserkäfer (S)
Hydrophilus piceus

› sehr großer Wasserkäfer
› Larve kann schmerzhaft beißen

MERKMALE 34–47 mm langer und glänzend schwarzer sowie grünlich schimmernder Wasserkäfer mit abgeflachtem Bauch. Langer, spitzer Stachel auf der Unterseite der Hinterbrust. Die bis zu 70 mm lange Larve hat einen rotbraunen Kopf. **VORKOMMEN** In pflanzenreichen stehenden Gewässern. **LEBENSWEISE** Erwachsene Kolbenwasserkäfer fressen Wasserpflanzen und Algen, die Larven sind Räuber. **WISSENSWERTES** Der dem Großen Kolbenwasserkäfer sehr ähnliche **Schwarze Kolbenwasserkäfer** *(Hydrophilus aterrimus)* bleibt etwas kleiner und schimmert nicht grün.

1

2

3

4

1 Schilfkäfer (S, F)
Donacia sp.

› ähneln Bockkäfern
› über 20 heimische Arten

MERKMALE 5–13 mm lange, metallisch glänzende, lang gestreckte Blattkäfer mit fast körperlangen Fühlern. Punktstreifen auf den Deckflügeln. Larven bis 15 mm lang, weißlich mit 2 hakenartigen Hinterleibsanhängen. **VORKOMMEN** In stehenden und langsam fließenden Gewässern. **LEBENSWEISE** Erwachsene Tiere leben über dem Wasserspiegel, die Larven des Schilfkäfers leben unter Wasser. Beide Entwicklungsstadien fressen an Wasser- und Sumpflanzen. **WISSENSWERTES** Die einzelnen Arten des Schilfkäfers sind auf unterschiedliche Pflanzen spezialisiert.

2 Seerosen-Blattkäfer (S, F)
Galerucella nymphaeae

› frisst an See- und Teichrosenblättern
› unbeliebt bei Gartenteichbesitzern

MERKMALE 6–9 mm langer, recht schlanker Blattkäfer. Bräunliche Flügeldecken mit hellem Seitenrand. Kopf und Halsschild gelbbraun mit schwarzen Flecken. Larven und Puppen des Seerosen-Blattkäfers sind schwarz. **VORKOMMEN** In Gewässern mit Teich- oder Seerosen. **LEBENSWEISE** Die gesamte Entwicklung des Käfers vom Ei über Larve und Puppe bis hin zum erwachsenen Insekt spielt sich auf einem See- oder Teichrosenblatt ab. **WISSENSWERTES** Die Larven fressen Gänge in die Blätter, beschädigen aber dabei die Blattunterseite nicht.

3 Salzkäfer (M)
Bledius arenarius

› lebt am Meeresstrand
› ernährt sich von Algen

MERKMALE Bis 9 mm langer, schlanker, schwarz glänzender Käfer mit kurzen, rötlich schimmernden Flügeldecken und kurzen Antennen am Kopf. **VORKOMMEN** An Sandstränden von Nordsee, Ostsee und Atlantik. **LEBENSWEISE** Der Salzkäfer gräbt senkrechte, bis zu 12 cm lange Wohnröhren in den Sand. Die Eier legt der Salzkäfer auf kleine Kotballen, die in birnenförmigen Seitenkammern von der Decke hängen. **WISSENSWERTES** Am Strand lassen sich kleine Sandhäufchen entdecken, die als Abraum beim Bau der Wohnröhren des Salzkäfers entstehen.

4 Laichkrautzünsler (S, F)
Elophila nymphaeata

› Larve lebt im Wasser
› 2 Generationen pro Jahr

MERKMALE Erwachsene Schmetterlinge (4a) mit weißen, braun gezeichneten Flügeln von 20–30 mm Spannweite. Die bis zu 25 mm langen Larven (4b) sind zunächst grünlich, später olivbraun. Kopf und Nackenschild olivgrün. **VORKOMMEN** In pflanzenreichen stehenden und langsam fließenden Gewässern. **LEBENSWEISE** Die Weibchen der Laichkrautzünsler legen ihre Eier auf die Unterseite von Schwimmblattpflanzen (Laichkräuter, Froschlöffel, See- und Teichrose), die als Nahrung für die Raupen dienen. **WISSENSWERTES** Die Raupen der Laichkrautzünsler bauen sich ein Häuschen aus 2 ovalen Blattstücken.

1

2

3

4a

4b

1 Zuckmücken (S, F)
Chironomidae

› Larven zucken bei einer Berührung
› über 1000 heimische Arten

MERKMALE 1–20 mm lange, wurmförmige Larven (1c) mit vollentwickelter Kopfkapsel und Stummelfüßchen am 1. und 12. Körpersegment. Gelb, grün, weiß oder rot gefärbt. Erwachsene Tiere (1a/b) mit zuckenden, nach vorne ausgestreckten Vorderbeinen (daher auch der Name). **VORKOMMEN** In Gewässern aller Art. **LEBENSWEISE** Je nach Art ernähren sich die Larven von Detritus, Pflanzen oder Kleintieren. Die erwachsenen Mücken leben nur wenige Tage. **WISSENSWERTES** Männchen haben gefiederte Fühler und tanzen oft in großen Schwärmen über dem Wasser.

2 Gnitzen (S, F)
Ceratopogonidae

› können schmerzhaft stechen
› über 300 heimische Arten

MERKMALE Die fliegenähnlichen, 1–3 mm langen, erwachsenen Tiere legen ihre Flügel in Ruhe flach auf dem Rücken übereinander. Die schlanken, transparenten Larven der Gnitzen unterscheiden sich je nach Art. **VORKOMMEN** In und an pflanzenreichen Gewässern. **LEBENSWEISE** Die Larven der Gnitzen leben oft räuberisch zwischen Wasserpflanzen. **WISSENSWERTES** Die Weibchen saugen mit ihrem kurzen Stechrüssel Körpersäfte von wirbellosen Tieren oder das Blut von Wirbeltieren und Menschen. Die Männchen ernähren sich von Pflanzensäften.

3 Stechmücke (S, F)
Culex sp.

› nur die Weibchen stechen
› viele ähnliche Arten

MERKMALE Bis zu 10 mm lange, beinlose Larven mit schräg abstehendem Atemrohr am Hinterleib. Die 4–6 mm langen, erwachsenen Stechmücken mit langem Stechrüssel, Männchen mit büschelig behaarten Fühlern. **VORKOMMEN** Weit verbreitet. Larven entwickeln sich in Pfützen, Regentonnen und anderen Kleingewässern. **LEBENSWEISE** Die Larven der Stechmücke hängen mit ihren Atemrohren an der Unterseite der Wasseroberfläche und filtrieren Mikroorganismen aus dem Wasser. **WISSENSWERTES** Weibliche Steckmücken saugen Blut, männliche Tiere ernähren sich von Pflanzensäften.

4 Büschelmücke (S)
Chaoborus sp.

› Larven schweben im Wasser
› 2 Paar „Schwimmblasen"

MERKMALE 12–15 mm lange, durchsichtige Larven mit zu Greiforganen umgebildeten Antennen, 2 Paar Tracheenblasen und Schwimmfächer am Hinterleib. Erwachsene Büschelmücken werden 5–7 mm lang. **VORKOMMEN** In und an stehenden Gewässern. **LEBENSWEISE** Die Larven der Büschelmücke schweben meist waagrecht im Wasser und ernähren sich räuberisch von Wasserflöhen und anderen kleinen Wassertieren. Sie können sich blitzschnell bewegen. **WISSENSWERTES** Die erwachsenen Tiere haben einen kurzen Rüssel, mit dem sie kein Blut saugen können.

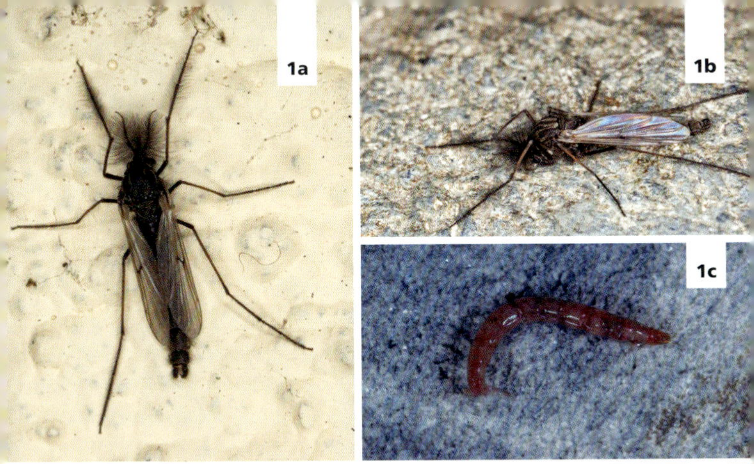
1a
1b
1c

2

3

4

1 Kriebelmücken (F)
Simuliidae

› Weibchen stechen schmerzhaft
› über 50 heimische Arten

MERKMALE Die fliegenähnlichen, 2–6 mm langen Mücken haben einen buckligen Rücken und legen ihre Flügel dachartig über den Hinterleib. Die bis 15 mm langen Larven sind am verdickten Hinterleib gut zu erkennen. **VORKOMMEN** Nur in Fließgewässern. **LEBENSWEISE** Die in Kolonien lebenden Larven heften sich mit einer Haftscheibe am Hinterleib an Steine und Pflanzen. Sie filtern mit Borstenfächern am Kopf Algen und Detritus aus dem Wasser. **WISSENSWERTES** Die Weibchen saugen Blut, die Männchen Blütensäfte.

2 Schnake (S, F)
Tipula sp.

› langbeinig („daddy-long-legs")
› über 120 heimische Arten

MERKMALE Bis 30 mm lange, walzenförmige Larven mit brauner Kopfkapsel, 2 wie Augen wirkenden Atemöffnungen und 6 hakenartigen Fortsätzen am Hinterende („Teufelsfratze"). Erwachsene Tiere (2a+b) groß mit langen, dünnen Beinen. **VORKOMMEN** In stehenden und langsam fließenden Gewässern. **LEBENSWEISE** Die schlammbewohnenden Larven ernähren sich von Detritus und Falllaub. **WISSENSWERTES** Schnaken sind harmlose Tiere, die nicht stechen können. Ihre Beine brechen an vorgebildeten Sollbruchstellen sehr leicht ab.

3 Mistbiene (S)
Eristalis sp.

› Larve mit langem Atemrohr
› mehrere Arten

MERKMALE Bis 20 mm große, weiße Larve (3a) mit bis zu 100 mm langem, dreiteiligem Atemrohr (auf dieses bezieht sich auch der Beiname „Rattenschwanzlarve"). Erwachsene Schwebfliege (3b) gelb-schwarz gefärbt und 10–16 mm lang. **VORKOMMEN** In schlammigen, nährstoffreichen Gewässern, Jauchegruben und Abwassergräben. **LEBENSWEISE** Die im Flachwasser lebenden Larven fressen kleine Nahrungsteilchen im Bodenschlamm. Dabei regulieren sie die Länge ihres teleskopartigen Atemrohrs je nach den unterschiedlichen Wasserständen. **WISSENSWERTES** Schwebfliegen sind wichtige Blüternbestäuber.

4 Waffenfliege (S, F)
Stratiomys sp.

› Larve mit derber, panzerartiger Haut
› mehrere Arten

MERKMALE 40–50 mm lange Larve (4b) mit vorne breitem, hinten schmalem Körper und langer, vom letzten Hinterleibssegment gebildeter Atemröhre. Am Ende der Röhre mit 2 von einem Borstenkranz umgebene Atemöffnungen. **VORKOMMEN** In Quellbächen, Tümpeln und Weihern. **LEBENSWEISE** Die Larven hängen oft kopfunter an der Wasseroberfläche, auf der sich der Borstenkranz des Atemrohrs ausbreitet. Sie fressen Schwebstoffe und Detritus. **WISSENSWERTES** Erwachsene Waffenfliegen (4a) sind je nach Art oft auffallend gefärbt.

1

2a

2b

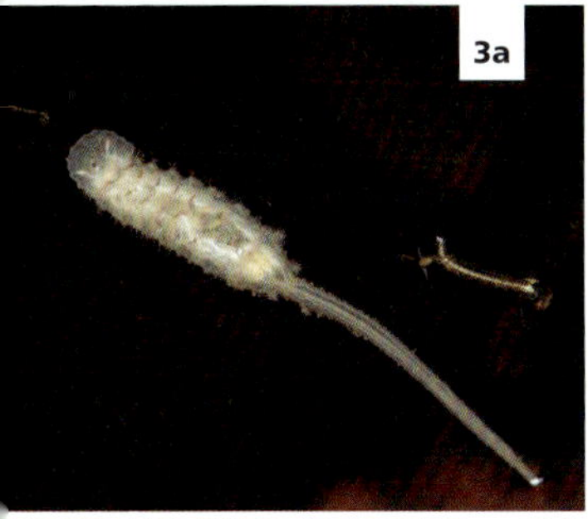
3a

3b

4a

4b

1 Köcherfliege (F)
Hydropsyche sp.

› Larve baut Fangnetz
› mehrere Arten

MERKMALE Bis 20 mm lange, köcherlose Larven mit 3 verhornten, graubraunen, 4-eckigen Platten auf der Oberseite der Brustsegmente. Kopf dunkel mit heller Zeichnung. Erwachsene Tiere sind dunkelbraun mit heller Flügelzeichnung. **VORKOMMEN** In und an Fließgewässern. **LEBENSWEISE** Die Larven dieser auch Wassergeistchen genannten Köcherfliege leben in röhrenförmigen Wohngespinsten. Vor der Öffnung spinnen sie ein Netz, mit dem sie Planktonorganismen und organische Abfallstoffe fangen. **WISSENSWERTES** Ruhende Köcherfliegen tragen ihre Flügel dachförmig.

2 Gemeine Köcherfliege (S, F)
Limnephilus sp.

› Larven bauen kunstvolle Köcher
› sehr artenreich

MERKMALE Raupenähnliche, etwa 15 mm lange Larve mit verhornten Vorder- und Mittelbrustoberseiten und 6 Hornplättchen auf der Hinterbrustoberseite. Köcher bis 40 mm, erwachsene Tiere bis 35 mm lang. **VORKOMMEN** In stehenden und langsam fließenden Gewässern. **LEBENSWEISE** Die Larven der Gemeinen Köcherfliege leben am Gewässergrund. Sie bauen röhrenförmigen Köcher, die je nach Art und Angebot aus Steinen, Pflanzenstückchen oder Schneckenhäusern bestehen. **WISSENSWERTES** Die erwachsenen Insekten sind dämmerungs- und nachtaktiv.

3 Pilzkopf-Köcherjungfer (F)
Anabolia nervosa

› Köcher mit langen Stöckchen
› mehrere, ähnliche Arten

MERKMALE Bis 23 mm lange Larve (3a) mit Hornplatten auf der Oberseite der Brustsegmente. Kopfoberseite gelb mit schwarzer, pilzförmiger Zeichnung. Erwachsene Tiere (3b) bis 30 mm lang. **VORKOMMEN** In pflanzenreichen stehenden und langsam fließenden Gewässern. **LEBENSWEISE** Die Larven bauen bis zu 30 mm lange, gerade Köcher aus Sandkörnern und Steinchen, an die sie in Längsrichtung bis zu 70 mm lange kleine Ästchen anspinnen. **WISSENSWERTES** Die angehefteten Stöckchen schützen die Larven der Pilzkopf-Köcherjungfer vor Fressfeinden.

4 Masken-Köcherfliege (S, F)
Sericostoma personatum

› glatter, gebogener Köcher
› nur in sauberen Fließgewässern

MERKMALE Bis 15 mm lange, raupenförmige Larve (4b) mit rotbraunem Kopf und gelblichem Körper. Der gekrümmte, nach hinten leicht verjüngte, bis zu 20 mm lange Köcher besteht aus feinsten Sandkörnchen. Erwachsene Tiere (4a) bis zu 20 mm lang, mit schwarzem Körper und bräunlichen Flügeln. **VORKOMMEN** In schnellfließenden Bächen und Flüssen. **LEBENSWEISE** Die Larven der Masken-Köcherfliege ernähren sich von Algen, Wasserpflanzen und Detritus. **WISSENSWERTES** Das Vorkommen von *Sericostoma*-Arten gilt als Zeichen für eine gute Wasserqualität.

1

2

3a

3b

4a

4b

1 Große Köcherfliege (S, F)
Phrygaena grandis

› größte heimische Köcherfliege
› bis 60 mm Flügelspannweite

MERKMALE Bis zu 40 mm lange Larve mit gelbschwarzem Kopf und weißlichem Hinterleib. Ohne Hornplatten auf dem 2. und 3. Brustsegment. Erwachsene Tiere mit weißen Flügelflecken. **VORKOMMEN** In pflanzenreichen stehenden und langsam fließenden Gewässern. **LEBENSWEISE** Die räuberisch lebenden Larven bauen bis zu 60 mm lange Köcher aus spiralig angeordneten Pflanzenteilchen. **WISSENSWERTES** Im Gegensatz zu anderen Köcherfliegenlarven verlassen *Phrygaena*-Arten ihr Gehäuse immer mal wieder für kurze Zeit.

2 Wasserspinne (S)
Argyroneta aquatica

› lebt in luftgefüllten Taucherglocken
› giftigste heimische Spinne

MERKMALE 8–20 mm lange Spinne mit dunkelbraunem Vorderkörper und grauem, von zahlreichen Fiederhärchen bedecktem Hinterleib. Im Wasser von einer silbrig glänzenden Lufthülle umgeben. **VORKOMMEN** In pflanzenreichen stehenden Gewässern. **LEBENSWEISE** Die Spinne holt sich Luft von der Wasseroberfläche und baut mit Hilfe fein gewebter Netze geräumige Unterwasser-Taucherglocken. Sie dienen als Wohn-, Fress-, Häutungs- und Fortpflanzungsglocken. **WISSENSWERTES** Die Männchen sind größer als die Weibchen.

3 Gerandete Jagdspinne (S, F)
Dolomedes fimbriatus

› große Raubspinne
› jagt auf der Wasseroberfläche

MERKMALE Mit 10–22 mm Körperlänge (ohne Beine!) eine der größten heimischen Spinnen. Bräunlich, mit weißlichem oder gelblichem Längsband an den Körperseiten und wasserabstoßendem, dichtem Haarkleid. **VORKOMMEN** Am Ufer und auf der Wasseroberfläche stehender und langsam fließender Gewässer. **LEBENSWEISE** Die räuberische, auch Listspinne genannte Spinne erbeutet Insekten und deren Larven, Kaulquappen, Frösche und kleine Fische. **WISSENSWERTES** Die dicht behaarten Fußglieder der Laufbeine verhindern das Einsinken im Wasser.

4 Süßwassermilben (S, F)
Hydrachnida

› farbenprächtige, kleine Spinnentiere
› über 550 heimische Arten

MERKMALE 0,8–8 mm lange, oft rot, gelb, blau oder auffällig bunt gefärbte Wassermilben mit kugeligem bis eiförmigem, ungegliedertem Körper. Wie alle Spinnentiere 4 Beinpaare (Ausnahme: 1. Larvenstadium mit 3 Beinpaaren). **VORKOMMEN** Je nach Art in den unterschiedlichsten Gewässern. **LEBENSWEISE** Süßwassermilben leben räuberisch. Sie pumpen Verdauungsflüssigkeit in ihre Beute und saugen anschließend den verflüssigten Körperinhalt ihrer Opfer auf. **WISSENSWERTES** Einige Süßwassermilbenarten schwimmen ausgezeichnet.

1

2

4

3

Pflanzen

Bäume und Sträucher

1 Grau-Erle (F)

Alnus incana

› Pionierpflanze
› schnellwüchsig, aber kurzlebig

MERKMALE Birkengewächse *(Betulaceae)*. Bis 20 m hoher Laubbaum mit weißgrauer Borke. Die eiförmigen, vorne spitzen Blätter haben 10–15 Paare von Seitennerven. Junge Blätter unten grauhaarig. Zapfenartige weibliche Fruchtstände sitzend. Blütezeit Februar bis April. **VORKOMMEN** In Auwäldern und an den Ufern von Gebirgsbächen und Alpenflüssen. Kalkliebend. **WISSENSWERTES** Da die Grau-Erle eine kurzzeitige Überflutung ebenso verträgt wie Trockenheit, kann sie als Pioniergehölz auch extreme Standorte besiedeln.

2 Schwarz-Erle (S, F)

Alnus glutinosa

› oft mehrstämmig
› Kennart der Erlenbruchwälder

MERKMALE Birkengewächse *(Betulaceae)*. Bis 25 m hoher Laubbaum mit dunkelgrauer, längsrissiger Rinde. Die rundlichen, vorne stumpfen Blätter haben 4–7 Paare von Seitennerven. Zapfenartige weibliche Fruchtstände mit kurzen Stielen. Blütezeit Februar bis April. **VORKOMMEN** In Au- und Bruchwäldern sowie an den Ufern von fließenden und stehenden Gewässern. Kalkmeidend. **WISSENSWERTES** Die Schwarz-Erle erträgt als Pionierbaum Überflutung und Staunässe. Sie wird gerne zur Uferbefestigung angepflanzt.

3 Schwarz-Pappel (F, S)

Populus nigra

› Pionierbaum
› erträgt periodische Überschwemmung

MERKMALE Weidengewächse *(Salicaceae)*. Bis über 30 m hoher Laubbaum mit im Alter schwärzlicher, tiefrissiger, netzartiger Borke. Die rautenförmigen, vorne zugespitzten Blätter sind fein gezähnt, kahl und ohne Drüsen an der Basis. Die bis zu 10 cm langen Kätzchen der Schwarz-Pappel erscheinen vor der Blüte. Blütezeit März bis April. **VORKOMMEN** Auf feuchten, nährstoffreichen Böden in Auwäldern und an Ufern. Parkbaum. **WISSENSWERTES** Die schnellwüchsigen Bäume können mehr als 2 m dick und bis zu 300 Jahre alt werden.

4 Silber-Weide (F, S)

Salix alba

› größte heimische Weide
› silbrig glänzende Blätter

MERKMALE Weidengewächse *(Salicaceae)*. Bis über 20 m hoher Strauch oder Baum mit 5–8 cm langen, lanzettlichen Laubblättern. Diese oberseits locker, unterseits dicht seidig behaart. Ohne umgebogenen Rand. Die Blütenkätzchen der Silber-Weide erscheinen mit den Blättern. Blütezeit von April bis Mai. **VORKOMMEN** Auf periodisch überschwemmten, staunassen Böden in Auwäldern und an den Ufern von Fließgewässern. **WISSENSWERTES** Die schnellwüchsige Silber-Weide gilt als Leitart der Weichholzaue. Alte Bäume sind innen häufig hohl.

1

2

3

4

1 Besenheide (M)
Calluna vulgaris

› wächst sehr langsam
› lichtliebend

MERKMALE Heidekrautgewächse *(Ericaceae)*. 10–90 cm hoher, immergrüner Zwergstrauch mit winzigen, dachziegelartig in 4 Längszeilen angeordneten Blättchen. Die 4-zähligen, rosa- bis violettroten Blüten der Besenheide stehen in einem dichten, traubigen Blütenstand. Blüttenglöckchen etwa 4 mm lang. Blütezeit Mai–Juli. **VORKOMMEN** Auf nährstoffarmen, sauren, eher trockenen Böden in Hochmooren und Heiden. Häufig in Küstennähe. **WISSENSWERTES** Dank des späten Blühtermins ist der auch Heidekraut genannte Strauch eine wichtige Insektenweide.

2 Schwarze Krähenbeere (M)
Empetrum nigrum

› nadelförmige Blätter
› kann 80 Jahre alt werden

MERKMALE Heidekrautgewächse *(Ericaceae)*. Bis 30 cm hoher, Teppiche bildender Spalierstrauch mit immergrünen, nadelförmigen Blättern. Diese sind schmal-oval, 1–1,5 mm breit und haben einen umgerollten Rand. Die 3-zähligen, eingeschlechtlichen, roten Blüten der Schwarzen Krähenbeere stehen einzeln in den Blattwinkeln. Beerenartige, blauschwarze Steinfrucht. Blütezeit Mai–Juni. **VORKOMMEN** In Moorheiden und Dünentälern der Küsten. Kalkmeidend. **WISSENSWERTES** Die Früchte der Krähenbeere werden von Rabenvögeln gefressen und verbreitet.

3 Stechginster (M)
Ulex europaeus

› dornige Zweige und Blätter
› alle Zweige sind grün

MERKMALE Schmetterlingsblütler *(Fabaceae)*. Bis 2 m hoher, dichter Strauch mit dornigen, aufrechten Zweigen. Dornen bis 2,5 cm lang, verzweigt und gerillt. Pfriemenförmige, stechende Teilblätter. Zahlreiche, kurz gestielte gelbe Blüten an den Zweigenden. Blütezeit Mai–Juli. **VORKOMMEN** Ursprünglich eine atlantisch-mediterrane Art, die an der Nordsee eingebürgert wurde. Die Pionierpflanze besiedelt Klippen und Heiden in Küstennähe. **WISSENSWERTES** Die Früchte und Zweige des Stechginsters enthalten bis zu 1 % Cytisin und sind stark giftig.

4 Sanddorn (M, S)
Hippophae rhamnoides

› Pionierpflanze der Dünen
› Zierstrauch in Parks

MERKMALE Ölweidengewächse *(Elaeagnaceae)*. 1–8 m hoher, dorniger Strauch mit schmal-lanzettlichen, oberseits grau punktierten, unterseits silberweißen Blättern. Zweihäusig. Die winzigen Blüten des Sanddorns erscheinen vor den Blättern. Weibliche Sträucher mit orangeroten, im September reifenden Steinfrüchten. Blütezeit März–Mai. **VORKOMMEN** In Dünen und Heiden an Nord- und Ostsee und in Fluss-Schotterauen der Alpen. **WISSENSWERTES** Die vitaminreichen Früchte des Sanddorns werden zu Marmelade und Sanddornsaft verarbeitet.

1

2

3

4

1 Breitblättriger Rohrkolben (S, F)
Typha latifolia

- männliche und weibliche Kolben berühren sich
- Pionierpflanze an verlandenden Gewässern
- Flugfrüchte mit Wollhaaren

MERKMALE Rohrkolbengewächse *(Typhaceae)*. 1–2,5 m hohe Pflanze mit 10–20 mm breiten, blaugrünen, steif aufrechten, linealen Blättern. Eingeschlechtliche Blüten in einem je 5–20 cm langen, kolbenförmigen Blütenstand. Die weiblichen Blüten des Breitblättrigen Rohrkolben sitzen unten in einem dunkelbraunen, dicken Kolben, die männlichen Blüten unmittelbar darüber in einem dünneren Kolben. Blütezeit Juni–Juli. **VORKOMMEN** Im Röhricht stehender und langsam fließender, schlammiger Gewässer bis in 1,5 m Wassertiefe. **WISSENSWERTES** Die gelbgrünen Blätter des **Schmalblättrigen Rohrkolbens** *(Typha angustifolia)* sind 3–10 mm breit. Die Pflanze weist eine 2–8 cm lange Lücke zwischen weiblichem und männlichem Blütenstand auf.

2 Schilfrohr (S, F)
Phragmites australis

- übermannshohes Ufergras
- „natürliche Monokultur"
- wertvoller Lebensraum

MERKMALE Süßgräser *(Poaceae)*. 1–4 m hohes Gras mit biegsamen, bis zu 2 cm dicken Stängeln und 30–50 cm langen und 1–3 cm breiten, graugrünen, steifen Blättern. Haarkranz am Blattgrund. Der Blütenstand ist eine 20–50 cm lange Rispe mit 3–8-blütigen Ährchen und lang behaarten Ährenachsen. Weit kriechende, ober- und unterirdische Wurzelausläufer. Blütezeit Juli–September. **VORKOMMEN** Das Gewöhnliche Schilf oder Schilfrohr bildet dichte Bestände an Ufern stehender und langsam fließender Gewässer, in Mooren, Feuchtwiesen und Auwäldern. **WISSENSWERTES** Schilfrohr dringt als dominierende Pflanze des Röhrichtgürtels bis in 2 m Wassertiefe vor. Viele Vögel, Fische, Amphibien und Insekten finden im Schilfgürtel einen geeigneten Lebensraum. Manche „Schilfbestände" sind einzelne Pflanzen, die sich über ihre Wurzelausläufer stark ausgebreitet haben.

3 Rohr-Glanzgras (S, F)
Phalaris arundinacea

- hohes, schilfähnliches Ufergras
- wurzelt bis zu 3,5 m tief
- Zierpflanze am Gartenteich

MERKMALE Süßgräser *(Poaceae)*. 50–200 cm hohes, schilfartiges Gras mit steif aufrechtem Stängel und bis zu 35 cm langen und 2 cm breiten, blaugrünen Blättern. 3–6 mm lange Blatthäutchen am Blattgrund, kein Haarkranz (Unterschied zum Schilf!). Die allseitswendige, 10–20 cm lange Blütenrispe ist oft rötlich überlaufen, die einblütigen Ährchen stehen knäuelig gehäuft. Blütezeit Juni–Juli. **VORKOMMEN** Das Rohr-Glanzgras bildet dichte Bestände im Uferröhricht von Fließgewässern und Seen, in Sumpfwiesen und Auwäldern. **WISSENSWERTES** Das Rohr-Glanzgras kommt mit schwankenden Wasserständen und bewegtem Wasser besser zurecht als das Schilfrohr. Als weißgestreifte Gartenform „Picta" wird das Rohr-Glanzgras seit rund 400 Jahren kultiviert. Wie das Schilf vermehrt es sich häufig vegetativ durch lange, unterirdische Ausläufer.

1

2

3

1 | Wasser-Schwaden (S, F)
Glyceria maxima

› schilfartiges Ufergras
› Zierpflanze am Gartenteich

MERKMALE Süßgräser *(Poaceae)*. 80–200 cm hohes, schilfähnliches Gras mit weit kriechenden Ausläufern und dickem Stängel. Hellgrüne Blätter 10–15 mm breit und bis 60 cm lang. Dichte, vielblütige, ausgebreitete Rispe. Ährchen gelbbraun, 5–10 mm lang und 5–8-blütig. Blütezeit Juli–August. **VORKOMMEN** Am Ufer nährstoffreicher, stehender und langsam fließender Gewässer. **WISSENSWERTES** Der Wasser-Schwaden zeigt Überdüngung und Verschmutzung an. Bei großem Nährstoffangebot verdrängt der Wasser-Schwaden andere Uferpflanzen.

2 | Strand-Salzschwaden (M)
Puccinellia maritima

› wächst in dichten Polstern
› überflutungsfestes Weidegras

MERKMALE Süßgräser *(Poaceae)*. 20–60 cm hohes, Horste bildendes, auch Andel genanntes Gras mit graugrünen, leicht fleischigen, glatten Blättern. Einseitswendige Rispen mit 5–9-blütigen, oft violetten Ährchen. Ausläuferartig verlängerte Triebe im Herbst. Blütezeit Juni bis Oktober. **VORKOMMEN** In Salzwiesen von Nordsee, westlicher Ostsee und Atlantik. **WISSENSWERTES** Als Kennart des Andelrasens wächst der Strand-Salzschwaden in häufig vom Meer überfluteten, schlickreichen Salzrasen. Das Gras schließt sich landseitig ans Quellerwatt an.

3 | Englisches Schlickgras (M)
Spartina anglica

› wächst im Schlickwatt
› invasiver Neubürger

MERKMALE Süßgräser *(Poaceae)*. 30–130 cm hohes, wintergrünes, in dichten Horsten wachsendes Gras mit graugrünen, starren, 7–10 mm breiten Blättern. Blütenstand aus 3–5 dicht nebeneinanderstehenden, bis zu 25 cm langen Ähren. Blütezeit Juli–Oktober. **VORKOMMEN** Das Englische Schlickgras ist eine Pionierpflanze im Schlickwatt der Nordsee. **WISSENSWERTES** Die erst 1890 an der englischen Kanalküste durch Chromosomenverdopplung entstandene Art wurde ab dem Jahr 1927 in Deutschland zur Landgewinnung gepflanzt und breitet sich seitdem invasiv aus.

4 | Strandhafer (M)
Ammophila arenaria

› typisches Dünengras
› wird zum Küstenschutz angepflanzt

MERKMALE Süßgräser *(Poaceae)*. 60–120 cm hohes, mehrjähriges Gras mit ca. 3 mm breiten und bis zu 60 cm langen, bogig überhängenden Blättern. Diese sind blaugrün, steif und meist eingerollt. Tief reichendes, weit verzweigtes Wurzelwerk. Hellgelbe, walzenförmige Ährenrispe. Blütezeit Juni–August. **VORKOMMEN** In den Dünen der Nord- und Ostseeküste. **WISSENSWERTES** Die auch Helm oder Sandrohr genannte Pionierpflanze hält durch ihre Blätter und Wurzeln Flugsand zurück. Sie wird deshalb häufig zur Befestigung von Dünen gepflanzt.

1

2

3

4

1 Strandroggen (M)

Leymus arenarius, syn. *Elymus arenarius*

› bildet oft Horste
› derbe, stechende Blätter

MERKMALE Süßgräser *(Poaceae)*. 60–150 cm hohes, mehrjähriges, blaugrünes Gras mit langen Ausläufern. Die steifen, stechenden, bis zu 20 mm breiten Blätter des auch Blauer Helm genannten Strandroggen sind oberseits rau und rollen sich bei Trockenheit ein (Verdunstungsschutz). Dichte, 10–30 cm lange Ähre mit 20–30 mm langen, 3-blütigen Ährchen. Blütezeit Mai–Juli. **VORKOMMEN** Auf Sandböden in Dünen der Nord- und Ostseeküste. **WISSENSWERTES** Das gut an Trockenheit angepasste, salztolerante Gras wird zur Festigung von Küstendünen angepflanzt.

2 Scheidiges Wollgras (S)

Eriophorum vaginatum

› einzelne Wollköpfchen
› Horste bildend im Moor

MERKMALE Sauergräser *(Cyperaceae)*. Bis zu 70 cm hohes, horstbildendes Gras mit oben 3-kantigem Stängel, borstenförmigen, graugrünen Blättern und einer einzelnen, endständigen, eiförmigen Ähre. Stängelblätter mit aufgeblasenen Blattscheiden, das oberste ohne Spreite. Blütezeit April–Juli. **VORKOMMEN** Das Scheidige Wollgras findet man auf sauren, nassen Böden in Hochmooren. **WISSENSWERTES** Die weißen Wollköpfchen des Scheidigen Wollgrases werden aus zahlreichen langen Samenhaaren gebildet. Sie dienen als Flughilfe für die kleinen Nussfrüchte dieser Pflanze.

3 Schmalblättriges Wollgras (S)

Eriophorum angustifolium

› mehrere, weißwollige Haarschöpfe
› glatte Ährenstiele

MERKMALE Sauergräser *(Cyperaceae)*. Bis zu 60 cm hohes Gras mit unterirdischen Ausläufern und rundem Stängel. Die rinnigen Blätter des Schmalblättrigen Wollgrases sind zu einer 3-kantigen Spitze ausgezogen. 3–7 ungleich lang gestielte Ähren, nach der Blüte überhängend und mit borstenartig verlängerten Wollhaaren. Blütezeit April bis Juni. **VORKOMMEN** In kalkhaltigen Nasswiesen, Quellfluren und Flachmooren. **WISSENSWERTES** Das **Breitblättrige Wollgras** *(Eriophorum latifolium)* hat einen stumpf 3-kantigen Stängel und raue Ährenstiele.

4 Strandsimse (M, S, F)

Bolboschoenus maritimus

› Kopfiger Blütenstand
› sehr lange Hochblätter

MERKMALE Sauergräser *(Cyperaceae)*. 30–120 cm hohes, mehrjähriges Gras mit 3-kantigem, rauem Stängel. Die laubartigen Hochblätter der auch Strandbinse genannten Strandsimse sind viel länger als der Blütenstand. Die Blattscheiden der oberen Blätter sind grün, die der unteren braun. Rotbraune, 10–20 mm lange Ähren. Blütezeit Juni–August. **VORKOMMEN** Auf überfluteten, von Salz beeinflussten Ton- und Schlickböden im Binnenland und an der Küste. **WISSENSWERTES** Das Gras kommt weltweit an den Ufern nährstoffreicher, oft salzhaltiger Gewässer vor.

1

2

3

4

1 Gewöhnliche Teichsimse (S, F)
Schoenoplectus lacustris, syn. *Scirpus lacustris*

› hochwüchsig
› markhaltiger, runder Stängel

MERKMALE Sauergräser *(Cyperaceae)*, auch Teich- oder Seebinse genannt. 1–3 m hohes Gras mit rundem, grasgrünem Stängel und scheidenförmigen Niederblättern an der Basis. Bildet im tieferen Wasser bandförmige, bis zu 1,5 m lange Tauchblätter. Blütenstand mit vielen mehrblütigen, ungleich lang gestielten Ährchen. Blütezeit Mai–August. **VORKOMMEN** Im Uferröhricht nährstoffreicher, stehender und langsam fließender Gewässer. **WISSENSWERTES** Wurzelt als Verlandungspionier in bis zu 6 m Wassertiefe. Charakterart des Teichröhrichts.

2 Steife Segge (S, F)
Carex elata

› bildet große Horste
› raue, scharfe Blattränder

MERKMALE Sauergräser *(Cyperaceae)*. 50–120 cm hohes, graugrünes Gras mit 3-kantigem, rauem Stängel. Die grundständigen, gekielten Blattscheiden sind gelbbraun und netzfaserig. Die bis zu 5 mm breiten Blätter der Steifen Segge reichen nicht bis zum Blütenstand. Dieser mit 1–2 endständigen männlichen Ähren und 2–4 bis zu 6 cm langen, weiblichen Ähren. Blütezeit April–Mai. **VORKOMMEN** In Sümpfen, Auwäldern, Erlenbrüchen und an Gewässerufern. **WISSENSWERTES** Die Steife Segge gilt als eine gute Streu- aber als eine schlechte Futterpflanze.

3 Schnabel-Segge (S, F)
Carex rostrata

› verschiedenähriger Blütenstand
› wächst rasig

MERKMALE Sauergräser *(Cyperaceae)*. 30–80 cm hohes, graugrünes Gras mit glattem, stumpf 3-kantigem Stängel und steifen, 3–8 mm breiten, den Blütenstand weit überragenden Blättern. Dieser 6–25 cm lang mit 2–4 endständigen männlichen Ähren und 1–5 dicken, 2–10 cm langen, weiblichen Ähren. Blütezeit Mai–Juni. **VORKOMMEN** In Sumpfwiesen, Verlandungszonen, Gräben und an Gewässerufern. **WISSENSWERTES** Die Schnabel-Segge bildet mit ihren langen, unterirdischen Ausläufern oft ausgedehnte Großseggenwiesen.

4 Strand-Dreizack (M)
Triglochin maritima

› grasähnliches Erscheinungsbild
› Salzpflanze

MERKMALE Dreizackgewächse *(Juncaginaceae)*. 15–70 cm hohe, mehrjährige, einzelne Horste oder Rasen bildende Pflanze mit linealischen, oberseits rinnigen, bis zu 30 cm langen, grundständigen Blättern. Viele kurz gestielte, grünliche Blüten in dichten Trauben. 6 Blütenhüllblätter. Blütezeit Juni–August. **VORKOMMEN** In Salzwiesen, Marschen und Weiden der Nord- und Ostseeküste, im Binnenland selten. **WISSENSWERTES** Die Blätter des auch Salz-Dreizack oder Röhrkohl genannten Grases riechen beim Zerreiben unangenehm nach Chlor. Wohlschmeckendes Gemüse.

1

2

3

4

1 Kanadische Wasserpest (S, F)

Elodea canadensis

› kann Massenbestände bilden
› beliebte Aquarienpflanze

MERKMALE Froschbissgewächse *(Hydrocharitaceae)*. Bis zu 3 m lange, verzweigte Unterwasserpflanze mit dicht und gleichmäßig beblätterten Stängeln. Die dunkelgrünen, lanzettlichen Blätter der 3-zähligen Blattquirle sind etwa 1 cm lang. Die kleinen, weißlichen Blüten ragen an einem fädigen Stiel aus dem Wasser. Blüht in Europa nur selten (Mai bis August). **VORKOMMEN** In stehenden und langsam fließenden Gewässern. **WISSENSWERTES** Die Kanadische Wasserpest wurde im 19. Jahrhundert aus Nordamerika eingeschleppt.

2 Schwimmendes Laichkraut (S, F)

Potamogeton natans

› walzenförmiger Blütenstand
› eiförmige Schwimmblätter

MERKMALE Laichkrautgewächse *(Potamogetonaceae)*. Wasserpflanze mit kriechendem Wurzelstock und bis zu 5 m langen, flutenden Stängeln. Die lang gestielten, dunkelgrünen bis bräunlichen, ovalen Schwimmblätter sind ledrig und am Grund meist herzförmig. Kleine, grünliche Blüten in bis zu 8 cm langen Ähren. Blütezeit Juni–August. **VORKOMMEN** In stehenden und langsam fließenden Gewässern. **WISSENSWERTES** Die Schwimmblattpflanze bildet oft ausgedehnte Bestände, die Fischen als Kinderstube dienen.

3 Durchwachsenes Laichkraut (S, F)

Potamogeton perfoliatus

› nur Unterwasserblätter
› Blütenstand ragt aus dem Wasser

MERKMALE Laichkrautgewächse *(Potamogetonaceae)*. Unterwasserpflanze mit bis zu 6 m langen, häufig verzweigten Stängeln. Rundlich-ovale, wechselständig angeordnete Unterwasserblätter. Diese fein gezähnt, sitzend und den Stängel umfassend. Keine Schwimmblätter. Bis zu 3 cm lange Blütenähre mit unscheinbaren, grünlichen Einzelblüten. Blütezeit Juni–August. **VORKOMMEN** In stehenden und langsam fließenden Gewässern. **WISSENSWERTES** Alle Laichkräuter der Gattung *Potamogeton* wurzeln am Gewässergrund.

4 Krauses Laichkraut (S, F)

Potamogeton crispus

› oft rötlich überlaufen
› nur Unterwasserblätter

MERKMALE Laichkrautgewächse *(Potamogetonaceae)*. Freischwimmende oder im Boden wurzelnde Unterwasserpflanze mit bis zu 2 m langen, 4-kantigen Stängeln und schmal-ovalen, fein gezähnten, den halben Stängel umfassenden Blättern mit welligem Rand. Blütenstand rund 2 cm lang und über die Wasseroberfläche ragend. Blütezeit Juni–August. **VORKOMMEN** In schlammigen stehenden und langsam fließenden Gewässern. **WISSENSWERTES** Laichkautgewächse wie das Krause Laichkraut sind in vielen Gewässern wichtige Sauerstoffproduzenten.

1

2

3

4

1 | Großes Nixenkraut (S, F)
Najas marina

› Blätter und Stängel mit Stacheln
› vollständig unter Wasser

MERKMALE Nixenkrautgewächse *(Najadaceae)*. Im Boden wurzelnde Unterwasserpflanze mit bis zu 1 m langem, gabelig verzweigtem, steif-brüchigem Stängel. Die 1–4 cm langen und 1–1,5 mm breiten, stachelig gezähnten Blätter stehen meist in Dreierquirlen. Blattachselständige Blüten. Blütezeit Juni–August. **VORKOMMEN** In stehenden und langsam fließenden Gewässern. **WISSENSWERTES** Die Bestäubung der zweihäusigen Pflanze erfolgt unter Wasser. Das **Kleine Nixenkraut** *(Najas minor)* hat zurückgebogene Blätter.

2 | Vielwurzelige Teichlinse (S)
Spirodela polyrhiza

› blattartige Sprossglieder
› mit Wurzelbüschel

MERKMALE Wasserlinsengewächse *(Lemnaceae)*. Schwimmpflanze mit 4–10 mm langen, blattartigen, rundlichen Sprossen, die zu 2–12 aneinanderhängen. Oberseits gelbgrün, unterseits oft rötlich. Jedes Sprossglied der Vielwurzeligen Teichlinse mit 2 oder mehr büscheligen, bis zu 3 cm langen Wurzeln. Blüht selten (Mai–September). **VORKOMMEN** In nährstoffreichen Tümpeln, Teichen, Seebuchten und Altwasser. **WISSENSWERTES** Die Vielwurzelige Teichlinse vermehrt sich überwiegend vegetativ und überwintert als 2–3 mm große Winterknospen am Gewässergrund.

3 | Kleine Wasserlinse (S, F)
Lemna minor

› 1 Wurzel pro Sprossglied
› „Entengrütze"

MERKMALE Wasserlinsengewächse *(Lemnaceae)*. Winzige Schwimmpflanze mit 2–6 mm langen, blattartigen, 3–5-nervigen, hellgrünen Sprossen die zu 2–6 aneinanderhängen. Flach, oval, mit einzelner, bis zu 10 cm langer Wurzel auf der Unterseite. Die Kleine Wasserlinse blüht nur selten (Mai–September). **VORKOMMEN** In nährstoffreichen, stehenden und langsam fließenden Gewässern. **WISSENSWERTES** Eine beliebte Enten- und Gänsenahrung. Die noch kleinere, **Wurzellose Zwerglinse** *(Wolffia arrhiza)* ist die kleinste Blütenpflanze der Welt.

4 | Ästiger Igelkolben (S, F)
Sparganium erectum

› stachelig- kugelige Früchte
› mehrere Unterarten

MERKMALE Igelkolbengewächse *(Sparganiaceae)*. 30–120 cm hohe, meist verzweigte Sumpf- und Wasserpflanze mit 10–15 mm breiten und bis zu 50 cm langen, steif aufrechten, unten 3-kantigen Blättern. Kugelige, eingeschlechtliche Blütenstände, wobei die weiblichen unten, die männlichen oben sind. Blütezeit des Ästigen Igelkolben: Juni–September. **VORKOMMEN** Im Uferröhricht stehender und langsam fließender Gewässer. **WISSENSWERTES** Der ähnliche **Einfache Igelkolben** *(Sparganium emersum)* ist unverzweigt und hat schmälere Blätter.

1
2
3
4

1 Echtes Seegras (M)
Zostera marina

› bildet Unterwasserwiesen
› kriechende Wurzelstöcke am Meeresgrund

MERKMALE Seegrasgewächse *(Zosteraceae)*. 30–100 cm lange, untergetauchte Meereswasserpflanze mit grasartigen, flutenden Blättern. Diese sind 4–10 mm breit, meist 5-nervig und vorne abgerundet. Kleine, unscheinbare Blüten ohne Blütenhülle in 9–12 mm langen, ährigen Blütenständen. Blütezeit Juni–Oktober. **VORKOMMEN** Auf Schlick- und Sandböden bis in 10 m Wassertiefe in Nordsee, westlicher Ostsee und Atlantik. **WISSENSWERTES** Seegraswiesen dienen vielen Meeresfischen als Laichplatz und Kinderstube.

2 Zwerg-Seegras (M)
Zostera noltii

› grasartige, flutende Blätter
› Lebensraum für Meerestiere

MERKMALE Seegrasgewächse *(Zosteraceae)*. 20–40 cm lange Meereswasserpflanze mit grasartigen, flutenden Blättern. Diese sind gras- oder graugrün, nur etwa 1 mm breit und 1-nervig. Kleine, sehr einfache Blüten. Bestäubung durch schwimmende Pollen. Blütezeit Juni–August. **VORKOMMEN** Im Flachwasserbereich bis in 1 m Wassertiefe auf Sand- und Schlickböden in Nordsee, westlicher Ostsee und Atlantik. **WISSENSWERTES** Das Zwerg-Seegras bildet mit dem Echten Seegras (siehe oben) gemischte Bestände und erträgt zeitweises Trockenfallen.

3 Raues Hornblatt (S, F)
Ceratophyllum demersum

› 4-zipflige Blätter
› Gartenteichpflanze

MERKMALE Hornblattgewächse *(Ceratophyllaceae)*. Bis zu 3 m lange, wurzellose, flutende, reich verzweigte Unterwasserpflanze mit rötlichen Stängeln. Die dunkelgrünen, bis zu 2 cm langen Blätter des Rauen Hornblattes sind starr, brüchig und gabelig geteilt. Sie stehen zu 3–12 in Quirlen. Kleine, eingeschlechtliche Blüten in den Blattwinkeln. Blütezeit Juni–September. **VORKOMMEN** In nährstoffreichen stehenden und langsam fließenden Gewässern. **WISSENSWERTES** Die sich rau anfühlende Pflanze (daher auch der Name) vermehrt sich meist vegetativ.

4 Quirlblättriges Tausendblatt (S, F)
Myriophyllum verticillatum

› Blattquirle 5–6-zählig
› bildet Winterknospen

MERKMALE Tausendblattgewächse *(Haloragaceae)*. Unterwasserpflanze mit bis zu 3 m langen, grünen Stängeln und quirlständig angeordneten, kammförmig gefiederten Blättern. Blattquirle meist 5-zählig. Der 5–20 cm lange, ährige Blütenstand ragt aus dem Wasser.Kleine, unscheinbare Blüten. Blütezeit Juni–September. **VORKOMMEN** In stehenden und langsam fließenden Gewässern. **WISSENSWERTES** Das ähnliche **Ährige Tausendblatt** *(Myriophyllum spicatum)* hat 4-zählige Blattquirle und rötliche Stängel.

1

2

3

4

1 | Kalmus (S, F)
Acorus calamus

› Blätter am Rand gewellt
› duftet beim Zerreiben aromatisch

MERKMALE Kalmusgewächse *(Acoraceae)*. 50–150 cm hohe, grasartige Sumpfpflanze mit 3-kantigem Stängel und schwertförmigen, 0,5–2 cm breiten Blättern. Kriechender Wurzelstock. Der Blütenstand ist ein scheinbar seitenständiger, bis zu 10 cm langer Kolben. Einzelblüten klein und unscheinbar. Blütezeit Mai–Juli. **VORKOMMEN** Im Röhricht stehender und langsam fließender Gewässer. **WISSENSWERTES** Stammt aus Südostasien und wurde ab dem 16. Jahrhundert in Mitteleuropa als Arznei- und Gewürzpflanze angebaut.

2 | Gewöhnliche Wassernuss (S)
Trapa natans

› Rosette aus 5–30 Schwimmblättern
› Hölzerne Frucht mit Hörnern

MERKMALE Wassernussgewächse *(Trapaceae)*. Wurzelnde Schwimmblattpflanze mit bis zu 3 m langem Stängel und bis zu 50 cm großer, auf dem Wasser treibender Blattrosette. Die rhombischen, oberseits glänzenden, ledrigen, 2–6 cm langen Blätter der Gewöhnlichen Wassernuss sind vorne gezähnt. Kleine, 4-zählige, weiße Blüten. Blütezeit Juli–August. **VORKOMMEN** In stehenden Gewässern bis 2 m Wassertiefe. **WISSENSWERTES** Mit der nussartigen, mit 2–4 Hörnern versehenen Frucht verankert sich die Wasserpflanze am Gewässergrund.

3 | Fluss-Ampfer (S, F)
Rumex hydrolapathum

› größter heimischer Ampfer
› riesige Blätter

MERKMALE Knöterichgewächse *(Polygonaceae)*. Bis 2 m hohe, auch Teich- oder Riesenampfer genannte Uferpflanze mit 30–100 cm langen, lanzettlichen, zum Blattstiel hin verschmälerten Grundblättern. Kräftiger, kantiger, rotbrauner Stängel. Sehr großer Gesamtblütenstand aus stark verzweigten Ästen mit vielen, kleinen, grünlichen Einzelblüten. Reife Früchte bräunlich. Blütezeit Juli–August. **VORKOMMEN** Am Ufer nährstoffreicher stehender und fließender Gewässer. **WISSENSWERTES** Charakterart ufernaher Röhrichte und Großseggengesellschaften.

4 | Kali-Salzkraut (M)
Salsola kali

› Blätter mit gelber Dornenspitze
› Erstbesiedler

MERKMALE Gänsefußgewächse *(Chenopodiaceae)*. 10–60 cm hohe, graugrüne, sparrig verzweigte Pflanze mit kräftigem Stängel. Fleischige, stielrunde Blätter mit Dornenspitze. Die kleinen, grünlichen Blüten des Kali-Salzkrauts stehen zu 1–3 in den Blattachseln und sind von 2 längeren, dornigen Vorblättern umgeben. Blütezeit Juli–September. **VORKOMMEN** In Spülsäumen und Dünen der Meeresküsten, selten im Binnenland auf Sand. **WISSENSWERTES** Die salzverträgliche Pflanze vermehrt sich durch Wind- oder Insektenbestäubung.

1

2

3

4

1 Strand-Sode (M)

Suaeda maritima

› Stängel und Blätter dickfleischig
› Salzpflanze

MERKMALE Gänsefußgewächse *(Chenopodiaceae)*. 10–40 cm hohe, blaugrüne, oft rot überlaufene Pflanze mit liegenden Stängeln. Die sitzenden, fleischigen, fast drehrunden Blätter sind 5–10 mm lang und haben eine stumpfe Spitze. Die unauffälligen, grünlichen Blüten stehen zu 2–3 in den Blattachseln. Blütezeit Juli–September. **VORKOMMEN** Auf salzreichen Schlickböden der Meeresküsten. **WISSENSWERTES** Die Pflanze speichert Meersalz und wurde früher – wie das Kali-Salzkraut – zur Sodaherstellung genutzt.

2 Portulak-Salzmelde (M)

Halimione portulacoides, syn. *Atriplex portulacoides*

› mehrjähriger Halbstrauch
› an Prielen und Gräben

MERKMALE Gänsefußgewächse *(Chenopodiaceae)*. 30–100 cm hohe, an der Basis verholzte, verzweigte und bogig aufsteigende Pflanze. Die gegenständig angeordneten, graugrünen, fleischigen Blätter der Pflanze (auch: Strand-Salzmelde) sind länglich-eiförmig und kurz gestielt. Unscheinbare, grünliche, eingeschlechtliche Blüten in endständigen Trauben. Blütezeit Juli–September. **VORKOMMEN** Auf salzigen Schlickböden an Nordsee und Atlantik. **WISSENSWERTES** Die einzige Holzpflanze in der Gezeitenzone unserer Küsten fehlt an der Ostsee.

3 Strand-Melde (M)

Atriplex littoralis

› Blätter durch Salzhaare mehlig
› Spülsaumpflanze

MERKMALE Gänsefußgewächse *(Chenopodiaceae)*. 30–90 cm hohe, einjährige Pflanze mit lanzettlichen, an der Basis keilförmig verschmälerten, graugrünen Blättern. Diese ganzrandig oder gezähnt. Die eingeschlechtlichen Blüten der Strand-Melde stehen in grünroten Knäueln an rutenförmigen Seitenzweigen. Blütezeit Juli–September. **VORKOMMEN** Auf salzhaltigen Sand- und Schlickböden der Nordsee- und Atlantikküsten. **WISSENSWERTES** Die 2-zeiligen Blasenhaare zerplatzen bei der Reife und scheiden so überschüssiges Salz aus.

4 Europäischer Queller (M)

Salicornia europaea

› blattlos wirkende Salzpflanze
› große Bestände im Watt

MERKMALE Gänsefußgewächse *(Chenopodiaceae)*. 5–30 cm hohe, grüne, im Herbst rot gefärbte Pflanze mit fleischigen, oft verzweigten Stängeln. Diese aus gegliederten Abschnitten bestehend. Der Europäische Queller wirkt oft blattlos, da die Blätter zu häutigen Blattscheiden zurückgebildet sind. Unscheinbare Blüten hinter winzigen Tragblättern. Blütezeit August–Oktober. **VORKOMMEN** Pionierpflanze in Salzwiesen und Wattbereichen der Küsten. **WISSENSWERTES** Die Salzpflanze ist typisch für die Verlandungszone des Watts.

1

3

2

4

1 Wasserstern (S, F)
Callitriche sp.

› Wasser- und Sumpfpflanze
› schwimmende Blattrosetten

MERKMALE Wassersterngewächse *(Callitrichaeceae)*. Im Gewässergrund wurzelnde, häufig dichte Polster bildende Wasserpflanzen mit fadenförmigen Stängeln. Lanzettliche Unterwasserblätter und endständige, zu sternförmigen Rosetten angeordnete Schwimmblätter. Die winzigen, unscheinbaren Blüten sitzen in den Blattwinkeln. Blütezeit Mai–Oktober. **VORKOMMEN** In flachen, stehenden und langsam fließenden Gewässern. **WISSENSWERTES** Es gibt mehrere heimische Arten des Wassersterns, die sich nur schwer voneinander unterscheiden lassen.

2 Tannenwedel (S, F)
Hippuris vulgaris

› Kleine „Tannenbäumchen" im Wasser
› bildet oft dichte Bestände

MERKMALE Tannenwedelgewächse *(Hippuridaceae)*. 20–80 cm hohe, steif aufrecht aus dem Wasser ragende, oder bis zu 2 m lange, im Wasser flutende Pflanze mit hohlen, unverzweigten Stängeln. Die linealischen Blätter des Tannenwedels stehen zu 8–12 in Quirlen. Untergetauchte Blätter schlaff, über den Wasserspiegel ragende steif. Unscheinbare, kronenlose Blüten in den Blattwinkeln. Blütezeit Mai–August. **VORKOMMEN** In stehenden und langsam fließenden Gewässern. **WISSENSWERTES** Beliebte Zierpflanze für den Gartenteich.

3 Strand-Wegerich (M)
Plantago maritima

› grasartige, fleischige Blätter
› walzenförmiger Blütenstand

MERKMALE Wegerichgewächse *(Plantaginaceae)*. 10–40 cm hohe, mehrjährige Pflanze mit grundständiger Blattrosette. Die fleischigen, lang linealischen, dunkelgrünen Blätter sind kahl und längsrinnig. Blüten in einer walzenförmigen, bis zu 10 cm langen Ähre. Staubblätter gelb. Blütezeit Juni–Oktober. **VORKOMMEN** Auf salzhaltigen Böden in Salzwiesen und Dünen an der Küste. **WISSENSWERTES** Die salzig schmeckenden Blätter des Strand-Wegerichs können als Wildgemüse gegessen oder auch gut zum Würzen von Speisen verwendet werden.

4 Strand-Beifuß (M)
Artemisia maritima

› riecht aromatisch
› weißfilzige Blätter

MERKMALE Korbblütler *(Asteraceae)*. 30–80 cm hohe, kräftige Salzpflanze, die dank ihrer beiderseits weiß- oder graufilzig behaarten Blätter auffällig weißbläulich schimmert. Blätter mehrfach fiederteilig. Die 2–3 mm langen, aus grüngelben Röhrenblüten bestehenden Blütenköpfchen der auch Strand-Wermut genannten Pflanze sitzen auf abstehenden Ästen. Blütezeit Juli–Oktober. **VORKOMMEN** Auf Salzwiesen und salzigen Böden entlang von Gräben und Prielen an der Küste. **WISSENSWERTES** Der weiße Filz der Pflanze schützt den Strand-Beifuß vor dem Austrocknen.

1

2

3

4

1 Gewöhnliches Pfeilkraut (S, F)
Sagittaria sagittifolia

› amphibische Sumpfpflanze
› pfeilförmige Überwasserblätter

MERKMALE Froschlöffelgewächse *(Alismataceae)*. 30–100 cm hohe Sumpfpflanze mit 3-kantigem Stängel und 3 verschiedenen Blattformen: 10–150 cm lange, bandförmige Unterwasserblätter, eiförmige, dem Wasser aufliegende Schwimmblätter und pfeilförmig-dreiteilige Überwasserblätter. Die weißen Blüten stehen in mehreren, übereinander angeordneten Quirlen. Blütezeit Juni–August. **VORKOMMEN** Am Ufer stehender und langsam fließender Gewässer. **WISSENSWERTES** Das Gewöhnliche Pfeilkraut bildet walnussgroße Überwinterungsknollen.

2 Gewöhnlicher Froschlöffel (S, F)
Alisma plantago-aquatica

› blattloser Blütenstand
› Blüten in Quirlen

MERKMALE Froschlöffelgewächse *(Alismataceae)*. 20–100 cm hohe, meist aus dem Wasser ragende, amphibische Pflanze. Die grundständigen Blätter sind zunächst bandförmig, später lang gestielt, eiförmig oder breit lanzettlich. Einzelblüten mit 3 grünen Kelchblättern und 3 weißen oder rosafarbenen, 2–3mal so langen Kronblättern. Blütezeit Juni bis August. **VORKOMMEN** Am Ufer stehender und langsam fließender Gewässer. **WISSENSWERTES** Der Gewöhnliche Froschlöffel ist eine hübsche Zierpflanze am Gartenteich, deren Milchsaft für Rinder giftig ist.

3 Krebsschere (S, F)
Stratiotes aloides

› ragt zur Hälfte aus dem Wasser
› schwertförmige Rosettenblätter

MERKMALE Froschbissgewächse *(Hydrocharitaceae)*. 15–40 cm hohe, im Sommer frei schwimmende, im Winter im Schlamm wurzelnde Rosettenpflanze mit Ausläufern. Die schwertförmigen, steifen, unten 3-kantigen Blätter der auch Wasseraloe genannten Pflanze sind stachelig gesägt. Pflanze 2-häusig, mit gestielten, männlichen oder sitzenden weiblichen Blüten. 3 grüne Kelchblätter, 3 weiße Kronblätter. Blütezeit Mai–August. **VORKOMMEN** In nährstoffreichen stehenden und langsam fließenden Gewässern. **WISSENSWERTES** Bildet oft dichte Bestände.

4 Europäischer Froschbiss (S, F)
Hydrocharis morsus-ranae

› schwimmt auf der Wasseroberfläche
› bildet Ausläufer

MERKMALE Froschbissgewächse *(Hydrocharitaceae)*. 15–30 cm hohe Wasserpflanze mit rosettig angeordneten, gestielten Schwimmblättern. Diese rundlich und tief herzförmig eingeschnitten. 2-häusig. Blüten auf 2–6 cm langen Stielen. 3 schmale Kelchblätter, und 3 rundliche, weiße Kronblätter mit gelbem Grund. Blütezeit Juni–August. **VORKOMMEN** In warmen, nährstoffreichen stehenden und langsam fließenden Gewässern. **WISSENSWERTES** Die männlichen Pflanzen des Europäischen Froschbisses tragen meist 3 Blüten, weibliche nur eine.

1

3

2

4

1 Bitteres Schaumkraut (F, S)

Cardamina amara

› bitterer Geschmack
› violette Staubbeutel

MERKMALE Kreuzblütler *(Brassicaceae)*. Bis zu 60 cm hohe, dunkelgrüne Pflanze mit gehäuft stehenden, weißen Blüten in endständigen Doldentrauben. Die unpaarig gefiederten Blätter bestehen aus 4–10 Fiederpaaren und einem größeren Endabschnitt. Teilblättchen schmal eiförmig, Stängel markgefüllt. Die 4 Kronblätter der Blüten sind 5–10 mm lang. Blütezeit Mai bis Juli. **VORKOMMEN** Auf wasserreichen Böden an Gräben, Bächen und in Quellfluren. **WISSENSWERTES** Das Bittere Schaumkraut enthält neben Bitterstoffen auch viel Vitamin C.

2 Echte Brunnenkresse (F)

Nasturtium officinale

› wildgemüse und Heilpflanze
› gelbe Staubbeutel

MERKMALE Kreuzblütler *(Brassicaceae)*. 20–90 cm hohe Sumpf- oder Wasserpflanze mit kantigen, hohlen Stängeln. Die unpaarig gefiederten Blätter bestehen aus 1–4 Fiederpaaren und einem größeren Endabschnitt. Die weißen Blüten der Echten Brunnenkresse stehen in einer endständigen Traube, die 4 Kronblätter sind 3–5 mm lang. Blütezeit Mai–September. **VORKOMMEN** In und an kühlen, schnell fließenden Bächen, Gräben und Quellen. **WISSENSWERTES** Die Echte Brunnenkresse ist eine alte Bauerngartenpflanze und ein geschätztes Wildgemüse mit einem scharfen Geschmack.

3 Weiße Seerose (S, F)

Nymphaea alba

› sehr große, sternförmige Blüten
› geschützt und giftig

MERKMALE Seerosengewächse *(Nymphaeaceae)*. Im Gewässerschlamm wurzelnde Wasserpflanze mit lang gestielten, rundlichen, tief herzförmigen Schwimmblättern und bis zu 9 cm großen, aus dem Wasser ragende Blüten. Diese mit 4 grünen Kelchblättern und bis zu 25 spiralig angeordneten, weißen Kronblättern. Blütezeit Juni–August. **VORKOMMEN** In nährstoffreichen stehenden und langsam fließenden Gewässern. **WISSENSWERTES** Die bis zu 3 m langen Blatt- und Blütenstiele der Weißen Seerose sind die längsten in der heimischen Flora.

4 Flutender Wasserhahnenfuß (F)

Ranunculus fluitans

› bildet oft dichte Blütenteppiche
› mehrere, ähnliche Arten

MERKMALE Hahnenfußgewächse *(Ranunculaceae)*. Bis zu 6 m lange, flutende Wasserpflanze mit 10–30 cm langen, mehrfach in fadenförmige, schlaffe Zipfel zerteilten Unterwasserblättern. Keine Schwimmblätter! Die bis zu 3 cm großen, weißen Blüten ragen aus dem Wasser (4b). Blütezeit Juni–August. **VORKOMMEN** In meist schnell fließenden Bächen und Flüssen (4a). **WISSENSWERTES** Der **Gewöhnliche Wasserhahnenfuß** *(Ranunculus aquatilis)* hat neben zerteilten Unterwasserblättern auch rundliche, 3-teilige Schwimmblätter.

1

2

3

4a

4b

1 Schwanenblume (S, F)
Butomus umbellatus

› mag es sonnig und warm
› beliebte Gartenteichpflanze

MERKMALE Schwanenblumengewächse *(Butomaceae)*. 50–150 cm hohe Pflanze mit grundständiger Blattrosette und doldigem Blütenstand. Die bis zu 1 m langen, schwertförmigen Blätter der Schwanenblume sind steif und unten 3-kantig. Rötlich weiße, dunkel geaderte Blüten auf unterschiedlich langen Stielen. 6 Blüten- und 9 Staubblätter. Blütezeit von Juni bis August. **VORKOMMEN** In der Uferzone stehender und langsam fließender Gewässer. **WISSENSWERTES** Die amphibische Pflanze bildet im tieferen Wasser flutende, bandförmige Blätter.

2 Echtes Mädesüß (S, F)
Filipendula ulmaria

› süßlicher Duft
› alte Heilpflanze

MERKMALE Rosengewächse *(Rosaceae)*. 50–200 cm hohe, oben verzweigte Staude mit kantigem Stängel. Gefiederte Blätter mit 2–5 Paaren großer Teilblätter und dazwischen liegenden, kleinen Teilblättchen. Die zahlreichen, kleinen Blüten des Echten Mädesüß stehen in gelblichweißen Trugdolden. Blütezeit Juni bis August. **VORKOMMEN** In Feuchtwiesen, Auwäldern, Quellsümpfen und an Gewässerufern. **WISSENSWERTES** Verströmt einen süßlichen, an Mandel und Honig erinnernden Duft und wurde früher zum Süßen von Honigwein (Met) verwendet.

3 Dünen-Rose (M)
Rosa spinosissima,
syn. *R. pimpinellifolia*

› hübsch, aber stachelig
› bildet schwarze Hagebutten (3b)

MERKMALE Rosengewächse *(Rosaceae)*. 10–80 cm hoher Strauch mit dicht bestachelten Zweigen. Die Stacheln sind verschiedenartig, aber immer gerade. Dunkelgrüne, 7–9-zählige Blätter mit ovalen, meist einfach gezähnten, bis zu 2 cm langen Teilblättern. Die bis zu 4 cm großen Blüten (3a) sind cremeweiß, seltener rosa. Blütezeit Mai–Juni. **VORKOMMEN** Küstenpflanze in Dünengebieten, vor allem auf den Nordseeinseln. **WISSENSWERTES** Die Dünen-Rose befestigt mit ihren meterlangen Wurzelausläufern den Sandboden.

4 Sumpf-Herzblatt (S, F)
Parnassia palustris

› hübsch gezeichnete Blüte
› herzförmige Blätter

MERKMALE Herzblattgewächse *(Parnassiaceae)*. Bis zu 30 cm hohe, zierliche Pflanze mit grundständiger Blattrosette und großer, weißer Einzelblüte am Ende des kantigen Stängels. Kronblätter mit grünlichen Längsadern. Blütezeit Juli bis September. **VORKOMMEN** Auf kalkhaltigen Böden in Sumpfwiesen, Flachmooren, Kalkmagerasen und Quellfluren. **WISSENSWERTES** Die auch Studentenröschen genannte Pflanze besitzt neben 5 normalen noch 5 umgewandelte Staubblätter, die drüsig gefransten Staminodien. Sie dienen dazu, Insekten anzulocken.

1

2

3a

3b

4

1 Salzmiere (M)
Honkenya peploides

› kreuzförmig angeordnete Blätter
› erträgt Übersandung am Strand

MERKMALE Nelkengewächs *(Caryophyllaceae)*. 5–30 cm hohe, mehrjährige Pflanze mit dicht gegenständig beblätterten Stängeln. Die sitzenden, fleischigen, gelbgrünen, glänzenden Blätter sind oval und vorne spitz. Unscheinbare Blüten mit 5 weißen Kronblättern, die von den grünlichen Kelchblättern überragt werden. Blütezeit Juni, Juli. **VORKOMMEN** Auf feuchtem Dünensand sowie im Spülsaum der Nord- und Ostseeküste. **WISSENSWERTES** Die salzverträgliche Pflanze wächst am Strand oft in teppichartigen Beständen.

2 Wasserfeder (S, F)
Hottonia palustris

› selten und geschützt
› bildet dichte Bestände

MERKMALE Primelgewächs *(Primulaceae)*. Im Schlamm wurzelnde, wintergrüne Wasserpflanze mit 20–50 cm langen, untergetauchten Stängeln und kammartig-fiederschnittigen Unterwasserblättern. Die in mehreren Quirlen stehenden, weißen oder rosafarbenen, 5-zähligen Blüten der Wasserfeder haben einen gelben Schlund und ragen aus dem Wasser. Blütezeit Mai–Juli. **VORKOMMEN** In flachen stehenden und langsam fließenden Gewässern. **WISSENSWERTES** Die Wasserfeder überdauert in trocken gefallenen Gewässern als Sumpfpflanze.

3 Fieberklee (S, F)
Menyanthes trifoliata

› 10–20 fransige Blütensterne
› steht meist im Wasser

MERKMALE Fieberkleegewächse *(Menyanthaceae)*. Bis zu 30 cm hohe Pflanze mit sternförmigen Blüten und kleeartigen (daher auch der Name), 3-zähligen Blättern. Teilblätter verkehrt eiförmig. Die weißen, teils rötlich überlaufenen und dicht mit Fransen besetzten Blüten des Fiberklees bilden einen traubigen Blütenstand. Staubbeutel violett. Blütezeit Mai–Juni. **VORKOMMEN** In Flach- und Quellmooren, Hochmoorschlenken und Verlandungszonen. **WISSENSWERTES** Der Fiberklee gilt wegen seines hohen Bitterstoffgehaltes in der Volksmedizin als Heilpflanze.

4 Wasser-Lobelie (S)
Lobelia dortmanna

› hohler, fast nackter Stängel
› geschützt und selten

MERKMALE Glockenblumengewächs *(Campanulaceae)*. 30–70 cm hohe Wasserpflanze mit untergetauchter, grundständiger Blattrosette. Linealisch-spatelige, dickliche Blätter. Der Stängel der Wasser-Lobelie ragt aus dem Wasser heraus und trägt 3–8 weißliche Blüten in einer lockeren Traube. Blüten mit 5-lappigem Kelch und 2-lappiger, blassvioletter Krone. Blütezeit Mai–August. **VORKOMMEN** In der Uferzone sandiger, flacher und nährstoffarmer stehender Gewässer. **WISSENSWERTES** Die Wasser-Lobelie kommt nur in küstennahen Gebieten vor.

1

2

3

4

1 | Strand-Kamille (M)
Tripleurospermum maritimum

› duftet kaum
› halbkugelig gewölbte Blütenköpfe

MERKMALE Korbblütler *(Asteraceae)*. 10–35 cm hohe Pflanze mit verzweigten, liegenden, nur an den Enden aufsteigenden Stängeln und fleischigen, kahlen, mehrfach gefiederten Blättern. Bis zu 5 cm große Blütenköpfe mit innenliegenden, goldgelben Röhrenblüten und 20–30 äußeren, weißen Zungenblüten. Blütezeit Juli–Oktober. **VORKOMMEN** Auf Strandwällen, meernahen Geröllen und Spülsäumen an Nord- und (seltener) Ostsee. **WISSENSWERTES** Der halbkugelige Blütenboden der auch Küstenkamille genannten Strand-Kamille ist markig.

2 | Wasserschierling (S, F)
Cicuta virosa

› riecht nach Sellerie
› tödlich giftig

MERKMALE Doldenblütler *(Apiaceae)*. 50–150 cm hohe, meist im Wasser stehende Pflanze mit dickem Wurzelstock und röhrigem Stängel. Große, 2–3-fach gefiederte Blätter. Die Teilblätter sind schmal-lanzettlich, mit nach vorne gerichteten Zähnen. Zahlreiche, kleine, weiße Einzelblüten in 8–80-strahliger Dolde. Blütezeit Juli–September. **VORKOMMEN** In Sumpfwiesen und an den Ufern stehender und langsam fließender Gewässer. **WISSENSWERTES** Der Wasserschierling ist hochgiftig: schon der Verzehr weniger Gramm kann bereits tödlich sein!

3 | Großer Wasserfenchel (S, F)
Oenanthe aquatica

› sehr dicke Stängelbasis
› verschiedenblättrig

MERKMALE Doldenblütler *(Apiaceae)*. 0,3–2 m hohe, sparrig verzweigte Wasserpflanze mit hohlem, fein gerilltem Stängel und 2 Blatttypen: Die Unterwasserblätter des Großen Wasserfenchels sind haarfein zerteilt, die Überwasserblätter meist 2-fach fiederteilig mit bis zu 6 mm langen Teilblättchen. Zahlreiche, kleine, weiße Einzelblüten in 8–15-strahligen Dolden. Blütezeit Juni bis August. **VORKOMMEN** In der Uferzone stehender und langsam fließender Gewässer. **WISSENSWERTES** Der Stängel des Großen Wasserfenchels ist an der Basis bis zu 8 cm dick.

4 | Schmalblättriger Merk (F)
Berula erecta

› wurzelt bis in 1,5 m Tiefe
› Endfieder oft 3-teilig

MERKMALE Doldenblütler *(Apiaceae)*. 20–80 cm hohe, halb untergetauchte, verzweigte Pflanze, die Ausläufer bildet. Stängel hohl und rund. Die einfach gefiederten Blätter bestehen aus 2–9 Paaren sich gegenüber stehender, gesägter Teilblättchen, wobei das unterste Teilblattpaar kleiner und etwas abgerückt ist. Kleine Einzelblüten in 10–20-strahligen Dolden. Blütezeit Juni–August. **VORKOMMEN** An und in Quellen, Gräben und Bächen. **WISSENSWERTES** Der auch Berle genannte, weit verbreitete Schmalblättrige Merk bildet ausgedehnte Unterwasserbestände.

1

2

3

4

Blumen

1 Sumpf-Dotterblume (S, F)

Caltha palustris

› goldgelbe, glänzende Blüten
› verträgt Überflutung

MERKMALE Hahnenfußgewächse *(Ranunculaceae)*. Bis 50 cm hohe Sumpfpflanze mit bis 4 cm großen, dottergelben Blüten und herz- oder nierenförmigen, glänzenden Blättern. Blütezeit März–Mai. Oft kommt es im Herbst zu einer 2. Blüte. **VORKOMMEN** Die Sumpf-Dotterblume findet man in Sumpfwiesen (daher auch der Name), Flachmooren, Quellfluren, Auwäldern und an Bachufern. **WISSENSWERTES** Als „Halbwasserpflanze" kommt die Sumpf-Dotterblume mit gelegentlichen Überflutungen gut zurecht und kann sogar unter Wasser Blätter ausbilden. Sie zählt zu den Frühblühern.

2 Gelbe Teichrose (S, F)

Nuphar lutea

› duftende, gelbe Blüten
› 10–30 cm große Schwimmblätter

MERKMALE Seerosengewächse *(Nymphaeaceae)*. Im Gewässerschlamm wurzelnde Wasserpflanze mit lang gestielten, ovalen, tief herzförmigen Schwimmblättern, salatartigen Tauchblättern und 4–5 cm großen, aus dem Wasser ragende Blüten. Diese außen mit 5 goldgelben Blumenblättern, innen mit zahlreichen Honig- und Staubblättern. Blütezeit Juni–September. **VORKOMMEN** In stehenden und langsam fließenden Gewässern. **WISSENSWERTES** Die auch Mummel genannte Gelbe Teichrose kann Wassertiefen bis zu 6 Metern besiedeln. Schwach giftig.

3 Gänse-Fingerkraut (M)

Argentina anserina, syn. *Potentilla anserina*

› besiedelt Pionierstandorte
› 2–3 cm große Blüten

MERKMALE Rosengewächse *(Rosaceae)*. 5–20 cm hohe Kriechpflanze mit niederliegenden Stängeln und bis zu 80 cm langen, oft rötlichen Ausläufern. Die unterbrochen 6–10-paarig gefiederten, gesägten Blätter des Gänse-Fingerkrauts sind unterseits silberhaarig. Kleine „Zwischenblättchen". Goldgelbe Blüten an langen Stielen. 5 Kronblätter. Blütezeit Mai–September. **VORKOMMEN** Salzverträgliche Pionierpflanze an der Nord- und Ostseeküste. **WISSENSWERTES** Die Blume findet man auch an Wegrändern, in Trittrasen und auf Gänseweiden.

4 Gewöhnlicher Gilbweiderich (S, F)

Lysimachia vulgaris

› auffälliger Blütenstand
› Nektarpflanze für Insekten

MERKMALE Primelgewächse *(Primulaceae)*. 40–150 cm hohe Sumpfpflanze mit dicht behaartem Stängel. Die gegenständig oder zu 3–4 quirlständig stehenden, sitzenden Blätter sind eilanzettlich und unterseits wollig behaart. Zahlreiche gelbe Blüten in kurzen Trauben oder Rispen in den obersten Blattachseln. Kelchblätter mit rotem Rand. Blütezeit Juni–August. **VORKOMMEN** An Gewässerufern, in Sumpfwiesen, Bruch- und Auwäldern. **WISSENSWERTES** Eine einzige Pflanze kann bis zu 3 Millionen Samen bilden.

1

2

3

4

1 Gewöhnliche Seekanne (S, F)
Nymphoides peltata

- 3–10 cm große Schwimmblätter
- „Teichenzian"

MERKMALE Fieberkleegewächse *(Menyanthaceae)*. Im Schlammboden wurzelnde Schwimmblattpflanze mit flutendem, bis zu 140 cm langem Stängel und runden, tief herzförmig eingeschnittenen Blättern. Die goldgelben, am Rand bewimperten, aus dem Wasser ragenden Blüten sitzen einzeln auf langen Stielen. Blütezeit Juli–September. **VORKOMMEN** In stehenden und langsam fließenden Gewässern. **WISSENSWERTES** Die Schwimmblätter der Gewöhnlichen Seekanne sehen aus wie kleine Seerosenblätter, sind aber unterseits drüsig punktiert.

2 Sumpf-Schwertlilie (S, F)
Iris pseudacorus

- bildet dichte Horste
- geschützt, giftig

MERKMALE Schwertliliengewächse *(Iridaceae)*. 50–150 cm hohe, im Schlamm wurzelnde Sumpf- und Wasserpflanze mit bis zu 90 cm langen, 1–3 cm breiten, schwertförmigen Blättern. 4–12-blütiger Blütenstand mit bis zu 10 cm großen Blüten. Blütezeit Mai, Juni. **VORKOMMEN** An sumpfigen Ufern stehender und langsam fließender Gewässer. **WISSENSWERTES** Die Einzelblüten der auch Gelbe bzw. Wasser-Schwertlilie genannten Pflanze setzen sich aus 3 äußeren, gebogenen, breit-eiförmigen Perigonblättern und drei inneren, aufrechten, lanzettlichen Perigonblättern zusammen.

3 Gewöhnlicher Wasserschlauch (S, F)
Utricularia vulgaris

- fleischfressende Pflanze
- Blätter mit Fangbläschen

MERKMALE Wasserschlauchgewächse *(Lentibulariaceae)*. Untergetauchte, freischwimmende Pflanze mit bis zu 2 m langen Stängeln und 2–3-fach gefiederten Blättern mit haarfeinen Zipfeln, von denen einige zu 1–4 mm großen Fangbläschen umgebildet sind. 3–15 gelbe, aus dem Wasser ragende Blüten. Blütezeit Juni bis August. **VORKOMMEN** In stehenden und langsam fließenden Gewässern. **WISSENSWERTES** Es gibt in heimischen Gewässern mehrere sehr ähnliche Arten, die alle ihre Bläschen zum Planktonfang nutzen.

4 Gewöhnlicher Hornklee (M)
Lotus corniculatus agg.

- wurzelt bis 1 m tief
- mehrere Kleinarten

MERKMALE Schmetterlingsblütler *(Fabaceae)*. Bis zu 30 cm hohe Pflanze mit kantigem Stängel und 3+2-zähligen Blättern. Die 2 unteren, sitzenden Blätter des Gewöhnlichen Hornklees sind von den 3 oberen etwas entfernt. Die gelben Blüten sind vor dem Aufblühen oft rot und stehen in lang gestielten doldigen Köpfchen. Das Schiffchen ist aufwärtsgekrümmt und geschnäbelt. Blütezeit Mai bis August. **VORKOMMEN** In Dünen, Trockenrasen, Wiesen und Weiden. **WISSENSWERTES** Der dem Gewöhnlichen Hornklee ähnliche **Salz-Hornklee** *(Lotus tenuis)* hat schmalere Blattfiedern.

1

2

3

4

1 Meersenf (M)
Cakile maritima

› wächst oft buschartig
› Pionier am Strand

MERKMALE Kreuzblütler *(Brassicaceae)*. 20–60 cm hohe, verzweigte Pflanze mit ästigen, niederliegenden Stängeln und fleischigen, blaugrünen, fiederteiligen Blättern. Die weißen, rosafarbenen oder violetten Blüten des Meersenfes duften und stehen zu mehreren in dichten Trauben. Blütezeit Juni–Oktober. **VORKOMMEN** Pionierpflanze am Spülsaum von Sandküsten und am Dünenfuß. Nordsee, Ostsee und Atlantik. **WISSENSWERTES** Der Meersenf verträgt Salz und Übersandung. Alle seine Pflanzenteile schmecken senfartig (daher auch der Name).

2 Salz-Schuppenmiere (M)
Spergularia marina, syn. *S. salina*

› unscheinbare Küstenpflanze
› hübsche, sternförmige Blüten

MERKMALE Nelkengewächse *(Caryophyllaceae)*. 5–20 cm hohe Pflanze mit verzweigten, auf dem Boden kriechenden Stängeln. Die schmal-linealischen, dickfleischigen Blätter der Salz-Schuppenmiere sind gegenständig angeordnet und etwa 7 mm lang. Die sternförmigen, 6–8 mm breiten Blüten haben tiefrosa gefärbte Kronblätter mit weißem Grund. Blütezeit Mai–Oktober. **VORKOMMEN** Auf feuchtem Sand an der Nord- und Ostseeküste. **WISSENSWERTES** Die blassrosa Blüten der **Flügel-Schuppenmiere** *(Spergularia media)* sind 8–12 mm breit.

3 Strand-Grasnelke (M)
Armeria maritima

› bildet Polster oder Rosetten
› sehr formenreich

MERKMALE Grasnelkengewächse *(Plumbaginaceae)*. 10–40 cm hohe, dichte Rasen bildende Pflanze mit mehrjähriger, grundständigen Blattrosette. Grasartige, fleischige, 1–2 mm breite Blätter. Die 5-zähligen, rosafarbenen Blüten der Strand-Grasnelke stehen zu mehreren in lockeren, rundlichen Köpfen zusammen. Bleiche Hüllblätter. Blütezeit Mai–November. **VORKOMMEN** In Strand- und Salzwiesen der Nord- und – seltener – Ostseeküste. **WISSENSWERTES** Die Strand-Grasnelke scheidet überschüssiges Salz mit speziellen Blattdrüsen aus. Schöne Pflanze für Wildblumengärten.

4 Strand-Milchkraut (M)
Glaux maritima

› bildet teppichartige Rasen
› Salzpflanze

MERKMALE Primelgewächse *(Primulaceae)*. 5–15 cm hohe, teppichartig am Boden kriechende Pflanze mit liegenden Stängeln. Die kleinen, 4-zeilig angeordneten, sitzenden Blätter des Strand-Milchkrautes sind fleischig, oval, spitz und oberseits dunkelgrün. Kleine, rosafarbene Blüten in den Blattachseln. 5 Kelchblätter, Kronblätter fehlen. Blütezeit Mai–August. **VORKOMMEN** In Salzwiesen an Nordsee, Ostsee und Atlantik. **WISSENSWERTES** Das Strand-Milchkraut scheidet überschüssiges Salz durch Blattabwurf und Salzdrüsen wieder aus.

1

2

3

4

1 Kartoffel-Rose (M)
Rosa rugosa

› sehr große, intensiv duftende Blüten
› Hagebutten dunkelrot, essbar und groß
› invasive Art aus Ostasien

MERKMALE Rosengewächse *(Rosaceae)*. Bis 2 m hoher, sommergrüner Strauch mit kräftigen Zweigen und zahlreichen langen sowie schlanken und geraden Stacheln. Die 5–9-zähligen Blätter der Kartoffel-Rose sind oberseits dunkelgrün und leicht glänzend. Teilblätter oval, dick und runzelig. Die dunkelrosa, seltener weißen Blüten werden bis zu 8 cm groß. Blütezeit Juni bis August. **VORKOMMEN** Die auch Runzel-Rose genannte Pflanze ist ein Einwanderer, der an Nord- und Ostsee häufig angepflanzt wird und in Dünen regelmäßig verwildert. **WISSENSWERTES** Die salz-, wind- und frosttolerante Zierpflanze wird an der Küste häufig zur Dünenbefestigung, als Straßenbegleitgrün oder in Parks und Gärten gepflanzt. Sie gilt als ökologisch problematisch, weil sie heimische Arten verdrängt.

2 Bach-Nelkenwurz (F, S)
Geum rivale

› nickende, glockenförmige Blüten
› Volksname „Blutströpfchen"
› Ausbreitung durch Klettfrüchte

MERKMALE Rosengewächse *(Rosaceae)*. 30–70 cm hohe Pflanze mit nickenden Blütenköpfchen (2b). Lang gestielte, gefiederte Grundblätter mit großer Endfieder. Die gezähnten Stängelblätter der Bach-Nelkenwurz sind meist 3-teilig. 1–6 Blüten am Stängelende: Kelch rotbraun, Kronblätter hellgelb, zum Rand hin rötlich. Blütezeit April–Juli. **VORKOMMEN** An den Ufern von Bachläufen (daher auch der Name), in Nasswiesen (2a) sowie in Au- und Bruchwäldern. **WISSENSWERTES** Die Bach-Nelkenwurz bildet auffällige Sammelfrüchte: Die einzelnen Früchte der Pflanze sind einsamige, harte Nüsschen mit fedrig behaartem, im oberen Teil hakenförmig gebogenem Griffel. Mit diesen Häckchen heften sich die Früchte im Fell vorbeistreifender Säugetiere fest. Die Ausbreitung der Bach-Nelkenwurz erfolgt also über „Tier-Taxis".

3 Sumpfblutauge (S)
Comarum palustre, syn. *Potentilla palustris*

› hübsche, purpurne Blüten
› fingerförmig geteilte Blätter
› dicker, kriechender Wurzelstock

MERKMALE Rosengewächse *(Rosaceae)*. Bis 1 m langer, kriechender Wurzelstock mit mehreren, 15–50 cm hohen, verzweigten, oft rot überlaufenen Stängeln. Die gestielten, fingerförmig gefiederten Blätter des Sumpfblutauges haben 5–7 Teilblätter. Sie sind länglich, grob gesägt und unterseits graugrün. Bis zu 2,5 cm große, dunkelpurpurne Blüten mit je 5 inneren Kelch- und kleineren Kronblättern. Außenkelch grün. Etwa 20 schwarzpurpurne Staubblätter in 2 Kreisen. Blütezeit Mai–Juli. **VORKOMMEN** In und an Moorgewässern sowie in Sumpfwiesen. **WISSENSWERTES** Die erdbeerähnliche Sammelfrucht des Sumpfblutauges besteht aus vielen Nüsschen mit hakig gekrümmter Spitze. Die kleinen Klettfrüchte werden durch Wasservögel verbreitet.

1

2a

2b

3

1 Blut-Weiderich (S, F)
Lythrum salicaria

› lange, auffallende Blütenstände
› wichtige Insektenpflanze

MERKMALE Blutweiderichgewächse *(Lythraceae)*. 30–120 cm hohe, oft verzweigte Staude mit sitzenden, bis zu 10 cm langen, lanzettlichen Blättern. Die purpurroten, quirlig angeordnet Einzelblüten des Blut-Weiderichs stehen in einer verlängerten endständigen Ähre. 6 Kronblätter. Blütezeit Juni–September. **VORKOMMEN** In Nasswiesen, Gräben und an Gewässerufern. **WISSENSWERTES** Pollenlieferant für Schwebfliegen und Bienen sowie Futterpflanze für die Raupen des **Mittleren Weinschwärmers** *(Deilephila elpenor)* und des **Faulbaumbläulings** *(Celastrina argiolus)*.

2 Strand-Platterbse (M)
Lathyrus japonicus, syn. *Lathyrus maritimus*

› auffallend bunte Blüten
› rankt sich an Dünengräsern empor

MERKMALE Schmetterlingsblütler *(Fabaceae)*. 15–50 cm hohe, immergrüne Pflanze mit liegenden, nur wenig aufgerichteten Stängeln. Klettert mit verzweigten Ranken an Gräsern wie dem Strandhafer empor. Blätter graugrün, mit 2–4 Fiederpaaren. Die rosa bis lilapurpurn, später auch blau gefärbten Blüten stehen in traubigen Blütenständen. Nebenblätter groß und pfeilförmig. Blütezeit Juni–August. **VORKOMMEN** In Dünen an Nord- und Ostsee sowie am Atlantik. **WISSENSWERTES** Entwickelt unterirdische Wurzelknöllchen.

3 Drüsiges Springkraut (S, F)
Impatiens glandulifera

› intensiv riechende, große Blüten
› invasiver Neubürger

MERKMALE Balsaminengewächse *(Balsaminaceae)*. Bis 3 m hohe, einjährige Pflanze mit glasigem, dickem Stängel. Blätter gegen- oder quirlständig, schmal-lanzettlich und scharf gesägt. Die bis zu 4 cm großen, hellrosa bis dunkelrot gefärbte Blüten der auch Indisches Springkraut genannten Pflanze stehen in 5–20-blütigen Trauben. Blütezeit Juni bis Oktober. **VORKOMMEN** An Ufern, in Auwäldern und auf Ruderalflächen. **WISSENSWERTES** Die aus dem westlichen Himalaya stammende Art kam als Gartenpflanze nach Europa und breitet sich vielerorts stark aus.

4 Echter Baldrian (S, F)
Valeriana officinalis

› halbkugelige Blütenstände
› wichtige Nektarpflanze für Insekten

MERKMALE Baldriangewächse *(Valerianaceae)*. 40–150 cm hohe, nur im oberen Teil verzweigte Staude mit unpaarig gefiederten, gegenständig angeordnetyen Blättern. 7–13 Fiederpaare, Teilblättchen lanzettlich. Vielblütiger, meist dicht schirmförmiger Blütenstand mit kleinen, rosa-weißlichen bis rötlichen Blüten. Blütezeit Mai–Oktober. **VORKOMMEN** In Moorwiesen, Gräben, Auwäldern und an Ufern. **WISSENSWERTES** Der auch Großer Baldrian oder Arznei-Baldrian genannte Echte Baldrian wird bereits seit der Antike als Heilpflanze mit beruhigender Wirkung geschätzt.

1

2

3

4

1 Wasser-Minze (S, F)
Mentha aquatica

› breitet sich mit Ausläufern aus
› duftet stark nach Pfefferminze
› häufig von Insekten besucht

MERKMALE Lippenblütler *(Lamiaceae)*. 20–90 cm hohe, aromatisch riechende Sumpfpflanze mit unterirdischen und beblätterten, oberirdischen Ausläufern. Die kurz gestielten Blätter der Wasser-Minze sind eiförmig und gesägt. Zahlreiche rosa- bis lilafarbene Blüten stehen in kopfförmigen Blütenständen am Ende der Zweige, teils auch quirlartig in den obersten Blattwinkeln. Blütezeit von Juli–September. **VORKOMMEN** In Röhrichten, Gräben, Sumpfwiesen, Auwäldern und an Gewässerufern. **WISSENSWERTES** Die auch Bach-Minze genannte Wasser-Minze bildet mit Hilfe ihrer Ausläufer oft ausgedehnte Bestände. Die duftenden Blüten der Pflanze werden häufig von Schwebfliegen, Bienen und anderen Insekten besucht. Aus den Blättern der Wasser-Minze lässt sich ein aromatischer Tee zubereiten.

2 Gewöhnlicher Wasserdost (S, F)
Eupatorium cannabinum

› rosa leuchtende Blütenschirme
› hanfartig geteilte Blätter
› lockt zahlreiche Insekten an

MERKMALE Korbblütler *(Asteraceae)*. 50–150 cm hohe Sumpfpflanze mit dicht beblättertem, rötlichem, oben verzweigtem Stängel. Die Blätter des auch Wasserhanf genannten Wasserdosts sind bis zum Grund 3–5-fach handförmig geteilt und am Rand unregelmäßig gezähnt. Der doldig-rispige Gesamtblütenstand setzt sich aus zahlreichen Körbchen zusammen, die aus jeweils 4–6 rosafarbenen Röhrenblüten bestehen. Blütezeit Juli bis September. **VORKOMMEN** An Gewässerufern und Gräben sowie in Auwäldern und auf Kahlschlägen. **WISSENSWERTES** Die süß duftenden, reichlich Nektar produzierenden Blütenstände werden gerne von Schwebfliegen, Bienen, Hummeln und anderen Insekten besucht. So saugen mehr als 40 verschiedene Schmetterlingsarten den süßen Saft.

3 Wasser-Knöterich (S, F)
Persicaria amphibia,
syn. *Polygonum amphibium*

› anpassungsfähige amphibische Pflanze
› wächst im Wasser und an Land
› rosafarbene Blütenähren

MERKMALE Knöterichgewächse *(Polygonaceae)*. Vielgestaltige, amphibische Pflanze. Wasserformen mit bis zu 3 m langem Stängel und lanzettlichen, lang gestielten, ledrig glatten Schwimmblättern. Landformen 30–100 cm hoch, mit länglich-lanzettlichen, am Grund abgerundeten, kurz gestielten und klebrig behaarten Blättern. Alle Formen der auch Sumpf-Knöterich genannten Pflanze mit einem walzenförmigen Blütenstand, der sich aus vielen rosafarbenen Blüten zusammensetzt. Blütezeit Juni–September. **VORKOMMEN** In und an stehenden sowie langsam fließenden Gewässern und auf nassen Wiesen. **WISSENSWERTES** Die Schwimmblätter der Wasserform erinnern an die Blätter einiger Laichkrautarten *(Potamogeton)*. Sie sind aber netznervig statt parallelnervig.

1

2

3

1 Bachbungen-Ehrenpreis (F)
Veronica beccabunga

› Stängel oft rötlich überlaufen
› vitaminreiches Wildgemüse

MERKMALE Ehrenpreisgewächse *(Veronicaceae)*. 20–60 cm hohe, wintergrüne Sumpfpflanze mit am Boden kriechenden, bogenförmig aufsteigenden, hohlen Stängeln. Die bis zu 4 cm langen, ovalen bis rundlichen Blätter der auch Bachbunge genannten Pflanze sind fleischig und glänzen. 10–25 tiefblaue, 4-zählige Blüten in gegenständigen, gestielten Trauben. Blütezeit Mai–September. **VORKOMMEN** An Bächen, Quellen, Gräben und auf Sumpfwiesen. **WISSENSWERTES** Die Bachbunge vermehrt sich auch vegetativ durch ober- und unterirdische Ausläufer.

2 Sumpf-Vergissmeinnicht (S, F)
Myosotis scorpioides,
syn. *Myosotis palustris*

› hübsche, himmelblaue Blüten
› Zierpflanze für nasse Gartenbereiche

MERKMALE Raublattgewächse *(Boraginaceae)*. 10–50 cm hohe Sumpfpflanze mit kantigem, dicht beblättertem, schief-aufwärts oder waagrecht abstehend behaartem Stängel. Sitzende, eiförmige bis lanzettliche, behaarte Blätter. Blütenstand ohne Blätter mit anfangs rötlichen, später himmelblauen Blüten mit gelbem Schlund. Kelch anliegend behaart, ohne Hakenhaare. Blütezeit Mai–September. **VORKOMMEN** Feuchte Wiesen, Gräben, Moore, Gewässerufer. **WISSENSWERTES** Formenreiche Sammelart.

3 Sibirische Schwertlilie (S)
Iris sibirica

› große, blauviolette Blüten
› selten und geschützt

MERKMALE Schwertliliengewächse *(Iridaceae)*. 30–80 cm hohe Pflanze mit langen, weniger als 1 cm breiten Blättern. 1–3-blütige Stängel. Die bis zu 6 cm großen Blüten der Sibirischen Schwertlilie haben am Grund ein gelbes Saftmal. Äußere Perigonblätter weißlich, mit blauvioletter Aderung, innere Perigonblätter einheitlich blauviolett. Blütezeit Mai, Juni. **VORKOMMEN** In Moor- und Feuchtwiesen sowie an Gräben. **WISSENSWERTES** Durch Düngung und Trockenlegung nasser Wiesen ist die stattliche Pflanze heute in Mitteleuropa selten geworden.

4 Berg-Sandglöckchena (M)
Jasione montana

› kugelige Blütenköpfchen
› konkurrenzschwache Pionierpflanze

MERKMALE Glockenblumengewächse *(Campanulaceae)*. 10–50 cm hohe, bis 1 m tief wurzelnde Sandpflanze mit verzweigtem Stängel und schmal-lanzettlichen, wellig gerandeten, behaarten Blättern. Die 6–15 mm langen, röhrigen, blau- bis lilafarbenen Blüten des Berg-Sandglöckchens stehen dicht gedrängt in bis zu 2,5 cm breiten, endständigen Köpfchen. Blütezeit Juni–Oktober. **VORKOMMEN** In Dünen der Nord- und Ostseeküste sowie auf sandigen Magerrasen im Binnenland. **WISSENSWERTES** Das Berg-Sandglöckchen wächst nur auf nährstoffarmen Böden.

1

2

3

4

1 Sand-Stiefmütterchen (M)

Viola tricolor var. maritima

› dreifarbige Blüten
› sehr formenreiche Art

MERKMALE Veilchengewächse *(Violaceae)*. 5–30 cm hohe, formenreiche Halbrosettenpflanze. Die länglich-ovalen bis breit-lanzettlichen Blätter des Sand-Stiefmütterchen haben einen gesägten Rand und schmale Nebenblätter. 15–20 mm lange Blüten mit etwa 4 mm langem Sporn. Blauviolette Kronblätter; die oberen immer dunkler als die unteren. Gelber Schlund. Blütezeit Mai bis September. **VORKOMMEN** In Dünen und Sandflächen an Nordsee, Ostsee und Atlantik. **WISSENSWERTES** Die Pflanze gilt als innerartliche Form des Wilden Stiefmütterchens.

2 Strand-Aster (M)

Tripolium pannonicum syn. Aster tripolium

› prachtvolle Blütenköpfe
› speichert Salz in ihren Blättern

MERKMALE Korbblütler *(Asteraceae)*. 20–70 cm hohe Salzpflanze (auch: Salz-Aster) mit oben ästigem Stängel und vielen 25–30 mm großen Blütenköpfchen. Die fleischigen, länglich-lanzettlichen, ganzrandigen, sitzenden Blätter sind bis zu 12 cm lang. Blütenköpfchen mit äußeren, hell blauvioletten Zungenblüten und inneren, gelben Röhrenblüten. Blütezeit Juni–Oktober. **VORKOMMEN** In Salzwiesen und an Priel- sowie Grabenrändern an Nordsee, Ostsee und Atlantik. **WISSENSWERTES** Bei Beweidung bleibt die Pflanze kleinwüchsig.

3 Strandflieder (M)

Limonium vulgare

› auffälligste Salzwiesenblume
› dekorativer Blütenstand

MERKMALE Grasnelkengewächse *(Plumbaginaceae)*. 20–50 cm hohe, ausdauernde Salzpflanze mit verzweigtem Stängel und bodennaher Blattrosette. Die verkehrt-eiförmigen, derben, ledrigen, bis zu 20 cm langen Blätter der auch Halligflieder genannten Pflanze sind ganzrandig und stachelspitzig. Zahlreiche, blauviolette Blüten in einseitswendigen Doldenrispen. Blütezeit Juli–Oktober. **VORKOMMEN** In Salzwiesen an Nordsee, westlicher Ostsee und Atlantik. **WISSENSWERTES** Der prachtvolle Strandflieder steht unter Naturschutz und darf nicht gepflückt werden.

4 Stranddistel (M)

Eryngium maritimum

› distelartiges Erscheinungsbild
› wächst oft buschartig

MERKMALE Doldenblütler *(Apiaceae)*. 20–70 cm hohe, stark verzweigte Küstenpflanze. Die ledrig-derben, unregelmäßig halbkreisförmigen Blätter sind dornig gezähnt und bläulichweiß bereift. Obere Blätter stängelumfassend. Die 2–3 cm großen, aus vielen blauen Blüten bestehenden Blütenköpfe sind von stacheligen Hüllblättern umgeben. Blütezeit Juni bis August. **VORKOMMEN** Dünenpflanze auf Nordseeinseln, sowie an Ostsee- und Atlantikküsten. **WISSENSWERTES** Die Strandistel ist streng geschützt und vielerorts fast ausgerottet.

1

2

3

4

1 Gewöhnlicher Schwimmfarn (S, F)
Salvinia natans

› Schwimm- und Wasserblätter
› gerne in kalkreichen Gewässern

MERKMALE Schwimmfarngewächse *(Salviniaceae)*. 5–20 cm langer, frei auf dem Wasser treibender Farn mit 2 Reihen ovaler, bis zu 1,5 cm langer Schwimm- und einer Reihe wurzelähnlicher, bis zu 7 cm langer Wasserblätter. Sporangien in kugeligen Hüllen an der Basis der Wasserblätter. Sporenreife August–Oktober. **VORKOMMEN** In stehenden und langsam fließenden Gewässern. Selten, geschützt. **WISSENSWERTES** Auf den Schwimmblättern bilden sich durch die wasserabstoßende Behaarung oft Wassertropfen.

2 Gewöhnlicher Pillenfarn (S)
Pilularia globulifera

› grasartiger Farn
› pillenförmige Sporenbehälter

MERKMALE Kleefarngewächse *(Marsileaceae)*. Farn mit kriechenden Stängeln und zahlreichen, 3–10 cm hohen, binsenartigen Blättern. Der Gewöhnliche Pillenfarn bildet rasenartige Bestände. Die kugeligen, etwa erbsengroßen Sporenbehälter sitzen einzeln an der Basis der Blätter und sind anliegend behaart. Sporenreife Juli–September. **VORKOMMEN** Auf zeitweise überschwemmten Schlammböden im Uferbereich und im Flachwasser von Teichen und Gräben. **WISSENSWERTES** Die Pionierpflanze besiedelt auch Sümpfe, Fahrspuren und Kiesgruben.

3 Teich-Schachtelhalm (S, F)
Equisetum fluviatile

› bildet ausgedehnte Bestände
› endständige, stumpfe Sporangienähre

MERKMALE Schachtelhalmgewächse *(Equisetaceae)*. 30–120 cm hohe Pflanze mit gleich gestalteten, fruchtbaren und unfruchtbaren Stängeln. Diese in Abschnitte gegliedert, bis zu 8 mm dick, spärlich oder gar nicht verzweigt. Eng anliegende Stängelscheiden mit 10–20 schwarzen, weißspitzigen Zähnen. Sporenreife Mai bis Juli. **VORKOMMEN** In stehenden und langsam fließenden Gewässern bis 1 m Wassertiefe. **WISSENSWERTES** Die Scheiden des kleineren Sumpf-Schachtelhalms *(Equisetum palustre)* haben 5–8 grüne Zähne.

4 Brachsenkraut (S)
Isoetes lacustris

› Unterwasserpflanze
› binsenartige Blätter

MERKMALE Brachsenkrautgewächse *(Isoetaceae)*. Im Grund wurzelnde, untergetauchte Sporenpflanze mit büschelartig angeordneten, stielrunden, steifen, linealischen, 8–15 cm langen Blättern und einer zwiebelartig verdickten Basis. Sporangien auf der Oberseite des Blattgrundes. Sporenreife Juli–September. **VORKOMMEN** Das Brachsenkraut findet man auf sandigen und kiesigen Böden in nährstoffarmen, stehenden Gewässern bis in 10 m Wassertiefe. **WISSENSWERTES** Diese Pflanze reagiert sehr empfindlich auf Nährstoff- und Sedimenteintrag.

1

2

3

4

1 Gewöhnliches Quellmoos (F, S)
Fontinalis antipyretica

› wintergrünes Unterwassermoos
› vor allem in Fließgewässern

MERKMALE Bachmoose *(Fontinalaceae)*. Büschelig flutendes, vielästiges Unterwassermoos mit 10–40 cm langen, dunkelgrünen, 3-zeilig beblätterten Stängeln. Die 3–6 mm langen, rippenlosen, eilanzettlichen Stängelblättchen sind scharf gekielt, die Astblättchen zumindest rinnig. **VORKOMMEN** In schnellfließenden, kühlen und klaren Bächen und Flüssen, Quellen und Brunnen sowie am Grund klarer Seen. **WISSENSWERTES** Das auch Brunnenmoos und Fieber-Quellmoos genannte Moos wächst an Steinen und Baumwurzeln fest und hält auch zeitweises Trockenfallen aus.

2 Untergetauchtes Sternlebermoos (S)
Riccia fluitans

› amphibisches Moos
› Beliebte Auqwarienpflanze

MERKMALE Lebermoose *(Ricciaceae)*. Als Wasserform frei schwimmendes, meist untergetauchtes Moos ohne Wurzelhärchen. Hellgrüne, mehrfach gegabelte, etwa 1 mm breite und bis 5 cm lange Vegetationsorgane („Thalli"). Die Landform ist kleiner und breitlappiger. **VORKOMMEN** In kalkfreien stehenden Gewässern der Tieflagen (meist unter 350 m Höhe). Die Landform wächst auf Schlammböden. **WISSENSWERTES** Bildet in Gewässern oft schwammartige Massenbestände und übersteht auch mehrmonatiges Trockenfallen.

3 Torfmoos (S)
Sphagnum sp.

› sternförmige Gestalt
› bildet Torf im Hochmoor

MERKMALE Torfmoosgewächse *(Sphagnaceae)*. Bis zu 15 cm hohes, in dichten Polstern wachsendes Moos. Die einzelnen Stämmchen des Torfmooses haben eine palmenartige Krone, darunter befinden sich in mehreren Wirteln angeordnete Seitenäste. Blättchen je nach Torfmoosart grün, rot oder bräunlich. **VORKOMMEN** Auf nassen, torfigen Böden in Hochmooren, Quellfluren, Sumpfwiesen und Moorwäldern. **WISSENSWERTES** Torfmoose können das 20-fache ihres Trockengewichts an Wasser speichern und sind wichtige Torfbildner im Hochmoor.

4 Armleuchteralge (S, F)
Chara sp.

› bildet dichte Unterwasserrasen
› steif und brüchig

MERKMALE Armleuchteralgen *(Characeae)*. 10–50 cm hohe, dichte Unterwasserrasen bildende Grünalge, die ein bisschen an ein Tannenbäumchen oder einen Armleuchter erinnert: Von der Hauptachse zweigen quirlig angeordnete Kurztriebe ab. Im Gewässerboden mit wurzelähnlichen Fasern verankert. **VORKOMMEN** In klaren, meist nährstoffarmen stehenden und langsam fließenden Gewässern vom Flachwasser bis in 20 m Tiefe. **WISSENSWERTES** Durch Kalkeinlagerungen sind die Triebe der Armleuchteralgen steif und brüchig.

1

2

3

4

1 Krause Fächeralge (M)
Prasiola stipitata

› bildet grüne Beläge
› robust und widerstandsfähig

MERKMALE Grünalgen *(Chlorophyceae)*. Die nur wenigen Millimeter hohen, zunächst gestielten, später fächerförmigen, dunkelgrünen Thalli der Krausen Fächeralge bilden oft großflächige, moosartige Beläge. Unter feuchten Bedingungen gestreckt und ausgebreitet, bei Trockenheit kraus zusammengezogen. **VORKOMMEN** An Nordsee, Ostsee und Atlantik in der Spritzwasserzone auf Steinen, Hafenmolen und Tetrapodenwällen. **WISSENSWERTES** Die Krause Fächeralge erträgt Trockenheit ebenso wie starke Salzverkrustung oder Aussüßung durch Regenwasser.

2 Kleiner Röhrentang (M)
Blidingia minima

› Alge klein, röhrig und flach
› wächst großflächig auf Steinen

MERKMALE Grünalgen *(Chlorophyceae)*. 1–7 cm hohe, gelbgrüne, nicht oder wenig verzweigte Alge mit ca. 3 mm breiten blasigen oder krausen Röhren. Diese an der Basis schmal, nach oben hin verbreitert und gewunden. Die einschichtige Schlauchwand des Kleinen Röhrentangs besteht aus ungeordneten Zellen. Nach dem Ausschwärmen der Fortpflanzungszellen weißliche Alge. **VORKOMMEN** Auf Steinen, Felsen und Molenwänden in der obersten Gezeitenzone an Nordsee, Ostsee und Atlantik. **WISSENSWERTES** Der Kleine Röhrentang riecht beim Zerreiben leicht fischig.

3 Flacher Darmtang (M)
Ulva compressa,
syn. *Enteromorpha compressa*

› röhrig und wenig verzweigt
› riecht fischartig beim Zerreiben

MERKMALE Grünalgen *(Chlorophyceae)*. 10–30 cm lange, grasgrüne, nicht oder wenig verzweigte Alge mit schlauchförmigen, 2–10 mm im Durchmesser messenden, zusammengedrückten Thalli. Diese vor allem an der Basis röhrig, nach oben hin verbreitert und teilweise blasig aufgetrieben. **VORKOMMEN** Grüner Gürtel im oberen Gezeitenbereich von Nordsee, westlicher Ostsee und Atlantik. **WISSENSWERTES** Im feuchten Zustand sind die großflächigen Algenbeläge am Strand glitschig wie Schmierseife.

4 Meersalat (M)
Ulva lactuca

› häutig dünn und essbar
› salatblattähnlich

MERKMALE Grünalgen *(Chlorophyceae)*. 10–80 cm lange, aus 2 Zellschichten bestehende, blattartige Alge, die mit einer kleinen Haftscheibe am Untergrund festsitzt oder lose im Wasser treibt. Thallusblätter oft leicht gewellt und in einzelne Lappen aufgeteilt. Der auch Meerlattich genannte Meersalat bildet verschiedene, schwer voneinander unterscheidbare Formen. **VORKOMMEN** In der Gezeitenzone von Nordsee, westlicher Ostsee und Atlantik. **WISSENSWERTES** Die vitaminreiche Alge kann auch als Salat gegessen werden. Zudem dient sie als Gewürz und als Mineralienquelle.

1

2

3

4

1 | Spiraltang, Drehtang (M)
Fucus spiralis

› deutlich sichtbare Mittelrippe
› einhäusig

MERKMALE Braunalgen *(Phaeophyceae)*. 10–50 cm langer, mehrjähriger, gelb- bis olivbrauner Tang mit glatten Rändern. Sprosse 1–3 cm breit, ledrig, bandförmig und an den Enden oft spiralig verdreht. Schleimige, breit elliptische, blasig aufgetriebene, entständige Fortpflanzungsstrukturen (Rezeptakel) mit Hautsaum. Ohne Gasblasen. **VORKOMMEN** In der oberen Gezeitenzone auf Steinen und an Hafenmolen in der Nordsee (Helgoland), der westlichen Ostsee und im Atlantik. **WISSENSWERTES** Die auch Kleiner Blasentang, Dreh- oder Schraubentang genannte Pflanze erträgt längeres Trockenfallen.

2 | Blasentang (M)
Fucus vesiculosus

› oft paarige Schwimmblasen
› sehr formenreich

MERKMALE Braunalgen *(Phaeophyceae)*. 20–100 cm langer, gabelig verzweigter, oliv- bis hellbrauner, glattrandiger Tang mit meist paarigen Gasblasen (daher auch der Name) links und rechts der Mittelrippe. 0,5–4 cm breite, lederartige Sprosse. Zweihäusig mit gabeligen, flach-länglichen oder blasig-keulenförmigen, endständigen Rezeptakeln. **VORKOMMEN** In der mittleren Gezeitenzone auf Steinen und Molen in Nordsee (Helgoland), westlicher Ostsee und Atlantik. **WISSENSWERTES** Bei starker Brandung können die Gasblasen des Blasentangs fehlen.

3 | Sägetang (M)
Fucus serratus

› deutlich gesägter Rand
› vielfach verzweigt

MERKMALE Braunalgen *(Phaeophyceae)*. 20–70 cm langer, braungrüner, lederartiger Tang mit gabelig verzweigten Lappen. 1–4 cm breite Blätter mit Mittelrippe und grob gesägtem Rand. Der Sägetang hat kaum angeschwollene, endständige Fortpflanzungsstrukturen (Rezeptakel) und ist mit einer Haftscheibe am Untergrund festgewachsen. Ohne Gasblasen. **VORKOMMEN** In der unteren Gezeitenzone auf Steinen und Molen in Nordsee (Helgoland), westlicher Ostsee und Atlantik. **WISSENSWERTES** Es gibt männliche und weibliche Sägetange (zweihäusig).

4 | Knotentang (M)
Ascophyllum nodosum

› einzelne, große Schwimmblasen
› häufig im Angespül

MERKMALE Braunalgen *(Phaeophyceae)*. 30 bis 50 cm langer, derber, oliv- bis schwarzbrauner Tang mit weitläufig gezähnten Rändern. 10–15 mm breite, abgeflachte Hauptzweige ohne Mittelrippe. Unregelmäßig gabelig verzweigt mit taubeneigroßen Gasblasen. Seitenzweige mit gestielten, kugeligen, gelbbraunen Fortpflanzungskörpern. Zweihäusig. **VORKOMMEN** An Felsküsten in Nordsee (nur Helgoland) und Atlantik. Kümmerform in der westlichen Ostsee. **WISSENSWERTES** Strandfunde des Knotentangs sind meist schwarz und hornartig.

1

2

3

4

1 Japanischer Beerentang (M)
Sargassum muticum

› kleine, beerenartige Schwimmblasen
› stammt aus Japan

MERKMALE Braunalgen (*Phaeophyceae*). Bis zu 3 m langer Seetang mit drehrunder, wenige mm dicker Hauptachse und büscheligen, reich verzweigten Seitensprossen. Diese mit Blättchen, Ästchen und zahlreichen, 2–3 mm großen, kugeligen, beerenähnlichen Gasblasen. Kegelförmige Rezeptakeln. **VORKOMMEN** Sich rasch ausbreitender, oft frei treibender Neubürger in Atlantik und Nordsee (Helgoland seit ca. 1990). **WISSENSWERTES** Die auch Wäscheleinentang genannte Pflanze wurde mit Zuchtaustern über die Zwischenstation Nordamerika 1973 nach Europa verschleppt.

2 Zuckertang (M)
Saccharina latissima, syn. *Laminaria saccharina*

› Fuß, Stiel und bandförmiges „Blatt"
› krallt sich am Untergrund fest

MERKMALE Braunalgen (*Phaeophyceae*). Bis 4 m langer, derber, braunglänzender Tang mit gabelig verzweigter Haftkralle. Am kurzen, biegsamen Stiel sitzt ein ungeteiltes, gewelltes, 10–30 cm breites Blatt, das flutend im Wasser liegt. **VORKOMMEN** Bildet Unterwasserwälder in der unteren Gezeiten- und oberen Dauerflutzone in Nordsee (Helgoland), westlicher Ostsee und Atlantik. **WISSENSWERTES** Die Alge findet sich nach Stürmen im Spülsaum. Beim Trocknen scheidet sie eine zuckerähnliche Substanz aus.

3 Fingertang (M)
Laminaria digitata

› vielfingeriges Blatt
› glatter, gleichmäßig dicker Stiel

MERKMALE Braunalgen (*Phaeophyceae*). Bis über 2 m langer, derber, ledriger, dunkelbrauner Tang mit Haftkralle und biegsamem, 1–2 cm dickem Stiel. Das etwas schleimige, handförmig geschlitzte, 30–50 cm breite Blattorgan geht ohne buchtige Ausrandung in den glatten Stiel über. **VORKOMMEN** Auf Felsen und Steinen unterhalb der Gezeitenzone bis in 6 m Tiefe in Nordsee (Helgoland), westlicher Ostsee und Atlantik. **WISSENSWERTES** Die Wachstumszone liegt bei allen *Laminaria*-Arten zwischen Stiel und Blatt.

4 Palmentang (M)
Laminaria hyperborea

› oft mit Kleinalgen bewachsen
› rauer, unten verdickter Stiel

MERKMALE Braunalgen (*Phaeophyceae*). Bis 3 m langer, derber, dunkelbraun glänzender Tang mit Haftkralle und steifem, an der Basis bis zu 5 cm dickem Stiel. Das handförmig geschlitzte, bis zu 70 cm breite und 150 cm lange Blattorgan des Palmentangs ist am Übergang zum rauen Stiel herzförmig gerandet. **VORKOMMEN** Auf Felsgrund unterhalb der Gezeitenzone in Nordsee (Helgoland) und Atlantik. **WISSENSWERTES** *Laminaria*-Arten sind wichtige Alginatlieferanten. Sie werden als Geliermittel in der Lebensmittelindustrie eingesetzt.

1

2

3

4

1 Speckkrustenrotalge (M)
Hildenbrandia rubra

› leuchtend rote, dünne Krusten
› fest mit Unterlage verbunden

MERKMALE Rotalgen (*Rhodophyceae*). 2–5 mm dicke, braun- bis blutrote Krusten bildende Rotalge. Die unregelmäßig geformten, münzgroßen oder größere, glänzenden Flecken sind nicht verkalkt und sitzen fest auf dem Untergrund. **VORKOMMEN** Auf Felsen und Steinen in der mittleren und unteren Gezeitenzone in Nordsee (Helgoland), Ostsee und Atlantik. Weltweit verbreitet. **WISSENSWERTES** Die rasch wachsende Alge wird gerne von Meeresschnecken abgeweidet und findet sich nach Stürmen auch im Angespül.

2 Faltiger Hauttang (M)
Porphyra umbilicalis

› feucht weich und dünnhäutig
› trocken steif und spröde

MERKMALE Rotalgen (*Rhodophyceae*). 10–30 cm große, folienartig glatte, schlaffe Alge mit violetter, schmutzig rotbrauner oder schwärzlicher Färbung. Rundlich bis oval mit wellig-faltigem Rand und nabelartigem, mittig liegendem Haftorgan. **VORKOMMEN** In der Oberen Gezeitenzone auf Steinen und Holz in Nordsee und westlicher Ostsee. Kosmopolit. **WISSENSWERTES** Bei Ebbe trocknet der Faltige Hauttang vollständig aus und ist dann steif wie Pergamentpapier. Bei Flut setzen die Lebensfunktionen der auch Purpurtang genannten Pflanze wieder ein.

3 Knorpeltang (M)
Chondrus crispus

› wedelförmiges, krauses Blatt
› lederartig-knorpelig

MERKMALE Rotalgen (*Rhodophyceae*). 5–15 cm hoher, flächiger, mehrfach gabelig verzweigter, in kleinen Büscheln wachsender, purpurroter Tang mit flachem Stiel. Blätter mit knorpelig-fester Konsistenz, leicht verdickten Rändern und krausen Enden. **VORKOMMEN** Auf Steinen, Felsen und Muschelschalen in der Gezeitenzone und tiefer in Nordsee (Helgoland), westlicher Ostsee und Atlantik. **WISSENSWERTES** Unter Wasser leuchten die Zweige der auch unter den Namen Knorpelrotauge und Irisch Moos bekannten Alge stahlblau.

4 Roter Horntang (M)
Ceramium virgatum, syn. *Ceramium rubrum*

› fädig, zart und feingliedrig
› perlschnurartig geringelt

MERKMALE Rotalgen (*Rhodophyceae*). 10–25 cm hoher, roter oder braunroter, buschiger Tang mit regelmäßigen, gabeligen Verzweigungen. Die letzten Verzweigungen krümmen sich zangenartig nach innen. Größere Sprosse sind regelmäßig gegliedert in dunkle Knotenringe und hellere Zwischenstücke. **VORKOMMEN** Auf Steinen, Holz, Muscheln und Algen in der unteren Gezeitenzone sowie tiefer in Nordsee (Helgoland), Ostsee und Atlantik. **WISSENSWERTES** In Nord- und Ostsee kommen mehrere, sehr ähnliche Arten vor.

1

2

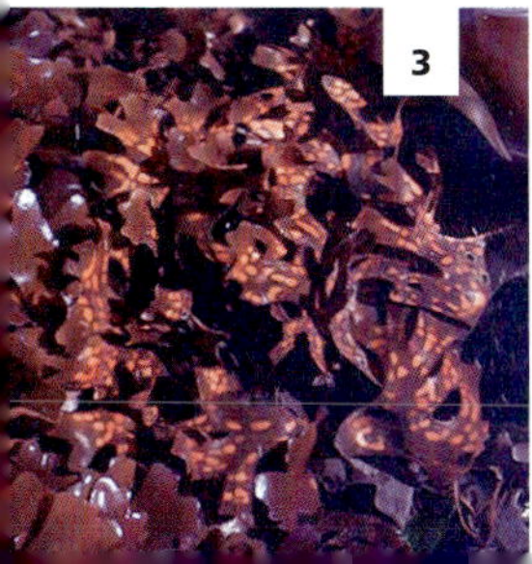
3

4

Literatur und Quellen (Auswahl)

Aichele, D. & Schwegler H.-W. (2004): Die Blütenpflanzen Mitteleuropas. Franckh-Kosmos-Verlag, Stuttgart.

Bellmann, H. (2019): Der Kosmos Heuschreckenführer. Franckh-Kosmos-Verlag, Stuttgart.

Bellmann, H. (2018): Der Kosmos Insektenführer. Franckh-Kosmos-Verlag, Stuttgart.

Bellmann, H. (2016): Der Kosmos Schmetterlingsführer. Franckh-Kosmos-Verlag, Stuttgart.

Bellmann, H. (2022): Der Kosmos Libellenführer. Franckh-Kosmos-Verlag, Stuttgart.

Bellmann, H. (1996): Leben in Bach und Teich. Mosaik Verlag München.

Bergbauer, M. (2016): Welcher Fisch ist das? Franckh-Kosmos-Verlag, Stuttgart.

Bergbauer, M. (2011): Was lebt in heimischen Seen? Franckh-Kosmos-Verlag, Stuttgart.

Bezzel, E. (2019): Das BLV Handbuch Vögel. BLV Verlag, München.

Dijkstra, K.-D. B. (2021): Libellen Europas. Haupt Verlag, Bern.

Düll, R. & Kutzelnigg H. (2016): Taschenlexikon der Pflanzen Deutschlands und angrenzender Länder. Quelle & Meyer Verlag, Wiebelsheim.

Engelhardt, W. (2020): Was lebt in Tümpel, Bach und Weiher? Franckh-Kosmos-Verlag, Stuttgart.

Fünfstück, H.-J. & Weiß, I. (2018): Die Vögel Mitteleuropas im Porträt. Quelle & Meyer Verlag, Wiebelsheim.

Gebhardt, H. & Ness, A. (2018): Fische. BLV Verlag, München.

Gerstmeier, R. & Romig, T. (2003): Die Süßwasserfische Europas. Franckh-Kosmos-Verlag, Stuttgart.

Glandt, Dieter (2010): Taschenlexikon der Amphibien und Reptilien Europas. Quelle & Meyer Verlag, Wiebelsheim.

Gosselck, F. & Kremer, B. P. (2019): Naturparadies Nordsee. Quelle & Meyer Verlag, Wiebelsheim.

Gosselck, F. & Kremer, B. P. (2016): Naturparadies Ostsee. Quelle & Meyer Verlag, Wiebelsheim.

Grabow, K. (2000): Farbatlas Süßwasserfauna Wirbellose. Eugen Ulmer Verlag, Stuttgart (Hohenheim).

Greenhalgh, M. & Ovenden, D. (2010): Der große Kosmos-Naturführer Teich, Fluss, See. Franckh-Kosmos-Verlag, Stuttgart.

Grimmberger, E. (2014): Die Säugetiere Deutschlands. Quelle & Meyer Verlag, Wiebelsheim.

Gutjahr, A. (2021): Die Süßwasserfische Mitteleuropas. Quelle & Meyer Verlag, Wiebelsheim.

Hartmann, U. (2010): Süßwasserfische. Eugen Ulmer Verlag, Stuttgart (Hohenheim).

Hauer, W. (2020): Fische, Krebse & Muscheln in heimischen Seen und Flüssen. Leopold Stocker Verlag Graz – Stuttgart.

Hecker, F. & Hecker, K. (2021): Kosmos Naturführer für unterwegs. Franckh-Kosmos-Verlag, Stuttgart.

Hecker, F. & Hecker, K. (2013): Tiere und Pflanzen unserer Gewässer? Franckh-Kosmos-Verlag, Stuttgart.

Hecker, F. (2010): Welcher Fisch ist das? Die Süßwasserfische Mitteleuropas. Franckh-Kosmos-Verlag, Stuttgart.

Hecker, F. & Hecker, K. (2009): Was lebt in Bach und Teich? Franckh-Kosmos-Verlag, Stuttgart.

Hecker, F. (2008): Welcher Meeresfisch ist das? Franckh-Kosmos-Verlag, Stuttgart.

Janke, K. & Kremer, B. P. (2022): Düne, Strand & Watt. Franckh-Kosmos-Verlag, Stuttgart.

Jaun, A. (2011): An Fluss und See. Haupt Verlag, Bern.

Kausch, H.-D. (1996): Farbatlas Wasser- und Uferpflanzen. Eugen Ulmer Verlag, Stuttgart (Hohenheim).

Klausnitzer, B. (2019): Exkursionsfauna von Deutschland Band 1 Wirbellose (ohne Insekten). Springer Spektrum, Berlin.

Klausnitzer, B. (2011): Exkursionsfauna von Deutschland Band 2 Wirbellose: Insekten. Spektrum Akademischer Verlag, Heidelberg.

Kölmel, R. (2016): Naturführer Nordsee. Wachholtz Verlag, Kiel/Hamburg.

Krägenow, P. & Wiesenhöfer, G. (1999): Vögel der Binnengewässer und Feuchtgebiete. Eugen Ulmer Verlag, Stuttgart (Hohenheim).

Kremer, B., P. et al. (2005): Erlebnis Küste. Quelle & Meyer Verlag, Wiebelsheim.

Kremer, B., P. et al. (2012): Der große Kosmos-Naturführer Strand und Küste. Franckh-Kosmos-Verlag, Stuttgart.

Kwet, A. (2022): Reptilien und Amphibien Europas. Franckh-Kosmos-Verlag, Stuttgart.

Lindner, G. (2013): Muscheln und Schnecken. BLV Verlag, München.

Ludwig, H. W. (1993): Tiere in Bach, Fluß, Tümpel, See. BLV Verlag, München.

Muus, B. J. & Nielsen, J. G. (2013): Die Meeresfische Europas in Nordsee, Ostsee und Atlantik. Franckh-Kosmos-Verlag, Stuttgart.

Oftring, B. & Wassmann T. (2013): An der Küste. Haupt Verlag, Bern.

Oldorff, S. et al. (2017): Pflanzen im Süßwasser. . Franckh-Kosmos-Verlag, Stuttgart.

Parolly, G. & Rohwer, J. G. (2019): Schmeil-Fitschen: Die Flora Deutschlands und angrenzender Länder. Quelle & Meyer Verlag, Wiebelsheim.

Pott, C. (2006): Pflanzen und Tier der Küste. Eugen Ulmer Verlag, Stuttgart (Hohenheim).

Pott, E. (2001): Bach, Fluss, See. BLV Verlag, München.

Pott, R. & Küpker, W. (2004): Der große BLV Naturführer Nordsee und Ostsee. BLV Verlag, München.

Puchta, A. (2002): Wasservögel. Mosaik Verlag München.

Quedens, G. (2013): Strand und Wattenmeer. BLV Verlag, München.

Richarz, K. & Puchta, A. (2014): Vögel. Eugen Ulmer Verlag, Stuttgart (Hohenheim).

Rudolph, F. (2015): Naturführer Ostsee. Wachholtz Verlag, Kiel/Hamburg.

Schaefer, M. (2018): Brohmer: Fauna von Deutschland. Quelle & Meyer Verlag, Wiebelsheim.

Schwab, H. (1995): Süßwassertiere: Ein ökologisches Bestimmungsbuch. Ernst Klett Schulbuchverlag, Stuttgart.

Schories, D. & Wilhelmsen, U. (2012): Die Ostsee: 190 Tiere und Pflanzen. . Franckh-Kosmos-Verlag, Stuttgart.

Streble, H. & Bäuerle, A. (2022): Was finde ich am Strand? Franckh-Kosmos-Verlag, Stuttgart.

Svensson, L. et al. (2023): Der Kosmos-Vogelführer. Franckh-Kosmos-Verlag, Stuttgart.

Thiede, W. (2012): Wasservögel und Strandvögel. BLV Verlag, München.

Wiese, V. & Janke, K. (2021): Die Meeresschnecken und -muscheln Deutschlands. Quelle & Meyer Verlag, Wiebelsheim.

Wilhelmsen, U. (2020): Was lebt an Strand und Küste? Franckh-Kosmos-Verlag, Stuttgart.

Wilhelmsen, U. (2015): Wattenmeer entdecken und verstehen. Wachholtz Verlag Kiel/Hamburg.

Register

Register

Register

Register

Register

BILDNACHWEIS

Mit 572 Farbfotos von: **Heiko Bellmann / Frank Hecker** (63): 155 o., 155 m.r., 161 m., 161 u., 167 u., 169 m., 169 u., 173 o., 173 m.r., 181 m., 181 u., 183 o., 183 u., 199 o., 199 m.r., 199 u.l., 199 u.r., 201 u., 203 o., 203 m.o., 205 u., 211 (alle 4), 213 m., 219 m.u., 223 (alle 6), 225 m.l., 225 m.r., 225 u., 227 m.o., 227 m.u., 229 o.l., 229 m.l., 231 o.l., 231 o.r., 231 m., 233 m.o., 235 o.r.u., 235 m.o., 235 m.u., 235 u., 237 o., 237 u.l., 239 o., 239 m.u.l., 239 m.u.r., 241 m.l., 241 u., 259 o., 269 o.l., 275 u.r., 287 o.r., 295 o.l., 295 o.r., 295 u., 297 m.o.; **Blickwinkel über Hecker** (4): 75 m.u., 149 o., 149 m.o., 255 u.l.; **Oscar Bos (1)**: 163 m.l.; **Wolfgang Buchhorn/Frank Hecker** (13): 57 u., 61 o., 83 m., 87 o.l., 87 m., 87 u.l., 87 u.r., 99 u., 101 m.o., 115 o.l., 115 u.r., 117 u.l., 117 u.r.; **Pierre Bona** (1): 57 m.; **Andrej Chudy** (1): 105 u.; **Dick Daniels** (1): 111 o.; **Ignacio Fdez** (1): 251 m.; **Christian Fischer** (3): 257 m.u., 276 m., 289 u.; **Markus Garger** (1): 159 o.l.; **Alexis Garretson** (1): 161 o.l.; **Frank Hecker** (209): 57 o.r., 59 (alle 3), 61 m., 61 u., 65 m., 67 u.l., 69 o., 71 u., 75 u., 77 o.l., 77 o.r., 77 u., 79 m., 79 u., 85 m.o.l., 85 m.o.r., 87 o.r., 91 m.o., 93 u.l., 93 m.u.r., 93 u.r., 95 o., 97 o., 97 m.o., 97 u.r., 103 u., 109 u.l., 109 m.u.r., 113 o.l., 113 u., 117 m.o., 119 u.l., 119 u.r., 121 o., 121 u., 123 m.o., 123 m.u., 123 u., 125 m.o., 125 m.u., 125 u., 127 u.l., 127 u.r., 129. M.l., 129 m.r., 129 u., 131 (alle 4), 133 (alle 4), 135 (alle 4), 137 (alle 4), 139 (alle 4), 141 (alle 4), 143 (alle 4), 145 (alle 4), 147 (alle 4), 149 m.u., 149 u., 151 (alle 4), 153 o., 153 m.o., 155 m.l., 157 o., 159 u., 159 o.r., 159 m.r., 161 o.r., 163 o., 165 u., 167 o., 167 m.l., 171 o., 171 m., 171 u.l., 173 u.l., 177 o.l., 177 m., 177 u.l., 179 o., 179 m.o., 181 o., 183 m.l., 183 m.r., 185 o.l., 185 o.r., 185 u., 187 m., 187 u.l., 187 u.r., 189 (alle 4), 191 m., 191 u.r., 193 o., 193 m., 195 (alle 4), 197 o.r., 197 u., 201 m., 203 m.u., 203 u., 205 o., 205 m., 207 m., 209 (alle 3), 213 u., 215 o.l., 215 m.l., 215 m.r., 215 u., 221 m.l., 221 m.r., 225 o., 227 o., 227 u., 229 o.l., 229 u., 231 u., 233 o., 233 u.l., 233 u.r., 235 o.l., 235 o.r., 237 m.o.l., 237 m.o.r., 237 m.u.l., 237 m.u.r., 239 m.o., 239 u.l., 239 u.r., 241 o., 245 o.r., 245 m., 245 u., 247 u.l., 247 u.r., 251 o., 253 o.r., 253 m., 255 o., 255 m., 257 u., 259 o.r., 259 m.r., 259 u., 261 u.l., 263 o., 263 m.l., 263 m.r., 265 o.l., 269 o.r., 269 m., 271 u.l., 271 u.r., 273 o.l., 273 m.l., 273 m.r., 275 m., 281 u.l., 287 u., 289 o., 297 o., 297 u., 299 m.r., 301 m.o., 310 m.u., 301 u., 303 m.l., 303 u.l., 303 u.r., 305 u.l.; **Hans Hillewaer**t (1): 163 u.; **Al Kordesch** (1): 303 o.; **Holger Krisp** (1): 197 o.l.; **Eckhard Mestel/Frank Hecker** (1): 76 m.u.; **Bernard Picton** (1): 197 m.l.; **Sten Porse** (1): 251 u.l.; **Prasionella** (1): 299 o.l.; **M. J. Richardson** (1): 305 m.l.; **Frieder Sauer/Frank Hecker** (21): 153 m.u., 155 u.l., 163 m.r., 165 m., 169 o., 171 u.r., 173 u.r., 175 m., 175 u., 179 m.u., 179 u., 187 o., 191 u.l., 193 u., 199 m.l., 241 m.r., 257 o., 261 m.l., 261 u.r., 299 o.r., 305 u.r.; **Rudolf Schmidt/Frank Hecker** (3): 109 u.r., 115 m.l., 115 u.l.; **B. Schoenmakers** (1): 177 u.r.; **Francois Sichel** (2): 153 u., 305 o.; **Forest und Kim Starr** (1): 283 m.o.; **Jason Thompson** (1): 75 m.o.; **Steffen Wagener** (1): 233 m.o.; **Solvin Zankl** (2): 63 u., 261 o.; **Krzysztof Ziarnek** (1): 293 o.

Alle übrigen Fotos vom Autor.

Mit 5 Illustrationen von Christiane Gottschlich (S. 14) und Kay Elzner (S. 12 ul, 15 o./u., 24 u.)

Weitere Illus auf S. 320 und den Klappen der Umschlaggestaltung:
Wolfgang Lang (36, hintere Klappen, S.320),
Marianne Golte-Bechtle (34, vordere Klappen bis auf vordere Klappe innen rechts, o.l. und o.r),
Roland Spohn (2, vordere Klappe innen rechts, o.l. und o.r.)

Autor und Impressum

AUTOR

Thomas Gretler ist Biologe, Journalist und leidenschaftlicher Naturfotograf. Er lebt im Allgäu und arbeitet seit 2001 als freier Fotojournalist und Autor. Schwerpunktmäßig beschäftigt er sich mit den Themenbereichen Natur und Tourismus. Er konzipiert Wander- und Naturerlebniswege und schreibt und fotografiert für verschiedene Printmedien und Verlage. Dieses Buch ist sein fünftes Werk bei Kosmos.

IMPRESSUM

Umschlaggestaltung von Jeanne van Stuyvenberg, die-basis-de, Wiesbaden, unter Verwendung eines Fotos von Frank Cone/pexels; es zeigt einen Graureiher.

Unser gesamtes lieferbares Programm und viele weitere Informationen zu unseren Büchern, Spielen und Experimentierkästen, DVDs, Autoren und Aktivitäten finden Sie unter **www.kosmos.de**.
Über Neuigkeiten informieren Sie regelmäßig unsere Newsletter, einfach anmelden unter **kosmos.de/newsletter**

DER NATURFÜHRER No. 1*

* Quelle: Media Control MC Metis, Deutschland, FY 2021, WG 420- Natur und WG 422-Naturführer, Umsatz

Gedruckt auf chlorfrei gebleichtem Papier

© 2023, Franckh-Kosmos Verlags-GmbH & Co. KG,
Pfizerstr. 5–7, 70184 Stuttgart
Alle Rechte vorbehalten
ISBN 978-3-440-17552-1
Projektleitung: Ben Boden
Lektorat und Satz: Robert Fischer (www.vrb-muenchen.de)
Produktion: Markus Schärtlein
Druck und Bindung: Friedrich Pustet GmbH & Co. KG
Printed in Germany / Imprimé en Allemagne

FSC www.fsc.org MIX Papier | Fördert gute Waldnutzung FSC® C014889

Alpine Vielfalt — hautnah erleben

17133-2, 312 Seiten, ca. € (D) 20,00

Mitten in Europa bildet der 1200 Kilometer lange und bis zu 250 Kilometer breite Gebirgsbogen der Alpen einen Lebensraum der Superlative. Mit rund 30 000 eigenständigen Gipfeln und mehr als 4000 Meter hohen Bergriesen wie Matterhorn oder Mont Blanc stellen die Alpen einen einzigartigen Naturraum dar, der mit einer Tier- und Pflanzenwelt aufwarten kann, die in Mitteleuropa einzigartig ist. Auf über 500 Fotos werden mehr als 480 Tier- und Pflanzenarten der Alpen vorgestellt.

kosmos.de

Botanische Fachausdrücke

Sprossaufbau

Blütenkrone

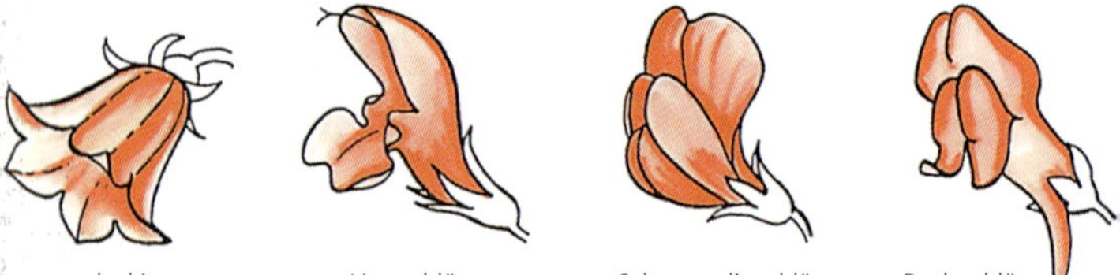

glockig Lippenblüte Schmetterlingsblüte Rachenblüte

Blütenstände

Ähre Traube Rispe Dolde mit Hülle